安徽省省级规划一流教材
研究生教育优秀教材

U0170177

岩土工程测试与模型试验技术

姚直书　王晓健　薛维培　主　编

中国建材工业出版社

图书在版编目（CIP）数据

岩土工程测试与模型试验技术/姚直书，王晓健，薛维培主编．--北京：中国建材工业出版社，2023.5

ISBN 978-7-5160-3683-9

Ⅰ.①岩…　Ⅱ.①姚…　②王…　③薛…　Ⅲ.①岩土工程－测试技术－高等学校－教材②岩土工程－模型试验－高等学校－教材　Ⅳ.①TU4-33

中国国家版本馆CIP数据核字（2023）第003114号

岩土工程测试与模型试验技术

YANTU GONGCHENG CESHI YU MOXING SHIYAN JISHU

姚直书　王晓健　薛维培　主　编

出版发行：中国建材工业出版社

地　　址：北京市海淀区三里河路11号

邮　　编：100831

经　　销：全国各地新华书店

印　　刷：北京雁林吉兆印刷有限公司

开　　本：787mm×1092mm　1/16

印　　张：16.5

字　　数：400千字

版　　次：2023年5月第1版

印　　次：2023年5月第1次

定　　价：65.00元

前　言

“岩土工程测试与模型试验技术”是高等学校土木工程专业岩土工程方向、地下工程方向、矿山建设工程方向、路桥隧道方向、建筑工程方向和城市地下工程等专业方向的一门专业基础课。岩土工程测试技术主要包括土木工程专业方向测试技术的基本原理、基本方法、测试元件和测试系统组成、相似理论、模型试验技术等内容。

本书是根据卓越工程师教育培养计划的要求，结合编写组教师的长期教学经验编写而成的，并注意与其他相关课程的衔接，适当调整一些重复的内容，突出特色内容；在测试技术介绍中力求系统和实用，强调对学生实际运用能力的培养。

本书由安徽理工大学姚直书、王晓健、薛维培担任主编，蔡海兵、宋海清、唐彬担任副主编，安徽建筑大学曹广勇，安徽理工大学黎明镜、张亮亮参编。

本书具体编写分工为：第 1 章由姚直书编写，第 2 章由王晓健编写，第 3 章由薛维培、宋海清编写，第 4 章由宋海清编写，第 5 章由蔡海兵、张亮亮编写，第 6 章由薛维培、曹广勇编写，第 7 章由蔡海兵、黎明镜编写，第 8 章由王晓健、唐彬编写，第 9 章由姚直书、薛维培编写，第 10 章由薛维培编写，第 11 章、第 12 章由姚直书、薛维培编写。

安徽大学程桦教授担任本书主审，并对本书的编写提出了许多宝贵的建议，特致谢意。同时，对安徽理工大学荣传新教授在本书编写过程中给予的关心和帮助表示感谢。

由于编写时间仓促，书中不妥之处敬请读者批评指正。

编　者

2023 年 3 月

目　录

1 绪　　论

【内容提要】

本章主要介绍岩土工程测试技术的意义和基本概念，重点讲述了岩土工程测试的主要内容，最后介绍了岩土工程测试技术的发展状况。

【能力要求】

通过本章学习，学生应掌握岩土工程测试技术的相关概念，熟悉岩土工程测试的主要监测内容，了解岩土工程测试技术的发展前沿。

1.1 岩土工程测试的意义

岩土工程是利用土力学、岩体力学及工程地质学的理论与方法，为研究各类土建工程中涉及岩土体的利用、整治和改造问题而进行的系统工作。

随着科学技术的发展，人类发明了各种仪器、仪表和传感器，并利用它们进行各种科学实验和测试工作，获得了单靠人的感官所不能取得的各种信息，然后经过处理、分析和利用，促进了科学技术进步和生产的发展。就这样，在工程实践和科学实验中，逐步地形成了现代的“测试技术”。测试是人们借助一定的测量手段，采用实际测量的方法，对客观事物和自然现象取得数量上和质量上的认识过程。任何一个事物和现象都可以用一些特征物理量或物理参数的大小及其变化规律的信息来描述。而测试技术就是信息的获得、传输和变换、显示记录和分析处理的原理和技术。总之，测试技术就是测量工具和测量方法的统称。测试可在现场条件下对实物原型来进行，通称为现场实测，如混凝土强度检测、巷道围岩松动圈量测和桩基承载能力监测；也可在实验室内对模型试件进行量测，称为实验测试。岩土工程测试技术就是为了研究岩土体的工程特性及与岩土体相关工程结构稳定性和安全性，而利用一定的测量工具和测量方法对岩土体及其工程结构进行试验测量的技术方法和测试过程的总称。

岩土工程测试技术不仅在岩土工程建设实践中十分重要，而且在岩土工程理论的形成和发展过程中也起着决定性的作用，理论分析、试验研究和工程实测是岩土工程分析问题的三个重要方面，理论分析指导工程实践，而试验测试又是理论分析的基础，岩土工程中的许多理论是建立在试验基础上的；岩土工程实测技术是保证岩土工程设计合理可行的重要手段，随着经济和社会的发展，工程实践中出现了更多更复杂的岩土工程问题，需要运用创新的工程设计方法来解决实际问题，创新的设计方法要求测试技术采用新仪器和新方法，以提高岩土体物理力学参数的测试水平，保证工程实践的精度。岩土工程测试技术是大型岩土工程信息化施工的保障，现场测试已经成为岩土工程施工不可分割的重要组成部分，监测技术在边坡工程、地下工程、路桥工程、基坑工程、桩基工程、矿山工程等建设施工中发挥着越来越重要的作用；岩土工程测试技术是保证大型重要岩土工程长期安全运行的重要手段，在重大岩土工程的运营过程中，如水电系统的地下厂房群、大型地下空间、城市地下铁道、大型高陡边坡、高速铁路路基、海底隧道、矿山井壁等工程需要在运营期间进行岩土工程及其结构的变形、受力、温度、渗流状况、沉降的长期监测监控。

因此，岩土工程测试技术是从事土木工程相关方向人员所必需的基本知识，同时也是从事岩土工程理论研究所必须掌握的基本手段。所以，对土木工程专业相关方向学生而言，这是一门必须掌握的专业基础课程。

1.2 岩土工程测试的内容

岩土工程测试技术一般分为室内试验测试技术、原位试验测试技术和现场监测技术三个方面，它们具有各自的特点和应用范围，本书主要介绍现场监测技术的相关内容。

1. 室内试验测试技术

室内试验技术能进行各种理想条件下控制试验，在一定程度上容易满足理论分析的要求。室内试验测试主要有土的物理力学指标室内测试试验、岩石的物理力学指标室内测试试验、利用相似材料完成的岩土工程模型试验和采用数值方法完成的数值仿真试验，有关上述试验的原理和方法有专门的课程进行讲授。下面列举一些试验的具体名称：

（1）土的室内试验测试在《土力学》和《土动力学》中进行讲解，主要试验有：土的含水率试验、土的密度试验、土的颗粒分析试验、土的界限含水率试验、砂的相对密度试验、击实试验、回弹模量试验、渗透试验、固结试验、黄土湿陷试验、三轴压缩试验、无侧限抗压强度试验、直接剪切试验、反复直剪强度试验、土的动力特性试验、自由膨胀率试验、膨胀力试验、收缩试验、冻土密度试验、冻土温度试验、未冻土含水率试验、冻土导热系数试验、冻胀量试验和冻土融化压缩试验等。

（2）岩石的室内试验测试在《岩石力学》中进行讲解，主要试验有：含水率试验、颗粒密度试验、块体试验、吸水性试验、渗透性试验、膨胀性试验、耐崩解性试验、冻融试验、岩石断裂韧度测试试验、单轴强度和变形试验、三轴压缩强度和变形试验、抗拉强度试验、点荷载强度试验等。

（3）相似材料模型试验主要在《模型试验》中进行讲解。该试验采用相似理论，用与岩土工程原型性质相似的材料按照相似常数制成室内模型，在模型上模拟各种加载和开挖过程，研究岩土工程形成和破坏等力学现象。模型试验种类繁多，主要试验有：岩土工程开挖施工过程中围岩破坏规律试验、工程加固机理研究、地下工程开挖引起的地表损害规律研究、岩爆机理研究、地下洞室群支护设计优化分析、离心模型试验等。

（4）数值仿真试验主要在《有限单元法》等课程中进行讲解。数值仿真试验利用计算机进行岩土工程问题的研究，具有可以模拟大型岩土工程、模拟复杂边界条件、成本低、精度高等特点。岩土工程数值仿真试验常用的数值方法有：有限元法、离散元法、有限差分法、不连续变形法、颗粒流法、流形单元法、无单元法等。

2. 原位测试试验技术

原位测试可以在最大限度上减少试验前对岩土体的扰动，避免这些扰动对试验结果的影响。原位测试结果可以直接反映原位测试体的物理力学状态，更接近工程实际情况。同时，对于某些难以采样进行室内测试的岩土体，原位测试则是必需的。在原位测试方面，地基中的位移场、应力场测试，地下结构表面的土压力测试，地基土的强度特性及变形特性测试等方面是研究的重点。

原位测试技术可以分为土体的原位测试试验和岩体的原位测试试验两类。

（1）土体的原位测试试验主要在《基础工程》中讲解。主要有：静载荷试验、静力触探试验、标准贯入试验、轻便触探试验、十字板剪切试验、现场直剪试验、地基土动力特性原位测试试验、场地土波速测试、场地微震观测、循环荷载板试验、地基土刚度系数测试、振动衰减测试、旁压试验等。

（2）岩体的原位测试试验主要在《岩石力学》中讲解。主要有：地应力测试、弹性波测试、回弹试验、岩体变形试验、岩体强度试验等。

3. 现场监测技术

现场监测技术是随着大型复杂岩土工程的出现而逐渐发展起来的，在水电工程大型地下厂房群、城市地铁建设中的车站及区间隧道、大型城市地下空间、复杂地质条件下矿山井筒及巷道、大断面隧道、高陡边坡加固等工程施工中，由于信息化施工技术的应用，现场监测已成为保证这些工程安全施工的重要手段。岩土工程现场测试技术将在本书中详细介绍，这里仅介绍其涉及的领域和分类。

（1）岩土工程现场监测涉及的领域众多，主要有水利水电工程、铁路、公路交通、矿山、城市建设、国防建设、港口建设、地下空间开发与利用等。

（2）岩土工程现场监测的分类，按开展监测的时间可分为施工期监测和运营期监测；按监测的建筑物类型可分为大坝监测、地下洞室监测、隧道监测、地铁监测、基坑监测、边坡监测、支挡结构监测等；按影响因素可分为对人类工程活动进行的监测、自然地质灾害监测；按监测物理量的类型一般可以分为变形监测、应力（压力）应变监测、渗流监测、温度监测和动态监测等；按监测变量分为原因量监测和效应量监测。

1.3 岩土工程测试技术的发展

1.3.1 岩土工程测试技术的现状

近年来，各类建设工程的不断开展，给岩土工程领域带来了巨大活力，同时也提出了更高的要求。新元件、新仪器、新方法和新技术等的引入，大大促进了岩土工程检测与测试水平的提高，为岩土工程领域的不断扩展打下了坚实的基础。岩土工程检测与测试始终贯穿于岩土工程勘察、设计、施工、监测的全过程。岩土工程勘察，在解决与工程有关的岩土工程问题，查明不良工程地质现象，提出解决存在问题的方法，利用获得的检测、测试数据合理确定岩土参数，科学准确地作出结论等方面发挥了巨大的作用。岩土工程测试要求技术人员责任心强，它直接关系岩土工程参数提取是否准确与合理。但由于各种原因，在岩土工程测试工作的开展中还存在一些非技术性的不足之处，主要表现如下：

(1) 手段单一。岩土工程测试是获得岩土工程科学参数的主要手段。针对不同的岩土工程项目，应采用不同的测试方法，以获得合理的岩土工程参数。如果无视工程复杂程度，仅用单一简单方法，难免会得到不合实际的结论。

(2) 结果缺乏科学合理的解释。岩土工程测试是一项技术性强、责任心强的严肃性工作。如果在重要环节使用非专业人员，人员的素质或训练不够，则结果的科学性与合理性得不到保证。

(3) 管理制度不健全。管理制度不健全是阻碍岩土测试及岩土工程领域发展的根本所在。如果不论工程大小与复杂程度，也不管所需的设备是否满足要求，仅从经济效益出发，跨越资质、等级，低水平操作是管理失效的主要表现。

(4) 人员培训不及时。我国岩土工程领域的快速发展，对岩土工程检测与测试提出了更高的要求，测试新技术的应用被普遍重视，对人员的培训考核显得尤为重要。

1.3.2 岩土工程测试技术的展望

近年来，岩土工程的规模越来越大，要求的施工技术也越来越高。展望未来，为了满足不断发展的岩土工程对测试技术的要求，岩土工程测试技术应加强以下几方面工作：

(1) 新仪器和新方法的开发及应用。由于试验测试方法在很大程度上影响着岩土力学理论的发展，结合有关高新技术，引入现代计算机技术、同位素示踪技术、光纤技术、半导体技术、卫星测量技术、电（磁）场测试技术、声波测试技术、遥感测试技术以及传感器技术的最新成果，开发出功能强、精度高、速度快、抗干扰、智能化程度高的高精度试验仪器。这将使得测试结果在可信度方面大大提高，地下结构表面的土压力测试等传统测试难题变得简单而可靠，测试结果更具有现实的工程意义。

（2）工程地球物理探测技术快速发展。工程物探在我国已有40多年历史，早期主要引用传统的物探方法，如地面直流电法、电测井等，方法单一、多解性强、误差大、效果不理想。近年来，国内外应用各种物探原理开发了一批性能很强的专用仪器，如波速仪、探地雷达、管线探测仪、打桩分析仪等，它们具有精度高、抗干扰能力强等优点，而且能适应各种岩土工程的需要，是今后发展的一个重要方向。

（3）信息化施工技术的广泛应用。随着岩土工程的发展，工程地质条件变得更加复杂，为了确保岩土工程及其结构在施工和使用过程中的安全，必须要对其关键指标进行监测，通过对实测数值的处理分析，以评估其工程的安全性。

（4）现场监测、室内试验测试、设计计算和数值分析及其再预测的有机结合与循环。室内试验测试是基础，并由此进行工程设计；现场实时监控与测试能提供对预测值作出修正，并经过分析、优化得到符合工程实际所需的参数值。这种快速、实时监测是动态设计的重要环节，而远程自动化监测是岩土工程测试技术发展的方向。

【知识归纳】

1. 岩土工程测试技术的意义。
2. 岩土工程测试的主要监测内容。
3. 岩土工程测试技术的发展状况。

【独立思考】

1. 简述岩土工程测试技术的意义及基本概念。
2. 岩土工程测试技术的主要监测内容有哪些？
3. 简述岩土工程测试技术的发展前景。

【参考文献】

[1] 王后裕，陈上明，言志信．地下工程动态设计原理［M］．北京：化学工业出版社，2008.
[2] 夏才初，李永盛．地下工程测试理论与监测技术［M］．上海：同济大学出版社，2006.
[3] 马英明，程锡禄．工程测试技术［M］．北京：煤炭工业出版社，1988.
[4] 蔡海兵．土木工程测试技术课程模块化教学方法探讨［J］．陕西教育（高教版），2009（10）：280-281.
[5] 饶汉刚．岩土工程测试技术与计算机应用［J］．中国工程师，2006（10）：21.

2　测试技术的基础知识

【内容提要】

本章主要介绍测试系统的组成，其中包括测试系统的科学意义，系统的模块功能等；重点讲述了测试系统传感器的静态特性，包括灵敏度、线性度、迟滞性等。最后从测试系统的性能、埋设、测读和经济性方面给出了选择原则。

【能力要求】

通过本章的学习，学生应达到掌握本章重点内容，了解测试系统的组成，熟悉测试系统的主要静态特性参数，掌握测试系统的选择原则。

2.1　测试系统的组成

生产力是社会发展的决定性因素，一个国家的国力首先取决于它的生产能力，特别是它的科技水平，而测试技术是决定科技水平的重要因素之一。我国提出科教兴国战略，而测试技术是科学发展必不可少的手段。门德列耶夫说过："科学是从测量开始的，没有测量就没有科学，至少是没有精确的科学、真正的科学。"我国"两弹一星"元勋王大珩院士也说过："仪器是认识世界的工具；科学是用斗量禾的学问。用斗去量禾就对事物有了深入的了解、精确的了解，就形成科学。"

人类已进入瞬息万变的信息时代，信息科技包括信息的获取、处理、传输、存储、执行。传感器处于研究对象与测控系统的接口位置，是感知、获取与检测信息的窗口。一切科学实验和生产过程，特别是自动检测和自动控制系统所获取的信息，都要通过传感器转换为容易传输与处理的电信号。

岩土工程实践中提出监测和检测的任务是正确、及时地掌握各种信息。处于源头的信息是最微弱、最容易受到干扰的。信息的准确性首先取决于源头信息，取决于测试。为了提高所获取信息的准确性，现代的测试系统往往还包括信息的预处理、预存储、传输和控制，把从信息的获取到控制作为一个整体来对待。

"测试系统"这一概念是传感技术发展到一定阶段的产物。在工程中，需要有传感器与多台仪表组合在一起，才能完成信号的检测，这样便形成了测试系统。尤其是随着计算机技术及信息处理技术的发展，测试系统所涉及的内容也不断得以充实。为了更好地学习本课程，需要对测试的基本概念、测试系统等方面的理论及工程方法进行学习和研究，只有了解和掌握了这些基本理论，才能更有效地完成监测任务。

测试技术包括测量技术和试验技术两个方面。测试技术是通过测试系统来实现的，按照信号传递方式来分，常用的测试系统可分为模拟式和数字式两种。一个测试系统可以由一个或若干个功能单元组成。通常，测试系统应具有以下几个功能：将被测对象置于预定状态下，对被测对象所输出的信息进行采集、变换、传输、分析、处理、判断和显示记录，最终获得测试所需的信息。一个典型的力学测试系统组成如图 2-1 所示。

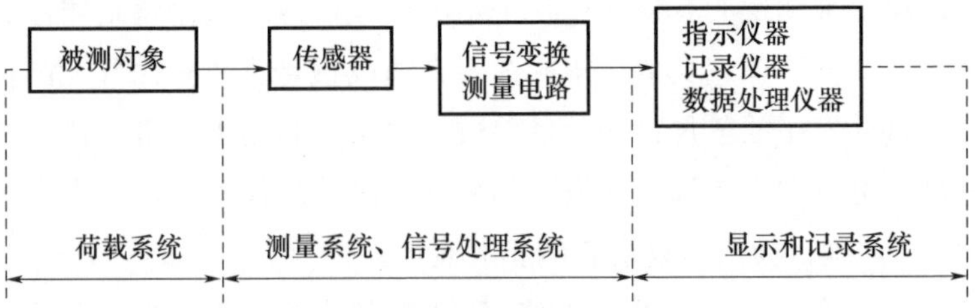

图 2-1　力学测试系统的组成

由图 2-1 可知，一个完善的力学测试系统由荷载系统、测量系统、信号处理系统、显示和记录系统四大部分组成。

（1）荷载系统

荷载系统是使被测对象处于一定的受力状态下，使被测对象（试件）有关的力学量之间的联系充分显露出来，以便进行有效测量的一种专门系统。岩土工程测试采用的荷载系统除液压式外，还有重力式、杠杆式、气压式等。

（2）测量系统

测量系统由传感器、信号变换和测量电路组成，它将被测量（如力、位移等）通过传感器变成电信号，经过变换、放大、运算，变成易于处理和记录的信号。传感器是整个测试系统中采集信息的关键环节，它的作用是将被测量（主要是非电量）转换成便于放大、记录的电量。

（3）信号处理系统

信号处理系统是将测量系统的输出信号作进一步处理以便排除干扰。如智能测试系统中需要设置智能滤波软件，以便排除测量系统中的干扰和偶然波动，提高所获得信号的置信度。对模拟电路，则要用专门的仪器或电路（如滤波器等）来达到这些目的。

（4）显示和记录系统

显示和记录系统是测试系统的输出环节，它是将被测对象所测得的有用信号及其变化过程显示或记录下来。数据显示可以用各种表盘、电子示波器和显示屏来实现，数据记录可以采用记录仪、光式示波器等设备来实现，智能测试系统中以微机、打印机和绘图仪等作为显示记录设备。

2.2 测试的误差处理

2.2.1 误差的基本概念

由于检测系统（仪表）不可能绝对精确，测量原理的局限、测量方法的不尽完善、环境因素以及外界干扰的存在，使得测量过程影响被测对象的原有状态，从而使得测量结果不能准确地反映被测量的真值而存在一定的偏差，这个偏差就是测量误差。一个量严格定义的理论值通常叫理论真值。常用约定真值或相对真值来代替理论真值。根据国际计量委员会通过并发布的各种物理参量单位的定义，利用当今最高科学技术复现的这些实物单位基准，可以看作是约定真值。如果高一级检测仪器误差仅为低一级检测仪器误差的 1/10～1/3，则认为前者是后者的相对真值。

检测系统的指示值 X 与被测量的真值 X_0 之间的代数差值称为检测系统测量值的绝对误差 ΔX，表示为：

$$\Delta X = X - X_0 \tag{2-1}$$

式中 X_0——约定真值或者相对真值。

如果绝对误差是一恒定值，则绝对误差也称为检测系统的系统误差。测量值通过修正后可得到被测量的实际值。

检测系统测量值（即示值）的绝对误差 ΔX 与被测参量真值 X_0 的比值，称之为检测系统测量（示值）的相对误差 δ，常用百分数表示：

$$\delta = \frac{\Delta X}{X_0} \times 100\% = \frac{X - X_0}{X_0} \times 100\% \tag{2-2}$$

检测系统指示值的绝对误差 ΔX 与系统量程 L 之比值，称为检测系统测量值的引用误差。引用误差 γ 通常以百分数表示：

$$\gamma = \frac{\Delta X}{L} \times 100\% \tag{2-3}$$

在规定的工作条件下，当被测量平稳增加和减少时，检测系统全量程所有测量引用误差（绝对值）的最大者，或所有测量值中最大绝对误差（绝对值）与量程比值的百分数，称为该系统的最大引用误差，符号为 γ_{max}。

$$\gamma_{max} = \frac{|\Delta X_{max}|}{L} \times 100\% \tag{2-4}$$

通常取最大引用误差百分数的分子作为检测仪器（系统）精度等级的标志，也即用最大引用误差去掉正负号（±）和百分号（%）后的数字来表示精度等级，精度等级用符号 G 表示。容许误差是指检测仪器在规定使用条件下可能产生的最大误差范围。它也是衡量检测仪器的最重要的质量指标之一。

从不同的角度，测量误差有不同的分类方法，按误差的性质（或出现的规律）

分类：

(1) 系统误差，测量误差不变或按规律变化；

(2) 随机误差，测量误差的大小与符号均无规律变化；

(3) 粗大误差，显然与事实不相符的误差。

按被测参量与时间的关系分类：

(1) 静态误差，被测参量不随时间变化测得的误差；

(2) 动态误差，被测参量随时间变化测得的误差。

按产生误差的原因分类：

(1) 原理性误差，指的是方法误差；

(2) 构造误差，指的是工具误差。

2.2.2 误差的处理

为了尽量减小或消除系统误差对测量结果的影响，可以用以下方法来减小或消除系统误差。

(1) 从产生误差的根源上消除系统误差

在测定之前，要求检测人员在检测过程中对可能产生的系统误差进行认真的分析，必须尽可能预见一切可能产生系统误差的来源，并设法消除或尽量减弱其影响。例如，测量前对仪器本身性能进行检查，使测试系统的环境条件和安装位置符合检验技术要求的规定；对测试系统在使用前进行正确的调整；严格检查和分析测量方法是否正确等来消除仪器、检测方法、环境等因素而产生的系统误差；为防止因测试系统长期使用而使其精度降低，及时送计量部门进行周期检定。这样从源头上尽量消除系统误差。

(2) 用标定方法来消除系统误差

对测试系统中使用的压力表、流量表、位移计等测试仪器，在测量前进行修正，做出标定曲线或误差表，测量后对实际测量值进行修正，从而避免或消除因此而产生的系统误差。

(3) 采用对照测试消除系统误差

对照测试就是用同样的分析方法在同样的条件下，用标准测试系统代替实际使用的测试系统。通过对照比较，可以修正测试结果，消除系统误差。

(4) 不变测试系统误差消除方法

对测量过程中存在固定不变的系统误差，可以采用以下消除方法：

① 交换法

根据误差产生的原因，将引起系统误差的某些条件相互交换，其他条件保持不变，使产生系统误差的因素对测量结果起相反的作用，从而消除系统误差。如用等臂天平称量时，由于天平左右两个臂长有微小差别，称量时会产生恒值系统误差。如果将被称量物品与砝码在天平左右秤盘上交换，称量两次，取两次测量结果的平均值为被测物品的最终测量结果，就可以消除天平两臂不等而带来的系统误差。

② 抵消法

即要求进行两次测量，改变测量中的某些条件，如测量方向、电压极性等，使前后两次测量的系统误差大小相等、符号相反，取两次测量结果的平均值即可消除系统误差。

③ 代替法

这种方法是在不改变测量条件的前提下，用已知的标准量代替被测量，再次进行测量，得出被测量与标准值的差值，即被测量等于标准值加差值，从而达到消除系统误差的目的。

④ 零示法

为了消除指示仪表不准而造成的系统误差，在测量过程中使被测量对指示仪表的作用与已知的标准量对它的作用相互平衡，使指示仪表示零，这时被测量的量值就等于标准量值，这就是零示法。例如，电桥电路、电位差计等都是用这种方法来消除指示仪表不准引起的系统误差。

（5）变化测试系统误差的消除法

① 半周期消除法

对于周期性误差，可以相隔半个周期进行一次测量，然后以两次读数的算术平均值作为测量值，即可以有效地消除周期性系统误差。例如，指针式仪表，若刻度盘偏心所引出的误差，可采用相隔 180°的一对或几对的指针标出的读数取平均值加以消除。

② 对称测量消除法

对称测量法可以有效消除随时间变化而产生的线性系统误差。如用电压表进行电压测量时，在测量前先将电压表校准调零后，再对电压源的电压进行测量，随着测量时间的推移，电压表的零点逐渐漂移而产生线性系统误差，为了求得待测电压源与标准电源的电压之差，可以进行等时间间隔测量，则电压表所示的待测电压与标准电压之差不受系统误差的影响。

2.3 测试系统的传递特性

传感器是指能感受规定的物理量，并按一定规律转换成可用输入信号的器件或装置。

传感器通常由敏感元件、转换元件和测试电路三部分组成。

敏感元件是指能直接感受（或响应）被测量的部分，即将被测量通过传感器的敏感元件转换成与被测量有确定关系的非电量或其他量；转换元件则将上述电量转换成电参量；测量电路的作用是将转换元件输入的电参量经过处理转换成电压、电流或频率等可测电量，以便进行显示、记录、控制和处理。

可通过两个基本特性即传感器的静态特性和动态特性来表征一个传感器性能的优劣。所谓静态特性，是指当被测量的各个值处于稳定状态（静态测量之下）时，传感器的输出值与输入值之间关系的数学表达式、曲线或数表。当一个传感器制成后，可用实际特性反映它在当时使用条件下实际具有的静态特性。借助实验的方法确定传感器静态特性的过程称为静态校准。校准得到的静态特性称为校准特性。在校准使用了规范的程序和仪器后，工程上常将获得的校准曲线看作该传感器的实际特性。所谓动态特性，是指当被测量随时间变化时，传感器的输出值与输入值之间关系的数学表达式、曲线或数表。

2.3.1 测试系统的静态传递特性

根据标定曲线便可以分析测试系统的静态传递特性。描述测试系统静态特性的参数有线性度、灵敏度、迟滞性、分辨力、测量范围和量程、重复性、零漂和温漂。

（1）线性度

理想的传感器输出与输入呈线性关系。然而，实际的传感器即使在量程范围内，输出与输入的线性关系严格来说也是不成立的，总存在一定的非线性。线性度是评价非线性程度的参数。其定义为：传感器的输出—输入校准曲线与理论拟合直线之间的最大偏差与传感器满量程输出之比，称为该传感器的线性度或非线性误差。通常用相对误差表示其大小：

$$e_{\mathrm{f}}=\pm\frac{\Delta_{\max}}{Y_{\mathrm{FS}}}\times 100\% \tag{2-5}$$

式中 e_{f}——非线性误差（线性度）；

$\Delta_{\max}$——校准曲线与理想拟合直线间的最大偏差；

Y_{FS}——传感器满量程传出平均值，如图 2-2 所示。

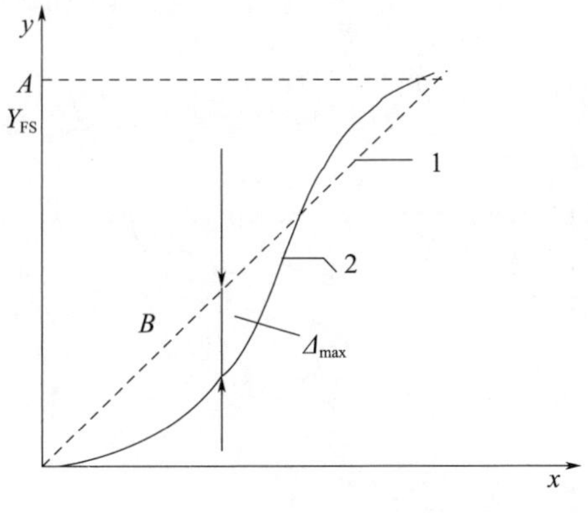

图 2-2 非线性误差说明

1—拟合直线；2—校准曲线

非线性误差大小是以一拟合直线或理想直线作为基准直线计算出来的，基准直线不同，所得出的线性度就不一样。因而不能笼统地提线性度或非线性误差，必须说明其所依据的基准直线。按照所依据的基准直线的不同，有理论线性度、端垂线性度、独立线性度、最小二乘法线性度等。最常用的是最小二乘法线性度。

（2）灵敏度

灵敏度是指稳态时传感器输出量 Y 和输入量 X 之比，或输出量 Y 的增量 ΔY 和输入量 X 的增量 ΔX 之比，如图 2-3 所示，用 S 表示为：

$$S=\frac{\Delta Y}{\Delta X} \tag{2-6}$$

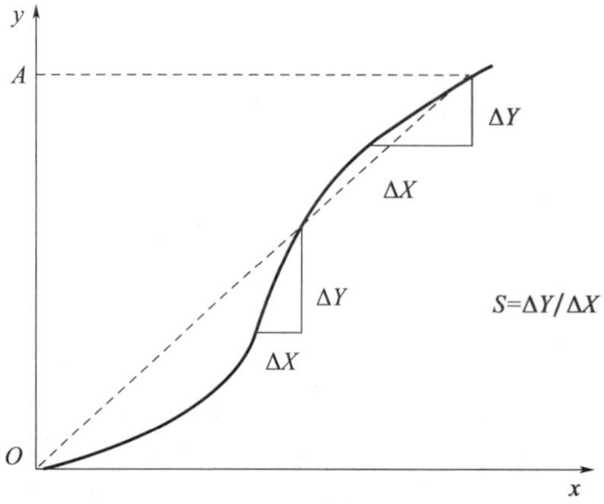

图 2-3　灵敏度

（3）迟滞性

输入逐渐增加到某一值与输入逐渐减小到同一输入值时的输出值不相等，叫迟滞现象。迟滞差（回程误差）表示这种不相等的程度。如图 2-4 所示，对于同一输入值所得到的两个输出值之间的最大差值 h_{max} 与量程 A 的比值的百分率，用 δ_h 表示，即：

$$\delta_h=\frac{h_{max}}{A}\times 100\% \tag{2-7}$$

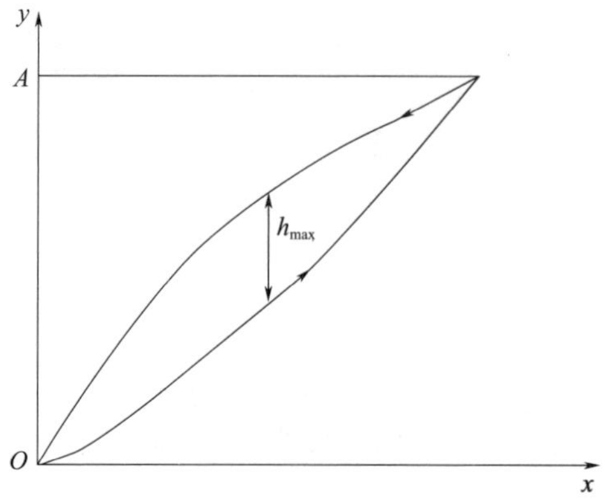

图 2-4　迟滞性

(4) 分辨力

传感器能检测到的最小输入增量称为分辨力，在输入零点附近的分辨力称为阈值。

(5) 测量范围和量程

在允许误差限内，被测量值的下限到上限之间的范围称为测量范围。

(6) 重复性

传感器在同一条件下，被测输入量按同一方向做全量程连续多次重复测量时，所得输出—输入曲线的不一致程度，称为重复性。

(7) 零漂和温漂

传感器在无输入或输入为另一值时，每隔一定时间，其输出值偏离原始值的最大偏差与满量程的百分比为零漂。而温度每升高1℃，传感器输出值的最大偏差与满量程的百分比，称为温漂。

2.3.2 测试系统的动态传递特性

当测量某些随时间变化的参数时，只考虑传感器的静态性能指标是不够的，还要注意其动态性能指标。只有这样，才能使检测、控制比较正确、可靠。

实际测量值随时间变化的形式可能是各种各样的，所以研究动态特性时，通常根据正弦变化与阶跃变化两种标准输入来考察传感器的响应特性。传感器的动态特性分析和动态标定都以这两种标准输入状态为依据。对于任一传感器，只要输入量是时间的函数，则其输出量也应是时间的函数。

为了便于分析和处理传感器的动态特性，同样须建立数学模型，用数学中的逻辑推理和运算方法来研究传感器的动态响应。对于线性系统的动态响应研究，最广泛使用的数学模型是普通线性常系数微分方程。只要对微分方程求解，就可得到动态性能指标。这方面的详细论述可参阅有关文献。

2.4 测试系统的选择原则

岩土工程监测中，根据不同的工程场地和监测内容，监测仪器（传感器）和元件的选择应从仪器的技术性能、仪器埋设条件、仪器测读的方式和仪器的经济性四个方面加以考虑。其原则如下：

2.4.1 仪器技术性能的要求

(1) 仪器的可靠性。仪器选择中最主要的要求是仪器的可靠性。仪器固有的可靠性是最简易、在安装的环境中最持久、对所在的条件敏感性最小，并能保持良好的运行性能。为考虑测试成果的可靠程度，一般认为，用简单的物理定律作为测量原理的仪器（光学仪器和机械仪器），其测量结果要比电子仪器可靠，受环境影响较少。对于具体工程，在满足精度要求下，选用设备应以光学、机械和电子为先后顺序，优先考虑使用光学及机械式设备，提高测试可靠程度，这也是为了避免无法克服的环境因素对电子设备的影响。所以在监测时，应尽可能选择简单测量方法的仪器。

（2）仪器使用寿命。岩土工程监测一般是较为长期、连续进行的观测工作，要求各种仪器能从工程建设开始，直到使用期内都能正常工作。对于埋设后不能置换的仪器，仪器的工作寿命应与工程使用年限相当，对于重大工程，应考虑某些不可预见因素，仪器的工作寿命应超过使用年限。

（3）仪器的坚固性和可维护性。仪器选型时，应考虑其耐久和坚固，仪器从现场组装标定直至安装运行，应不易损坏，在各种复杂环境条件下均可正常运转工作。为了保证监测工作的有效和持续，应优先考虑比较容易标定、修复或置换的仪器，以弥补和减少由于仪器出现故障给监测工作带来的损失。

（4）仪器的精度。精度应满足监测数据的要求，选用具有足够精度的仪器是监测的必要条件。如果选用的仪器精度不足，可能使监测成果失真，甚至导致错误的结论。过高的精度也不可取，实际上它不会提供更多的信息，只会给监测工作增加麻烦和费用预算。

（5）灵敏度和量程。灵敏度和量程是互相制约的。一般对于量程大的仪器其灵敏度较低；反之，灵敏度高的仪器其量程则较小。因此，仪器选型时应对仪器的量程和灵敏度统一考虑。首先满足量程要求，一般是在监测变化较大的部位，宜采用量程较高的仪器；反之，宜采用灵敏度较高的仪器；对于岩土体变形很难估计的工程情况，既要高灵敏度又要有大量程的要求，保证测量的灵敏度又能使测量范围可根据需要加以调整。

2.4.2 仪器埋设条件的要求

（1）仪器选型时，应考虑其埋设条件。对用于同一监测目的的仪器，在其性能相同或出入不大时应选择在现场易于埋设的仪器设备，以保证埋设质量，节约劳力，提高工效。

（2）当施工要求和埋设条件不同时，应选择不同仪器。以钻孔位移计为例，固定在孔内的锚头有：楔入式、涨壳式（机械的与液压的）、压缩木式和灌浆式，楔入式与涨壳式锚头，具有埋设简单、生效快和对施工干扰小等优点，在施工阶段和在比较坚硬完整的岩体中进行监测，宜选用这种锚头。压缩木式锚头具有埋设操作简便和经济的优点，但只有在地下水比较丰富或很潮湿的地段才选用。灌浆式锚头最为可靠，完整及破碎岩石条件均可使用，永久性的原位监测常选用这种锚头。但灌浆式锚头的埋设操作比较复杂，且浆液固化需要时间，不能立即生效，对施工干扰大，不适合施工过程中的监测。

2.4.3 仪器测读方式的要求

（1）测读方式也是仪器选型中需要考虑的一个因素。岩土体的监测，往往是多个监测项目子系统所组成的统一的监测系统。有些项目的监测仪器布设较多，每次测量的工作量很大，野外任务十分艰巨。为此，在实际工作中，为提高一个工程的测读工作效率与加快数据处理进度，选择操作简便易行、快速有效和测读方法尽可能一致的仪器设备是十分必要的。有些工程的测点，人员到达受到限制，在该种情况下可采用能够远距离观测的仪器。

（2）对于能与其他监测系统联网的监测，如水库大坝坝基边坡监测时，坝基与大坝监测系统可联网监测，仪器选型时应根据监测系统统一的测读方式选择仪器，以便于数据通信、数据共享和形成统一的数据库。

2.4.4　仪器选择的经济性要求

（1）在选择仪器时进行经济比较，在保证技术使用要求时，使仪器购置、损耗及其埋设费用最为经济，同时，在运用中能达到预期效果。仪器的可靠性是保证实现监测工作预期目的的必要条件，但提高仪器的可靠性，要增加很多的辅助费用。另外，选用具有足够精度的仪器，是保证监测工作质量的前提。但过高的精度，实际上不会提供更多的信息，还会导致费用的增加。

（2）在我国，岩土工程测试仪器的研制已有很大发展。近年研制的大量国产监测仪器，已在岩土工程的监测中大量采用，实践证明，这些仪器性能稳定可靠且价格低廉。

【知识归纳】

1. 测试技术的科学意义。
2. 测试系统的组成模块。
3. 测试系统的主要静态特性参数。
4. 测试仪器的技术要求。
5. 测试系统的主要选择原则。

【独立思考】

1. 简述传感器的定义与组成。
2. 传感器的静态特性的主要技术参数指标有哪些？
3. 如何选择监测仪器？

【参考文献】

[1] 马英明，程锡禄．工程测试技术［M］．北京：煤炭工业出版社，1988.
[2] 夏才初，李永盛．地下工程测试理论与监测技术［M］．上海：同济大学出版社，1999.
[3] 宰金珉．岩土工程测试与监测技术［M］．北京：中国建筑工业出版社，2008.
[4] 任建喜，年延凯．岩土工程测试与监测技术［M］．武汉：武汉理工大学出版社，2009.

[5] 廖红建，赵树德．岩土工程测试［M］．北京：机械工业出版社，2007.
[6] 张国忠，赵家贵．测试技术［M］．北京：中国计量出版社，1998.
[7] 林宗元．岩土工程试验监测手册［M］．北京：中国建筑工业出版社，2005.
[8] 祝龙根，刘利民．地基基础测试新技术［M］．北京：中国计量出版社，2003.

3　传感器测量原理

【内容提要】

1. 本章主要内容：传感器的定义、组成及其分类，阐明了传感器在岩土工程中的重要作用和地位。介绍了各种传统的、新型的传感器的工作原理、结构、技术指标、使用特点。

2. 本章教学重点：岩土工程常用的电阻式传感器、振弦式传感器以及光纤传感器。

3. 本章教学难点：电阻应变式传感器及振弦式传感器测试技术。

【能力要求】

通过本章的学习，学生应达到掌握本章重点、难点内容，了解传感器的分类以及岩土工程监测中常用的传感器及其测试原理。

3.1　传感器的定义、组成及分类

3.1.1　传感器的定义

在地下工程中，所需测量的物理量大多数为非电量，如位移、压力、应力和应变等，为使非电量用电测方法来测定和记录，必须设法将它们转化为电量，这种将被测物理量直接转换成相应的容易检测、传输或处理的信号的元件称为传感器。《传感器通用术语》（GB/T 7665—2005）对传感器的定义是："能感受规定的被测量并按照一定的规律转换成可用输出信号的器件或装置。"

3.1.2　传感器的组成

传感器一般由敏感元件、转换元件、信号调理转换电路组成。图 3-1 所示为一种温度传感器组成。

敏感器件是传感器的核心，它的作用是直接感受被测物理量，并对信号进行转换输出。转换元件是指传感器中能将敏感元件感受或响应的被测量部分转换成适合于传输或测量的电信号部分。由于传感器输出信号一般都很微弱，因此传感器输出的信号一般需要进行信号调理与转换、放大、运算与调制之后才能进行显示和参与控制。

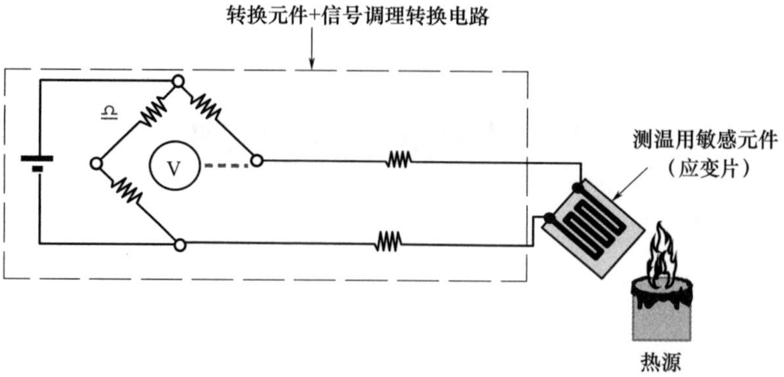

图 3-1　温度传感器组成示意图

传感器的未来发展是与微处理器相结合，封装在一个检测器中形成一种新型的智能传感器（Smart Sensors）。它将具有一定的信号调理、信号分析、误差校正、环境适应等能力，甚至具有一定的辨认、识别和判断的功能。

3.1.3　传感器的分类

目前对传感器尚无一个统一的分类方法，但比较常用的有如下四种：按传感器的物理量分类；按工作的物理基础分类；按传感器工作原理分类；按传感器输出信号的性质分类。

（1）按被测物理量分类

① 机械量：长度、厚度、位移、速度、加速度、旋转角、转速、质量、力、压力、真空度、力矩、风速、流速、流量；

② 声：声压、噪声；

③ 磁：磁通、磁场；

④ 温度：温度、热量、比热；

⑤ 光：亮度、色彩。

（2）按工作的物理基础分类

机械式、电气式、光学式、流体式等。

（3）按传感器工作原理分类

能量转换型：直接由被测对象输入能量使其工作。例如，热电偶温度计、压电式加速度计。

能量控制型：从外部供给能量并由被测量控制外部供给能量的变化。例如，电阻应变片式传感器。

（4）按传感器输出信号的性质分类

物性型：依靠敏感元件材料本身物理性质的变化来实现信号变换。例如，水银温度计。

结构型：依靠传感器结构参数的变化实现信号转变。例如，电容式和电感式传感器。

3.2 应力计和应变计原理

地下工程测试中常用的两类传感器：应力计和应变计。两者区别在于测试敏感元件与被测物体的相对刚度的差异。如图 3-2 所示，该系统由两根相同的弹簧将一块无质量的平板与地面相连接所组成，弹簧常数均为 k，长度为 l_0，设有力 P 作用在板上，将弹簧压缩至 l_1 如图 3-2（b）所示，则

$$\Delta u_1=\frac{P}{2k} \tag{3-1}$$

若想用一个测量元件来测量未知力和压缩变形，可在两根弹簧之间放入弹簧常数为 K 的弹簧元件，则其变形的压力为：

$$\Delta u_2=\frac{P}{2k+K} \tag{3-2}$$

$$P_2=K\cdot\Delta u_2 \tag{3-3}$$

将式（3-1）代入式（3-2）可得：

$$\Delta u_2=\frac{2k\Delta u_1}{2k+K}=\Delta u_1\frac{1}{1+\frac{K}{2k}} \tag{3-4}$$

将式（3-2）代入式（3-3）可得：

$$P_2=K\frac{P}{2k+K}=P\frac{1}{1+\frac{2k}{K}} \tag{3-5}$$

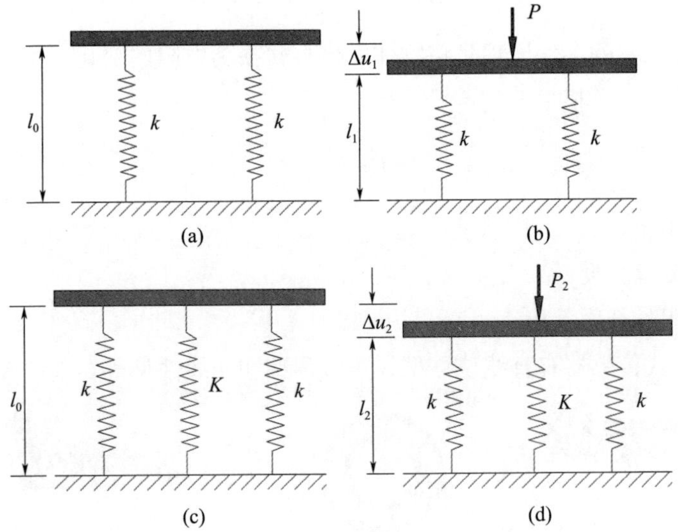

图 3-2　应力计与应变计原理

由此可得结论：

（1）由式（3-4）知，若 $K\ll k$，则 $\Delta u_1=\Delta u_2$，说明弹簧元件加进前后几乎不变，

弹簧元件的变形能反映系统的变形，因此可看作一个测长计，把它测出来的值乘以一个标定常数，可以指示应变值，因而它是一个应变计。

（2）由式（3-5）知，若 $K \gg k$，则 $P_2 = P$，说明弹簧元件加进前后，系统的受力与弹性元件的受力几乎一致，弹簧元件的受力能反映系统的受力，因而可看作一个测力计，把它测出来的值乘以一个标定常数，可以指示应力值，所以它是一个应力计。

（3）由式（3-4）知，若 $K = 2k$，即弹簧元件与原系统的刚度相近，加入弹簧元件，系统受力、变形都有很大变化，则应力计、应变计均不能做。

另外，上述结果也可用直观的力学知识来解释。如果弹簧元件比系统刚硬得多，则力的绝大部分就由元件来承担，因此，元件弹簧所受的压力与力近乎相等，在这种情况下，该弹簧元件适合于做应力计。另一方面，如果弹簧元件比系统柔软得多，它将顺着系统的变形而变形，对变形的阻抗作用很小，因此，元件弹簧的变形与系统的变形近乎相等，在这种情况下，该弹簧元件适合于做应变计。

3.3 电阻式传感器

电阻式传感器是将被测量（位移、力等参数）转换成电阻变化的一种传感器。按其工作原理可分为变阻器式传感器、电阻应变式传感器、热电阻式传感器和半导体热能电阻传感器等。电阻应变式传感器是根据电阻应变效应先将被测量转换成应变，再将应变量转换成电阻，所以它也是电阻式传感器的一种，其使用特别广泛。

3.3.1 变阻器式传感器

变阻器式传感器的工作原理是将物体的位移转换为电阻的变化，由此再进一步转换为电压等电量的变化。根据下式：

$$R = \rho \frac{l}{A} \tag{3-6}$$

式中 ρ——电阻率；

l——电阻丝长度；

A——电阻丝截面面积。

常用变阻器式传感器有直线位移型、角位移型和非线性型等，如图 3-3 所示。

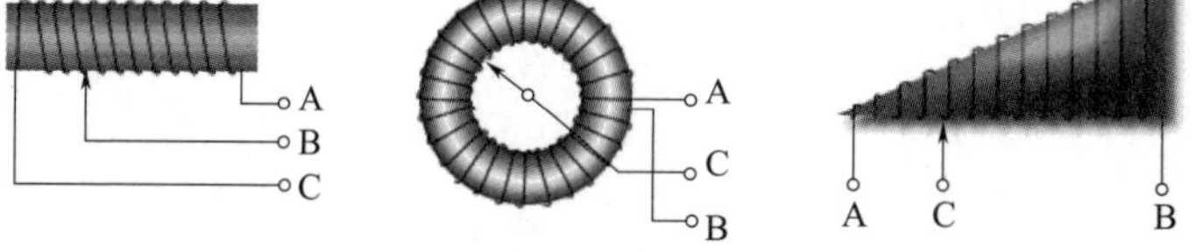

(a) 直线位移型　(b) 角位移型　(c) 非线性型

图 3-3　变阻器式传感器

A—线圈起点；B—线圈终点；C—电刷触点

变阻器式传感器的优点：①结构简单、尺寸小、质量轻、价格低廉且性能稳定；②受环境因素（如温度、湿度、电磁场干扰等）影响小；③可以实现输出—输入间任意函数关系；④输出信号大，一般不需要放大。

变阻器式传感器的缺点：①因为存在电刷与线圈或电阻膜之间的摩擦，因此需要较大的输入能量；②由于磨损不仅影响使用寿命和降低可靠性，而且会降低测量的精度，所以分辨力较低；③动态响应较差，适合于测量变化较缓慢的物理量。

3.3.2　电阻应变式传感器

电阻应变式传感器的结构包括：应变片、弹性元件和其他附件。它的工作原理是基于电阻应变效应。在被测拉压力的作用下，弹性元件产生变形，贴在弹性元件上的应变片产生一定的应变，由应变仪读出读数，再根据事先标定的应变-应力关系，即可得到被测力数值。

1. 电阻应变片的工作原理

导体或半导体材料在外界力的作用下产生机械变形时，其电阻值会相应地发生变化，这种现象称为应变效应。电阻应变片的工作原理就是基于应变效应。对图 3-4 所示的金属电阻丝，在其未受力时，假设其初始电阻值为

$$R_0=\frac{\rho l}{A_0} \tag{3-7}$$

式中　ρ——电阻丝的电阻率；

l——电阻丝的长度；

A_0——电阻丝的截面面积。

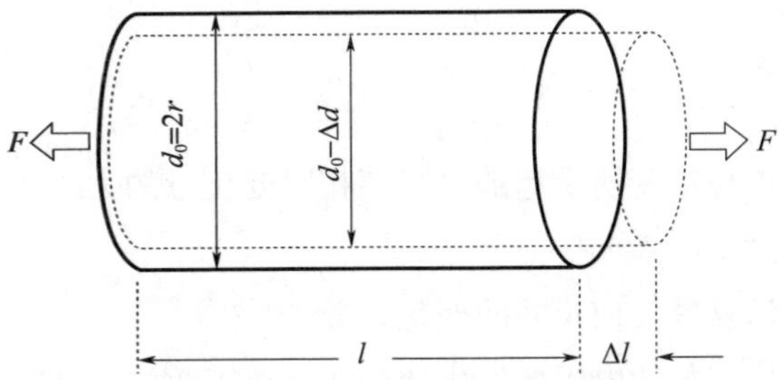

图 3-4　金属电阻丝的应变效应

当电阻丝受到轴向的拉力 F 作用时，将伸长 Δl，横截面面积相应减小 ΔA，电阻率因材料晶格发生变形等因素影响而改变了 $\Delta\rho$，从而引起的电阻值相对变化量为

$$\frac{\Delta R}{R}=\frac{\Delta l}{l}-\frac{\Delta A}{A}+\frac{\Delta\rho}{\rho} \tag{3-8}$$

以微分表示为

$$\frac{\mathrm{d}R}{R}=\frac{\mathrm{d}l}{l}-\frac{\mathrm{d}A}{A}+\frac{\mathrm{d}\rho}{\rho} \tag{3-9}$$

式中 dl/l——长度相对变化量。

$$\varepsilon=\frac{dl}{l} \tag{3-10}$$

式中 ε——电阻丝的轴向应变，简称应变。

对于圆形截面金属电阻丝，截面面积 $A=\pi r^2$，则

$$\frac{dA}{A}=2\frac{dr}{r} \tag{3-11}$$

式中 dA/A——圆形截面电阻丝的截面面积相对变化量。

r——电阻丝的半径，$dA=2\pi r dr$，则

$$\frac{dr}{r}=\frac{1}{2}\frac{dA}{A} \tag{3-12}$$

式中 dr/r——金属电阻丝的径向应变。

根据材料的力学性质，在弹性范围内，当金属丝受到轴向的拉力时，将沿轴向伸长，沿径向缩短。轴向应变和径向应变的关系可以表示为

$$\frac{dr}{r}=\frac{1}{2}\frac{dA}{A}=-\mu\frac{dl}{l}=-\mu\varepsilon \tag{3-13}$$

式中 μ——电阻丝材料的泊松比，负号表示应变方向相反。

电阻值的相对变化量为

$$\frac{\frac{dR}{R}}{\varepsilon}=1+2\mu+\frac{\frac{d\rho}{\rho}}{\varepsilon} \tag{3-14}$$

把单位应变引起的电阻值变化量定义为电阻丝的灵敏系数 K，则

$$K=\frac{\frac{dR}{R}}{\varepsilon}=1+2\mu+\frac{\frac{d\rho}{\rho}}{\varepsilon} \tag{3-15}$$

它的物理意义：单位应变所引起的电阻值相对变化量的大小。

灵敏系数 K 受两个因素影响：

(1) 应变片受力后材料几何尺寸的变化，即 $1+2\mu$；

(2) 应变片受力后材料的电阻率发生的变化（压阻效应），即 $(d\rho/\rho)/\varepsilon$。

对金属材料来说，电阻丝灵敏度系数表达式中 $1+2\mu$ 的值通常要比 $(d\rho/\rho)/\varepsilon$ 大得多，而半导体材料的 $(d\rho/\rho)/\varepsilon$ 项的值比 $1+2\mu$ 大得多。实验表明，在电阻丝拉伸极限内，电阻的相对变化与应变成正比，即 K 为常数。

半导体应变片是用半导体材料制成的，其工作原理是基于半导体材料的压阻效应。当半导体材料受到某一轴向外力作用时，其电阻率 ρ 发生变化的现象称为半导体材料的压阻效应。当半导体应变片受轴向力作用时，其电阻率的相对变化量为

$$\frac{d\rho}{\rho}=\pi\sigma=\pi E\varepsilon \tag{3-16}$$

式中 π——半导体材料的压阻系数；

σ——半导体材料所承受的应变力，$\sigma=E\varepsilon$；

E——半导体材料的弹性模量；

ε——半导体材料的应变。

其大小与半导体敏感元件在轴向所承受的应变力 σ 有关。

所以，半导体应变片电阻值的相对变化量为

$$\frac{\mathrm{d}R}{R}=(1+2\mu+\pi E)\varepsilon \tag{3-17}$$

一般情况下，πE 比 $1+2\mu$ 大两个数量级（10^2）左右，略去 $1+2\mu$，并根据式（3-15）和式（3-16）则半导体应变片的灵敏系数近似为

$$K=\frac{\frac{\mathrm{d}R}{R}}{\varepsilon}\approx\pi E \tag{3-18}$$

通常，半导体应变片的灵敏系数比金属丝式高 50～80 倍，其主要缺点是温度系数大，应变时的非线性比较严重，因此应用范围受到一定的限制。

测量应变或应力时，在外力作用下，引起被测对象产生微小机械变形，从而使得应变片电阻值发生相应变化。所以只要测得应变片电阻值的变化量 ΔR，便可得到被测对象的应变值 ε，从而求出被测对象的应力 σ 为：

$$\sigma=E\varepsilon \tag{3-19}$$

因为 $\sigma\propto\varepsilon$，所以 $\sigma=\propto\Delta R$，用电阻应变片测量应变的基本原理也就是基于此。

2. 电阻应变片的种类及材料

(1) 电阻应变片的种类

根据电阻应变片所使用的材料不同，电阻应变片可分为金属电阻应变片和半导体应变片两大类。金属电阻应变片可分为金属丝式应变片（Wire Strain Gauge）、金属箔式应变片（Foil Strain Gauge）、金属薄膜式应变片（Thin-film Strain Gauge）；半导体应变片（Semiconductor Strain Gauge）可分为体型半导体应变片、扩散型半导体应变片、薄膜型半导体应变片、PN 结元件等。其中最常用的是金属箔式应变片、金属丝式应变片和体型半导体应变片。应变片的核心部分是敏感栅，它粘贴在绝缘的基片上，在基片上再粘贴起保护作用的覆盖层，两端焊接引出导线，如图 3-5 所示。

金属电阻应变片的敏感栅有丝式和箔式两种形式。丝式金属电阻应变片的敏感栅由直径为 0.01～0.05mm 的电阻丝平行排列而成。箔式金属电阻应变片是利用光刻、腐蚀等工艺制成的一种很薄的金属箔栅，其厚度一般为 0.003～0.01mm，可制成各种形状的敏感栅（如应变花），其优点是表面积和截面积之比大，散热性能好，允许通过的电流较大，可制成各种所需的形状，便于批量生产。覆盖层与基片将敏感栅紧密地粘贴在中间，对敏感栅起几何形状固定和绝缘、保护作用，基片要将被测体的应变准确地传递到敏感栅上，因此它很薄，一般为 0.03～0.06mm，使它与被测体及敏感栅能牢固地黏

合在一起；此外，它还具有良好的绝缘性能、抗潮性能和耐热性能。基片和覆盖层的材料有胶膜、纸、玻璃纤维布等。图 3-6 所示为几种常用应变片的基本形式。

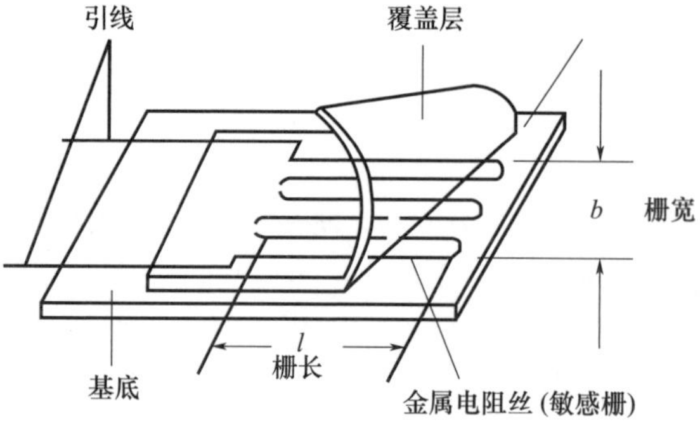

(a) 金属丝式应变片

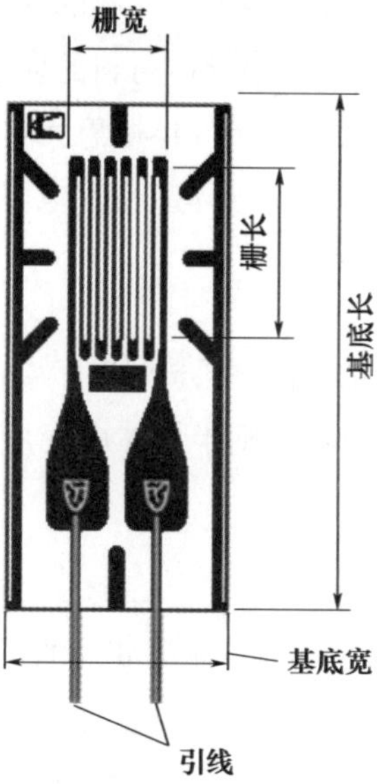

(b) 金属箔式应变片

图 3-5　金属电阻应变片结构

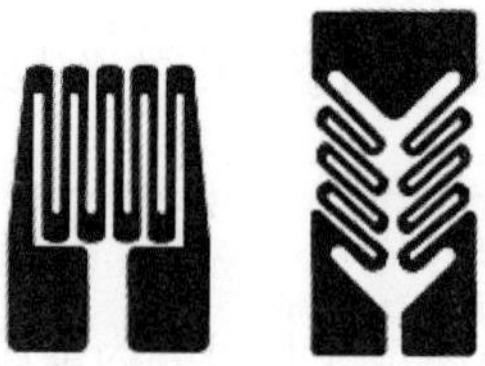

(a) 箔式应变片

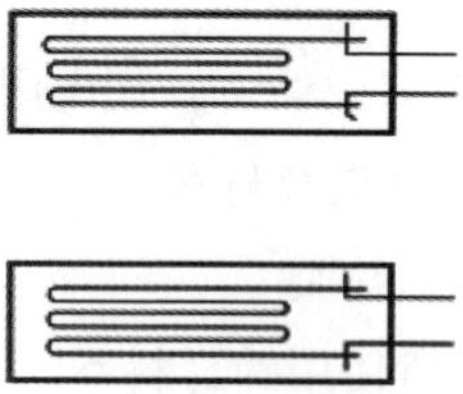

(b) 丝式应变片

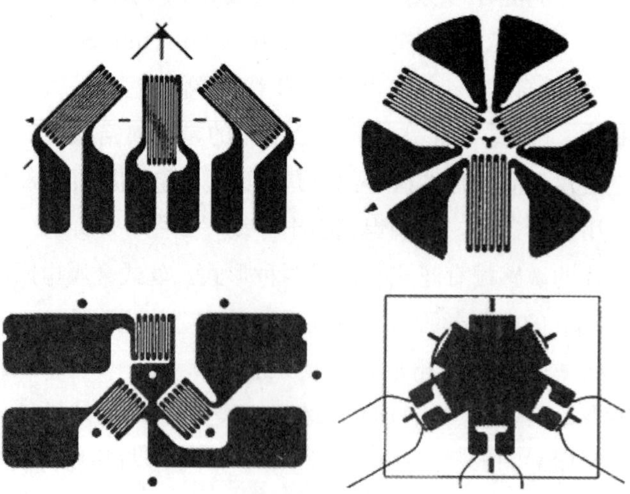

(c) 应变花

图 3-6　几种常用应变片的基本形式

（2）电阻应变片的材料

对电阻丝材料的基本要求如下：

① 灵敏系数应在尽可能大的应变范围内保持为常数，即电阻变化与应变呈线性关系；

② 电阻率 ρ 值要大，即在同样长度、同样横截面面积的电阻丝中具有较大的电阻值；

③ 具有足够的热稳定性，电阻温度系数小，有良好的耐高温抗氧化性能；

④ 与铜线的焊接性能好，与其他金属的接触电动势小；

⑤ 机械强度高，具有优良的机械加工性能。

制造应变片敏感元件的材料主要有铜镍合金、镍铬合金、铁铬铝合金、铁镍铬合金和贵金属等。目前应用最广泛的应变丝材料是康铜（含45%的镍、55%的铜）。这是由于它有很多优点：①灵敏系数稳定性好，不但在弹性变形范围内能保持为常数，进入塑性变形范围内也基本上能保持为常数；②电阻温度系数较小且稳定，当采用合适的热处理工艺时，可使电阻温度系数在$\pm 50\times 10^{-6}$℃的范围内；③加工性能好，易于焊接。

3. 电阻应变片的粘贴

应变片的粘贴工艺步骤（图 3-7）如下：

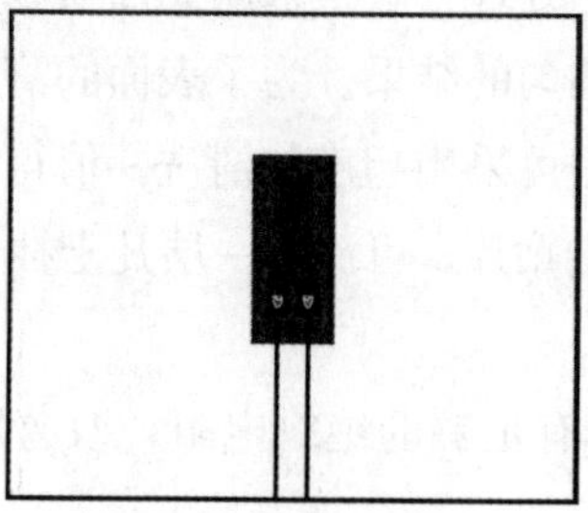
(a) 挑选应变片

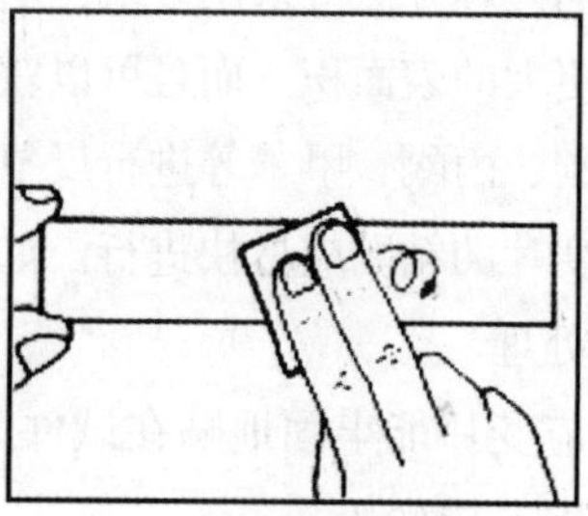
(b) 试件表面处理

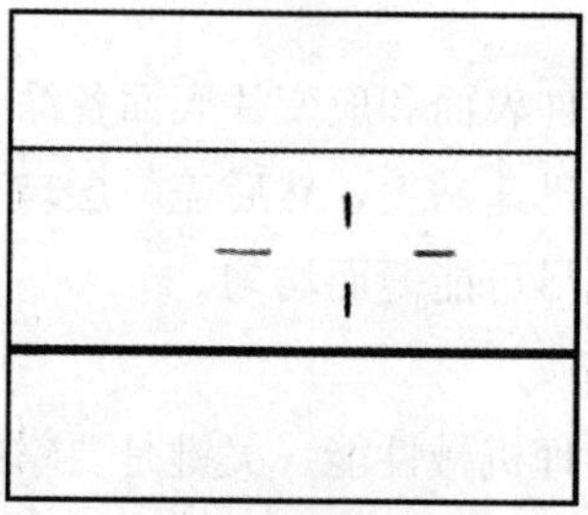
(c) 划定粘贴面位置

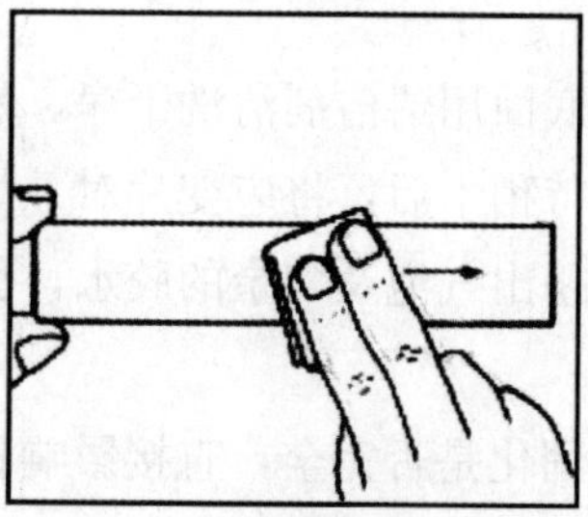
(d) 粘贴面清洗

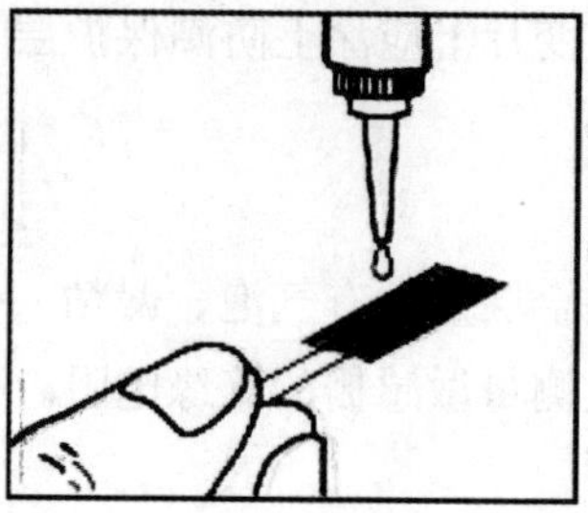
(e) 涂黏合剂

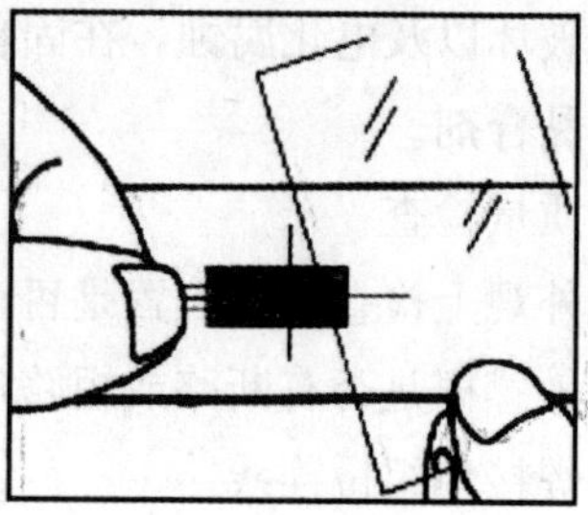
(f) 应变片粘贴

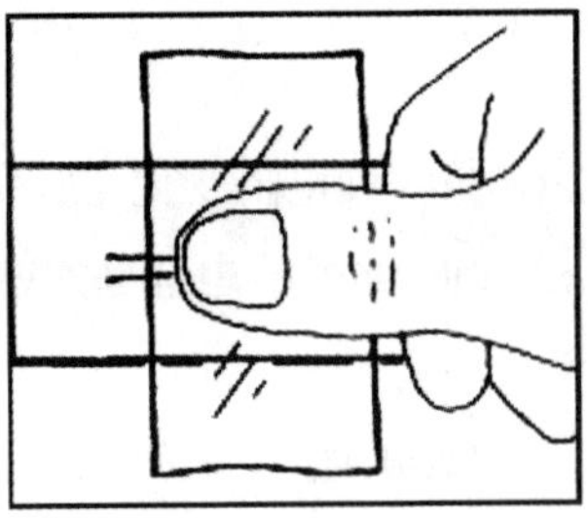

(g) 应变片加压

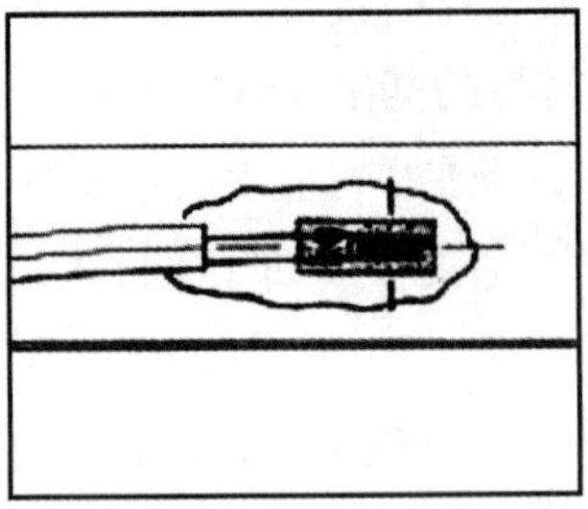

(h) 引线焊接、粘贴工作完成

图 3-7　几种常用应变片的基本形式

（1）应变片的检查与选择

首先要对采用的应变片进行外观检查，观察应变片的敏感栅是否整齐、均匀，是否有锈斑以及短路和折弯等现象。其次要对选用的应变片的阻值进行测量，阻值选取合适将对传感器的平衡调整带来方便。

（2）试件的表面处理

为了获得良好的黏合强度，必须对试件表面进行处理，清除试件表面杂质、油污及疏松层等。一般的处理办法可采用砂纸打磨，较好的处理方法是采用无油喷砂法，这样不但能得到比抛光更大的表面积，而且可以获得质量均匀的结果。为了表面的清洁，可用化学清洗剂如氯化碳、丙酮、甲苯等进行反复清洗，也可采用超声波清洗。值得注意的是，为避免氧化，应变片的粘贴应尽快进行。如果不立刻贴片，可涂上一层凡士林暂作保护。

（3）底层处理

为了保证应变片能牢固地贴在试件上，并具有足够的绝缘电阻，改善胶接性能，可在粘贴位置涂上一层底胶。

（4）贴片

将应变片底面用清洁剂清洗干净，然后在试件表面和应变片底面各涂上一层薄而均匀的黏合剂。待稍干后，将应变片对准划线位置迅速贴上，然后盖一层玻璃纸，用手指或胶辊加压，挤出气泡及多余的胶水，保证胶层尽可能薄而均匀。

（5）固化

黏合剂的固化是否完全，直接影响到胶的物理机械性能。关键是要掌握好温度、时间和循环周期。无论是自然干燥还是加热固化都要严格按照工艺规范进行。为了防止强度降低、绝缘破坏以及电化腐蚀，在固化后的应变片上应涂上防潮保护层，防潮层一般可采用稀释的黏合剂。

（6）粘贴质量检查

首先是从外观上检查粘贴位置是否正确，黏合层是否有气泡、漏粘、破损等。然后是测量应变片敏感栅是否有断路或短路现象以及测量敏感栅的绝缘电阻。

（7）引线焊接与组桥连线

检查合格后即可焊接引出导线，引线应适当加以固定。应变片之间通过粗细合适的漆包线连接组成桥路。连接长度应尽量一致，且不宜过多。

4. 应变片的灵敏系数和横向效应

通常情况下，任何一个应变片均有两个灵敏系数，即轴向系数（Axial Gage Factor）f_a 和横向系数（Transverse Gage Factor）f_t，如图 3-8 所示一轴向受拉的梁，梁上所粘贴的应变片在外力 F 作用下引起的电阻值相对变化量为 L：

$$\frac{\Delta R}{R}=f_a\varepsilon_a+f_t\varepsilon_t \tag{3-20}$$

式中 ε_a，ε_t——分别为轴向应变和横向应变。

式（3-20）亦可写成

$$\frac{\Delta R}{R}=f_a(\varepsilon_a+K_t\varepsilon_t) \tag{3-21}$$

式中 K_t——应变片的横向效应系数（transverse sensitivity coefficient），$K_t=\frac{f_t}{f_a}$。

如果应变片是理想的转换元件，它就应只对其栅长方向的应变“敏感”，而在栅宽方向“绝对迟钝”。当材料产生纵向应变 ε_a 时，由于横向效应，将在其横向产生一个与纵向应变符号相反的横向应变 $\varepsilon_t=-\mu\varepsilon_a$。因此，应变片上横向部分的线栅与纵向部分的线栅产生的电阻变化符号相反，使应变片的总电阻变化量减小，此种现象称为应变片的横向效应，用横向效应系数 K_t 来描述。式（3-21）可以进一步改写成

$$\frac{\Delta R}{R}=f_a(\varepsilon_a-K_t\mu\varepsilon_a)$$

或

$$\frac{\Delta R}{R}=f_a(1-K_t\mu)\varepsilon_a \tag{3-22}$$

式中 $f_a(1-K_t\mu)$——应变片出厂时的灵敏系数，也可用 F 表示。

需要指出的是，横向灵敏度引起的误差往往是较小的，只要在测量精度要求较高和应变场的情况较复杂时才考虑修正。

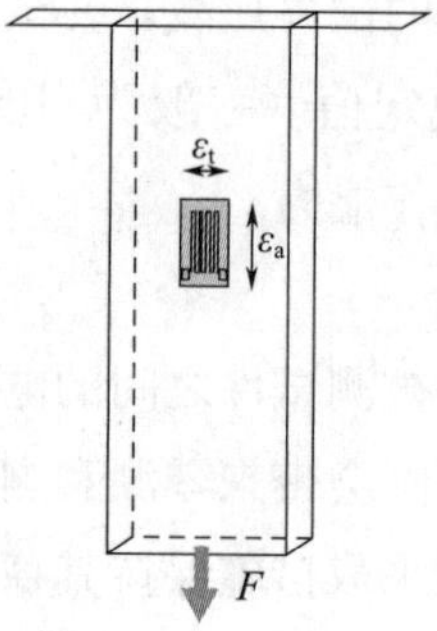

图 3-8 应变片的轴向和横向变形

5. 应变片的工作特性

除应变片的灵敏系数 F 和横向效应系数 K_t 外，衡量应变片工作特性的指标还有以

下几种。

（1）应变片的尺寸

顺着应变片轴向敏感栅两端转弯处内侧之间的距离称为栅长（或叫标距）。敏感栅的横向尺寸称为栅宽。应变片的基长和宽度要比敏感栅大一些。在可能的条件下，应当尽量选用栅长大一些、栅宽小一些的应变片。

（2）应变片的电阻值

应变片的电阻值，是指应变片在没有粘贴、未受力时、在室温下所测定的电阻值。应变片的标准名义电阻值有 60Ω，120Ω，200Ω，350Ω，500Ω，1000Ω 等系列；最常用的为 120Ω 和 350Ω 两种。出厂时，应提供每包应变片电阻的平均值及单个阻值与平均阻值的最大偏差。在相同的工作电流下，应变片的阻值越大，允许的工作电压越大，可以提高测试灵敏度。

（3）机械滞后量

在恒定温度下，对贴有应变片的试件进行加卸载试验，对各应力水平下应变片加卸载时所指示的应变量的最大差值作为该批应变片的机械滞后量。机械滞后主要是由敏感栅、基底和黏结剂在承受应变后留下的残余应变所致。在测试过程中，为了减少应变片的机械滞后给测量结果带来的误差，可对新粘贴应变片的试件反复加卸载 3～5 次。

（4）零点漂移和蠕变

在温度恒定、被测试件不受力的情况下，试件上应变片的指示应变随时间的变化称为零点漂移（简称零漂）。如果温度恒定，应变片承受有恒定的机械应变时，应变随时间的变化称为蠕变。零漂的主要是由于应变片的绝缘电阻过低、敏感栅通电流后的温度效应、黏结剂固化不充分、制造和粘贴应变片过程中造成的初应力以及仪器的零漂或动漂等所造成。蠕变主要是胶层在传递应变开始阶段出现的“滑动”所造成的。

（5）应变极限

在室温条件下，对贴有应变片的试件加载，使试件的应变逐渐增大，应变片的指示应变与机械应变的相对误差达到规定值（一般为 10%）时的机械应变即为应变片的应变极限，认为此时应变片已失去工作能力。

（6）绝缘电阻

绝缘电阻是指敏感栅及引线与被测试件之间的电阻值，常作为应变片黏合层固化程度和是否受潮的标志。绝缘电阻下降会带来零漂和测量误差，特别是不稳定的绝缘电阻会导致测试失败。所以，重要的是采取措施保持其稳定，这对于用于长时间测量的应变片极为重要。

（7）疲劳寿命

疲劳寿命是指贴有应变片的试件在恒定幅值的交变应力作用下，应变片连续工作，直至产生疲劳损坏时的循环次数，通常可达 10^6～10^7次。

（8）最大工作电流

最大工作电流是允许通过应变片而不影响其工作特性的最大电流，通常为几十毫安。静态测量时，为提高测量精度，流过应变片的电流要小一些；短期动测时，为增大输出功率，电流可大一些。

6. 应变测量电路（惠斯登电桥电路）

应变片将应变信号转换成电阻相对变化量是第一次转换，而应变基本测量电路则是将电阻相对变化量再转换成电压或电流信号，以便显示、记录和处理，这是第二次转换，通常转换后的信号很微弱，必须经调制、放大、解调、滤波等变换环节才能获得所需的信号，这一系统称应变测量电路，并构成电阻应变仪。应变测量一般采用惠斯登电桥电路（Wheatstone Bridge Circuit），如图 3-9 所示。

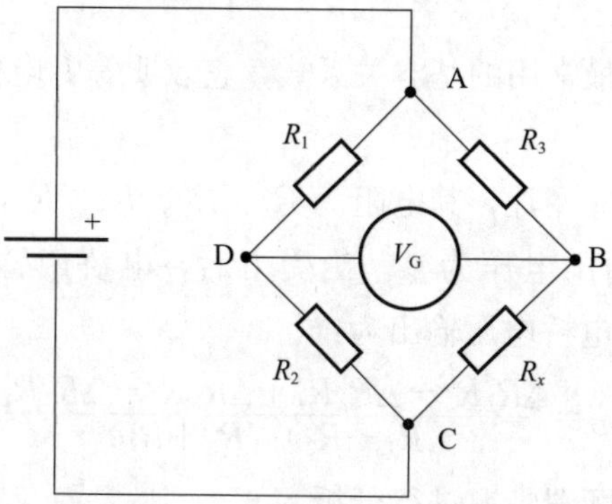

图 3-9　惠斯登电桥电路

惠斯登电桥电路可有效地测量 10^{-3}～10^{-6} 数量级的微小电阻变化率，且精度很高，稳定性好，易于进行温度补偿，所以，在电阻应变仪和应变测量中应用极广。按电源供电方式不同，电桥可分为直流电桥和交流电桥。

（1）直流电桥

图 3-10 所示为直流惠斯登电桥，由四个电阻 R_1、R_2、R_3、R_4 组成四个桥臂：A、C 为供桥端，接电压为 E 的直流电源，B、D 为输出端，电桥的输出电压为：

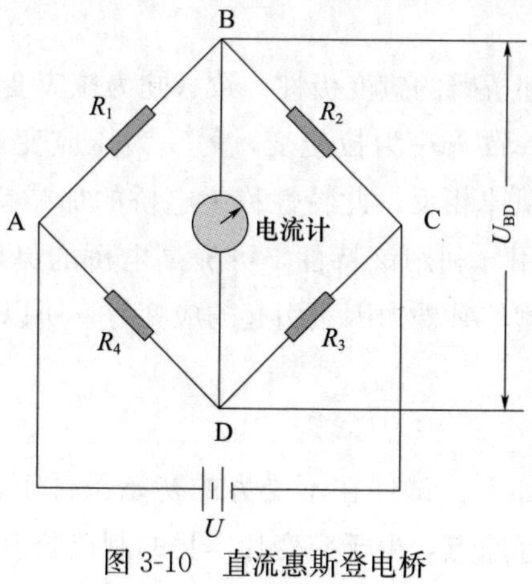

图 3-10　直流惠斯登电桥

$$U_{BD}=\frac{R_1R_3-R_2R_4}{(R_1+R_2)(R_3+R_4)}E \tag{3-23}$$

当 $U_{BD}=0$ 时，电桥处于平衡状态，故电桥的平衡条件为：

$$R_1R_3-R_2R_4=0$$

或

$$\frac{R_1}{R_4}=\frac{R_2}{R_3} \tag{3-24}$$

实际测量时，桥臂四个电阻 $R_1=R_2=R_3=R_4=R$，此时称等臂电桥。

设 R_1 为工作应变片，当试件受力作用产生应变时，其阻值有一增量 ΔR，此时，桥路就有不平衡输出，由于 $\Delta R \leqslant R$，可得电压输出为：

$$U_{BD}=\frac{\Delta R}{4R}E=\frac{1}{4}k\varepsilon E \tag{3-25}$$

上式是电阻应变仪中最常用的基本关系式，它表明等臂电桥的输出电压与应变在一定范围内呈线性关系。

设电桥四臂均为工作应变片，其电阻为 R_1、R_2、R_3、R_4，当应变片未受力时，电桥处于平衡状态，电桥输出电压为零。当受力后，电桥四臂都产生电阻变化分别为 ΔR_1，ΔR_2，ΔR_3，ΔR_4，电桥电压输出为：

$$U_{BD}=\frac{\Delta R_1R_3-\Delta R_2R_4+\Delta R_3R_1-\Delta R_4R_2}{(R_1+R_2)(R_3+R_4)}E \tag{3-26}$$

下面，根据三种桥臂配置情况进行分析。

① 全等臂电桥，即 $R_1=R_2=R_3=R_4=R$，其电压输出为：

$$U_{BD}=\frac{1}{4}\left(\frac{\Delta R_1}{R_1}-\frac{\Delta R_2}{R_2}+\frac{\Delta R_3}{R_3}-\frac{\Delta R_4}{R_4}\right)E=\frac{1}{4}kE\ (\varepsilon_1-\varepsilon_2+\varepsilon_3-\varepsilon_4) \tag{3-27}$$

② 输出对称电桥，$R_1=R_2$，$R_3=R_4$，其电压输出与全等臂电桥相同。

③ 电源对称电桥，$R_1=R_4$，$R_2=R_3$，令 $\frac{R_2}{R_1}=\frac{R_3}{R_4}=a$，则其电压输出为：

$$U_{BD}=\frac{1}{(a+1)^2}\left(a\frac{\Delta R_1}{R_1}-a\frac{\Delta R_2}{R_2}+a\frac{\Delta R_3}{R_3}-a\frac{\Delta R_4}{R_4}\right)E=\frac{a}{(a+1)^2}kE\ (\varepsilon_1-\varepsilon_2+\varepsilon_3-\varepsilon_4) \tag{3-28}$$

从上面分析可知，相邻桥臂的应变极性一致（同为拉应变或同为压应变）时，输出电压为两者之差；极性不一致（一为拉应变，另一为压应变）时，输出电压为两者之和。而相对桥臂则与上述规律相反，此特性称为电桥的加减特性（或和差特性），该特性对于交流电桥也完全适用。利用该特性，可提高电桥的灵敏度，对稳定影响予以补偿，从复杂受力的试件上测取某外力因素引起的应变等，所以，它是在构件上布片和接桥时遵循的基本准则之一。

（2）电桥的平衡

电桥平衡的物理意义如下：试件在不受力的初始条件下，应变电桥的输出也应为零，相当于标定曲线的坐标原点，由于应变片本身的制造公差，任意两个应变片的电阻值也不可能相等，而且接触电阻和导线电阻也有差异，所以，必须设置电桥调平衡电路。在交流电桥中，应变片引出导线间和应变片与构件间都存在这分布电容，其容抗与供桥电压圆频率成正比，它与应变片的电阻并联，严重影响着电桥的平衡和输出，降低电桥的灵敏度，导致信号失真。因此，试件加载前，还必须有电容预调平衡。

3.4 振弦式传感器

3.4.1 振弦式传感器原理

在地下工程现场测试中，常利用钢弦式应变计和压力盒作为量测元件，其基本原理是由钢弦内应力的变化转变为钢弦振动频率的变化。钢弦应力-振动频率的关系如下：

$$f=\frac{1}{2L}\sqrt{\frac{\sigma}{\rho}} \tag{3-29}$$

式中 f——钢弦振动频率；

L——钢弦长度；

ρ——钢弦密度；

σ——钢弦所受张拉应力。

如以压力盒为例，当压力盒已做成后，L，ρ 已为定值，所以，钢弦频率只取决于钢弦上的张拉应力，而钢弦上产生的张拉应力又取决于外来压力 P，从而使钢弦频率与薄膜所受压力 P 的关系如下：

$$f^2-f_0^2=KP \tag{3-30}$$

式中 f——压力盒受力后钢弦的频率；

f_0——压力盒未受力时钢弦的频率；

P——压力盒底部薄膜所受外力；

K——标定系数，与压力盒构造等有关，各压力盒各不相同。

3.4.2 振弦式传感器的构造和性能

振弦式传感器分类：振弦式压力盒（土压力盒）、振弦式钢筋应力计、振弦式表面应变计、振弦式混凝土应变计。

1. 振弦式压力盒

振弦式压力盒构造简单，测试结果比较稳定，受温度影响小，易于防潮，可用于长期观测，故在地下工程和岩土工程现场测试和监测中得到广泛的应用。其缺点是灵敏度受压力盒尺寸的限制，并且不能用于动态测试。该种传感器是测定地下结构和岩土体压力最为常用的元件。

（1）土压力盒基本构造及原理

现在使用的土压力盒，从盒体构造上分，可以分为单膜式土压力盒和双膜式土压力盒。如图 3-11 所示。

单膜式土压力盒构造简单，价钱便宜，但灵敏度较低；双膜式土压力盒构造复杂，价钱贵，灵敏度高。一般工程采用单膜式土压力盒，重要工程采用双膜式土压力盒，如图 3-11（b）所示。

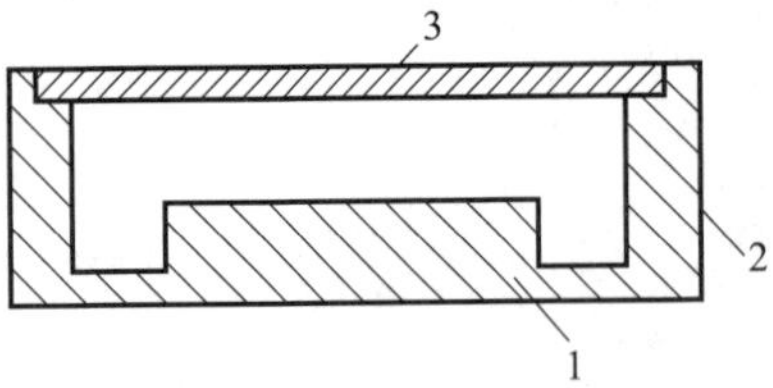

(a) 单膜式土压力盒

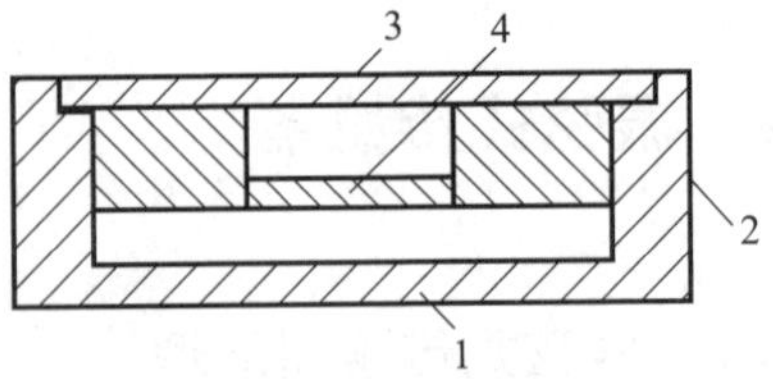

(b) 双膜式土压力盒

图 3-11　不同构造的土压力盒

1—一次膜；2—盒体；3—后盖；4—二次膜

振弦式压力盒基本原理：如图 3-12 所示，当压力盒在一定压力作用下，其传感面 1（弹性薄膜）向上微微鼓起，引起钢弦 3 的伸长，钢弦在未受压力时具有一定的初始频率（例如每秒振动 1000 次，即自振频率为 1000Hz），当拉紧后，频率就会提高。作用在薄膜上的压力不同，钢弦被拉紧的程度不一样，测得的频率也会发生差异。我们就是根据测到的不同频率来推得作用在薄膜上的压力大小的。

在实测中，激振器间隔一定时间向线圈 5 馈送高压脉冲电流，因而在铁心 4 中便产生磁力线，它给钢弦 3 一种激发力，使电磁线圈 5 不断地吸合或释放钢弦。当钢弦 3 振动时，它与铁心 4 之间的微小间隙发生周期性变化，因而引起磁力线回路中的磁阻发生变化。磁组的变化又反过来引起线圈 5 中感应出与该振动频率相同的交变电动势，交变电动势经放大器放大后送接收装置接收。激振并接收频率信号由二次仪表钢弦频率测定仪完成。

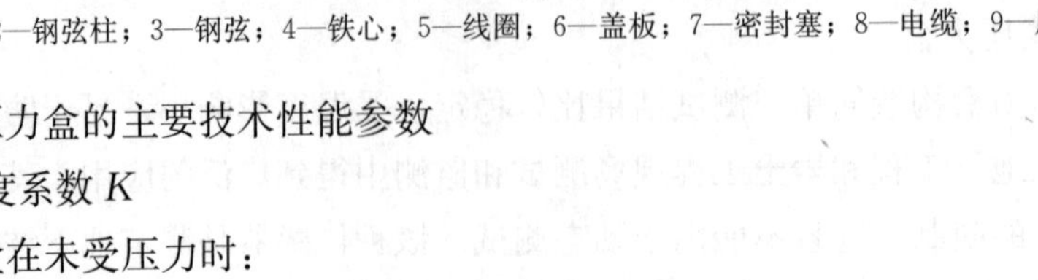

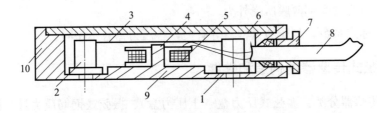

图 3-12　卧式钢弦压力盒构造示意图

1—弹性薄膜；2—钢弦柱；3—钢弦；4—铁心；5—线圈；6—盖板；7—密封塞；8—电缆；9—底座；10—外壳

（2）土压力盒的主要技术性能参数

① 灵敏度系数 K

土压力盒在未受压力时：

$$f_0=\frac{1}{2L}\sqrt{\frac{\sigma_0}{\rho}} \tag{3-31}$$

土压力盒在受压力时：

$$f_i=\frac{1}{2L}\sqrt{\frac{\sigma_0+\Delta\sigma}{\rho}} \tag{3-32}$$

综合以上两式可得：

$$P_i=K(f_i^2-f_0^2) \tag{3-33}$$

土压力盒的标定结果按上式来进行处理，并用最小二乘法确定工作特性曲线，其直线方程为：

$$N=a+b\times P_i \tag{3-34}$$

式中　N——输出频率的平方差，$N=(f_i^2-f_0^2)$；

a，b——标定系数。

② 零点压力的输出频率

零点压力输出频率又称初频，可由下式确定：

$$f=\frac{1}{m}\sum_{j=1}^{m}f_{0j} \tag{3-35}$$

式中　f_{0j}——第 j 次加荷和退荷测量时，零点压力下的输出频率值；

m——试验循环的次数，一般循环 3 次。

③ 额定压力时的输出频率

额定压力即压力盒所能测量的最大压力，其输出频率为：

$$f_{\mathrm{nr}}=\frac{1}{m}\sum_{j=1}^{m}f_{\mathrm{nr}j} \tag{3-36}$$

式中　$f_{\mathrm{nr}j}$——第 j 次加荷至额定压力值时的输出频率值；

m——试验循环的次数，一般循环 3 次。

额定输出频率值的公式：

$$f_{\mathrm{n}}=f_{\mathrm{nr}}-f_0 \tag{3-37}$$

④ 分辨力

能引起输出量发生变化时输入量的最小变化量称为量测系统的分辨力。

$$r=\frac{1}{f_{\mathrm{n}}}\times100\% \tag{3-38}$$

⑤ 长期稳定性

土压力盒要求长期稳定性比较好。可将压力盒静置 3 个月，再进行一次标定试验，其前述技术性能指标应满足。

⑥ 温度的影响

钢弦式压力盒的输出频率随着温度的变化而变化。

⑦ 防水密封性

由于压力盒埋于土中，所以应进行防水密封性试验。

2. 振弦式钢筋应力计

(1) 构造

振弦式钢筋应力计主要由传力应变管、钢弦及其夹紧部件、电磁激励线圈等组成。基本原理与振弦式土压力盒相同。振弦式钢筋应力计如图 3-13 所示，主要由两部分组成，即壳体部分和振动部分。

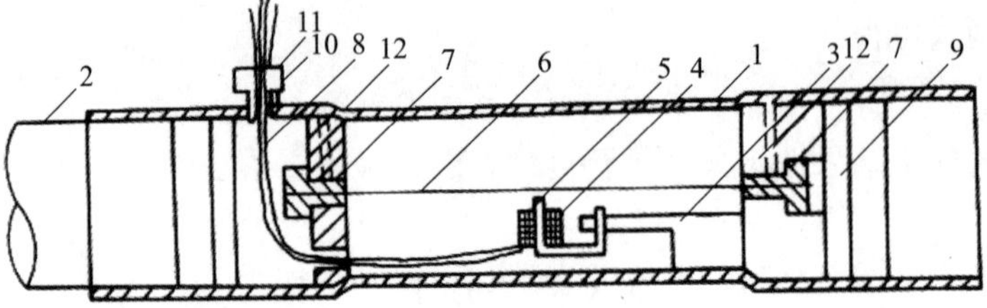

图 3-13　钢筋应力计示意图

1—钢管；2—拉杆；3—固定线圈和钢弦夹头装置；4—电磁线圈；5—铁心；6—钢弦；7—钢弦夹头；8—电线；9—止水螺丝；10—引线套管；11—止水螺帽；12—固定螺丝

（2）钢筋应力计与钢筋的连接

使用钢筋应力计时，应把钢筋计刚性地连接在钢筋测点位置上，其连接方法有焊接法和螺纹连接法。

3. 振弦式表面应变计

（1）构造

振弦式表面应变计的构造如图 3-14 所示，它可以测定钢支撑的应变，从而计算得出支撑轴力。

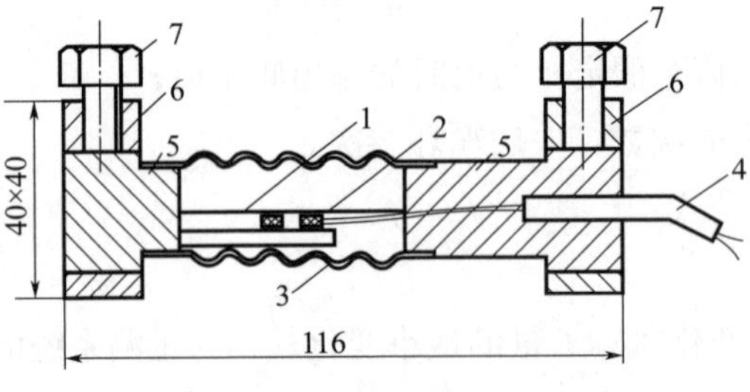

图 3-14　振弦式表面应变计构造示意图（单位：mm）

1—钢弦；2—电磁线圈；3—金属波纹管；4—电缆；5—钢弦夹头及连接壳体；6—安装架；7—锁紧螺丝

（2）安装方法

① 将一标准长度的芯棒装在安装架上，拧紧螺丝；

② 将装有标准芯棒的安装架焊接在钢支撑的表面；

③ 松开螺丝，从一端取出标准芯棒，待安装架冷却后，将应变计从一端慢慢推入安装架内，到位后再把锁紧螺丝拧紧。

实测应变的计算公式为：

$$\varepsilon=(f_0^2-f_i^2)K \tag{3-39}$$

式中　f_0——应变计安装后的初始频率；

f_i——应变计受力后的频率；

K——应变计的标定系数。

4. 振弦式混凝土应变计

振弦式混凝土应变计的埋入方法可分为直接埋入法和间接埋入法。构造如图 3-15 所示，混凝土应变通过连接壳体传递给振弦转变成振弦率变化，即可测得混凝土应变变化。

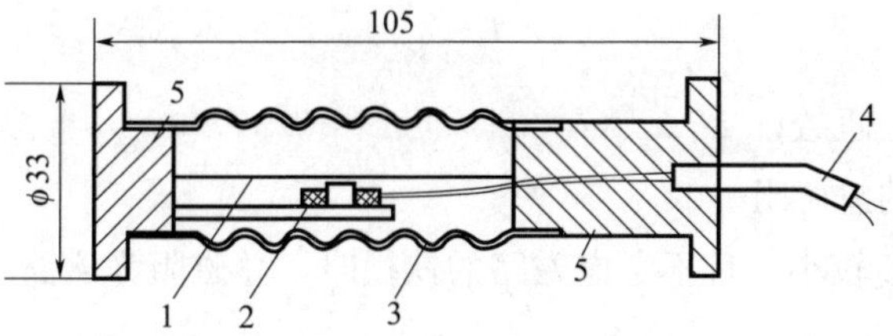

图 3-15 混凝土应变计构造示意图（单位：mm）

1—钢弦；2—电磁线圈；3—波纹管；4—电缆；5—钢弦夹头及连接壳体

3.5 电感式传感器

电感式传感器（Inductive Transducers）的敏感元件是电感线圈，其转换原理基于电磁感应原理。它把被测量的变化转换成线圈自感系数 L 或互感系数 M 的变化而实现把被测量转换为电感量变化的一种装置。利用电感式传感器，能对位移、压力、振动、应变、流量等参数进行测量。它具有结构简单、灵敏度高、输出功率大、输出阻抗小、抗干扰能力强及测量精度高等一系列优点。

电感式传感器种类很多，一般分为自感式和互感式两大类（图 3-16）。电感式传感器通常指自感式传感器，而互感式传感器由于是利用变压器原理，又往往做成差动形式，所以常称为差动变压器式传感器。

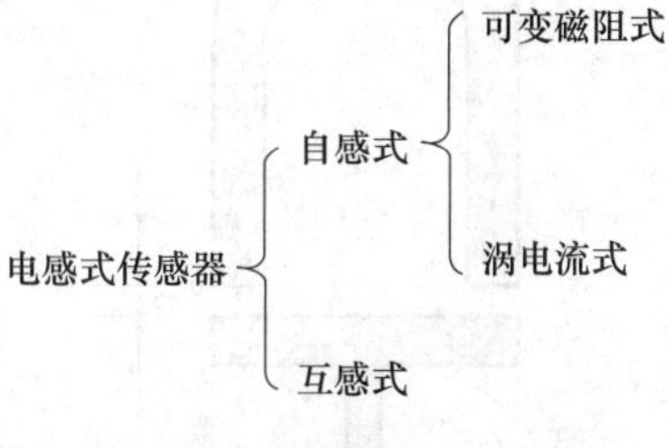

图 3-16 电感式传感器的分类

3.5.1 自感式电感传感器

1. 工作原理

自感式电感传感器是一种改变自感系数的传感器。原理如图 3-17 所示。它由线圈、定铁心及衔铁（动铁心）组成。铁心和衔铁由导磁材料如硅钢片或坡莫合金制成，在铁心和衔铁之间有气隙，气隙厚度为 δ。传感器的运动部分与衔铁相连。当衔铁移动时，

气隙厚度 δ 发生改变，引起磁路中磁阻变化，从而导致电感线圈的电感值发生变化。因此，只要能测出电感线圈电感量的变化，就能确定衔铁位移量的大小和方向。

下面求线圈的自感量 L 和磁路参数之间的关系。

由电工学知，线圈的自感量 L 可按下式计算：

$$L=\frac{N^2}{R_m} \tag{3-40}$$

式中 N——线圈的匝数；

R_m——磁路的总磁阻。

如果气隙厚度 δ 较小，且不考虑磁路的铁损时，总磁阻为磁路中铁心、气隙和衔铁的磁阻之和。

$$R_m=\frac{l_1}{\mu_1 S_1}+\frac{l_2}{\mu_2 S_2}+\frac{2\delta}{\mu_0 S_0} \tag{3-41}$$

式中 l_1——铁心导磁长度；

μ_1——铁心导磁率；

S_1——铁心导磁截面面积，$S_1=a\times b$；

l_2——衔铁导磁长度；

μ_2——衔铁导磁率；

S_2——衔铁导磁截面面积；

δ——气隙厚度；

μ_0——空气导磁率，$\mu_0=4\pi\times10^{-7}$；

S_0——空气隙导磁截面面积。

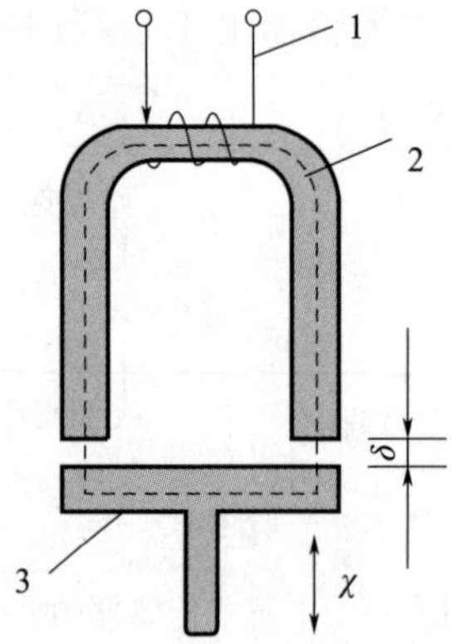

图 3-17　自感式电感传感器的基本原理

1—线圈；2—定铁心；3—衔铁（动铁心）

因为铁心、衔铁磁阻与空气隙的磁阻相比是很小的，计算时可忽略，故

$$R\approx\frac{2\delta}{\mu_0 S_0} \tag{3-42}$$

将式（3-42）代入式（3-40）中，则

$$L=\frac{N^2\mu_0 S_0}{2\delta} \tag{3-43}$$

式（3-43）就是可变磁阻式传感器的基本特性公式。此式表明，自感量 L 与气隙厚度 δ 成反比，而与气隙导磁截面面积 S_0 成正比。当固定 S_0 变化 δ 时，L 与 δ 成非线性关系。

传感器的灵敏度为

$$K=\frac{\Delta L}{\Delta\delta}=\frac{N^2\mu_0 A_0}{2\delta^2}=\frac{L}{\delta} \tag{3-44}$$

由式（3-44）可见，灵敏度 K 与气隙厚度成反比，即 δ 越小，灵敏度越高。由于 K 不是常数，故存在非线性误差，为了减小这一误差，通常规定在较小范围内工作。一般取 $\delta_0\leqslant 0.1$。这种传感器适用于较小位移的测量，一般为 0.001～1mm。

自感传感器的自感量 L 与 δ、S 和 μ_i 之参数有关，如果固定其中任意两个，而改变另一个，则可以制造一种传感器。根据这个道理，可以制造三种不同形式的自感传感器。

（1）变气隙型电感式传感器

如图 3-18（a）所示，这种传感器灵敏度很高，是最常用的电感传感器，它的缺点是输出特性（L-δ 关系曲线）为非线性。

（2）变截面型电感式传感器

如图 3-18（b）所示，这种传感器为线性特性，但灵敏度低。它常用于角位移测量。

（3）螺线管型电感式传感器

如图 3-18（c）所示，它是利用某些铁磁材料在受拉（或压）时，引起导磁率 μ 变化，这种传感器主要用于各种力的测量。

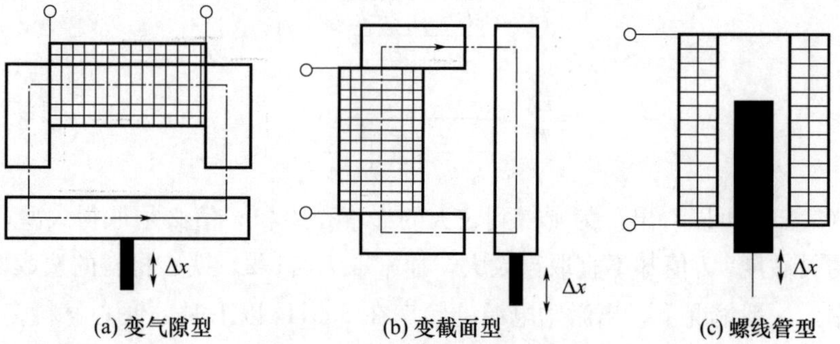

图 3-18　自感式传感器原理图

2. 差动螺线管式传感器

差动螺线管式传感器的结构如图 3-19 所示。

差动螺线管式传感器是由两个完全相同的螺线管组成，活动铁心的初始位置处于线圈的对称位置，两侧螺线管Ⅰ、Ⅱ（匝数分别为 W_1、W_2）的初始电感量相等。因此由其组成的电桥电路在平衡状态时没有电流流过负载。两个螺线管的初始电感量为

$$L_0=L_{10}=L_{20}=\frac{\pi\mu_0 W^2}{l^2}\left[r^2 l+\mu_r r_c{}^2 l_c\right] \tag{3-45}$$

式中　L_{10}，L_{20}——线圈Ⅰ，Ⅱ的初始电感值。

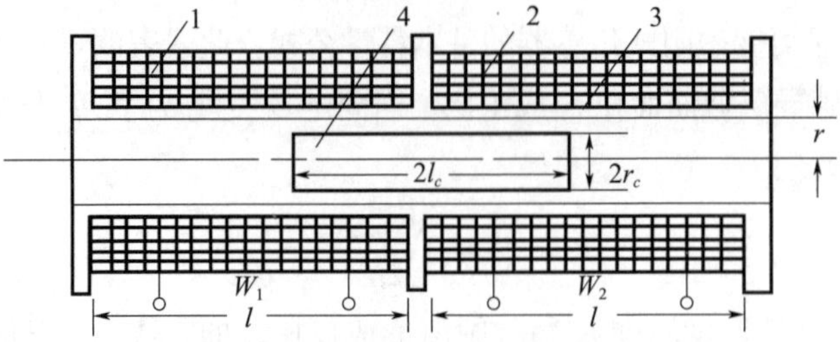

图 3-19　差动螺管式传感器的结构

1—螺线管线圈Ⅰ；2—螺线管线圈Ⅱ；3—骨架；4—活动铁心

当铁心移动 Δl（如左移）后，使左边电感值增加，右边电感值减少，即

$$L_1=\frac{\pi\mu_0 W^2}{l^2}\left[r^2 l+\mu_r r_c^{\ 2}\ (l_c+\Delta l)\right] \tag{3-46}$$

$$L_2=\frac{\pi\mu_0 W^2}{l^2}\left[r^2 l+\mu_r r_c^{\ 2}\ (l_c-\Delta l)\right] \tag{3-47}$$

所以求得每只线圈的灵敏度为

$$\begin{aligned}k&=\frac{\Delta L}{\Delta l}=\frac{L-L_0}{\Delta l}=\frac{\pi\mu_0\mu_r W^2 r_c^{\ 2}}{\Delta l}\\&=\frac{L_0}{l_0}\cdot\frac{l_c}{\frac{\pi\mu_0 W^2}{l^2}\ (r^2+\mu_r r_c^{\ 2} l_0)}\cdot\frac{\pi\mu_0\mu_r W^2 r_c^{\ 2}}{l^2}\\&=\frac{L_0}{l_0}\cdot\frac{1}{\frac{r^2 L+\mu_r r_c^{\ 2} l_c}{\mu_r r_c^{\ 2} l_c}}\\&=\frac{L_0}{l_0}\cdot\frac{1}{1+\frac{l}{l_c}\left(\frac{r}{r_c}\right)^2\frac{1}{\mu_r}}\end{aligned} \tag{3-48}$$

从式（3-45）可以看出，为了得到较大的 L_0 值，l_c 和 r_c 值必须取得大些，但是为了得到较高的灵敏度，l_c 值却不宜取得太大，通常取 $l_c \leqslant 1/2$。铁心材料的选取取决于激励电源的频率。一般情况下，当激励电源的频率在 500Hz 以下时，铁心材料多用合金钢；当激励电源的频率在 500Hz 以上时，铁心材料可用坡莫合金（铁镍合金）；当激励电源的频率在更高频率下使用时，可以选用铁氧体。

3.5.2　差动变压器式电感传感器

差动变压器式电感传感器是互感式电感传感器中最常用的一种。把被测的非电量变化转换为线圈互感量变化的传感器称为互感式传感器。这种传感器是根据变压器的基本原理制成的，把被测位移量转换为一次线圈与二次线圈间的互感量变化的装置。当一次线圈接入激励电源后，二次线圈就将产生感应电动势，当两者间的互感量变化时，感应电动势也相应变化。由于两个二次线圈采用差动接法，故称为差动变压器式电感传感器，简称差动变压器。利用电磁感应原理将被测非电量转换成线圈自感系数或互感系数的变化，再由测量电路转换为电压或电流的变化量输出，这种装置称为电感式传感器。

1. 差动变压器的结构

差动变压器结构形式较多，有变气隙型、变截面型和螺线管型等。如图 3-20 中，(a)、(b) 两种结构的差动变压器，衔铁均为板形，灵敏度高，测量范围则较窄，一般用于测量几微米到几百微米的机械位移。对于位移在 1～100mm 的测量，常采用圆柱形衔铁的螺管式差动变压器，如 (c)、(d) 两种结构。(e)、(f) 两种结构是测量转角的差动变压器，通常可测到几秒内发生的微小位移。非电量测量中，应用最多的是螺线式差动变压器，它可以测量范围内的机械位移，并具有测量精度高、灵敏度高、结构简单、性能可靠等优点。

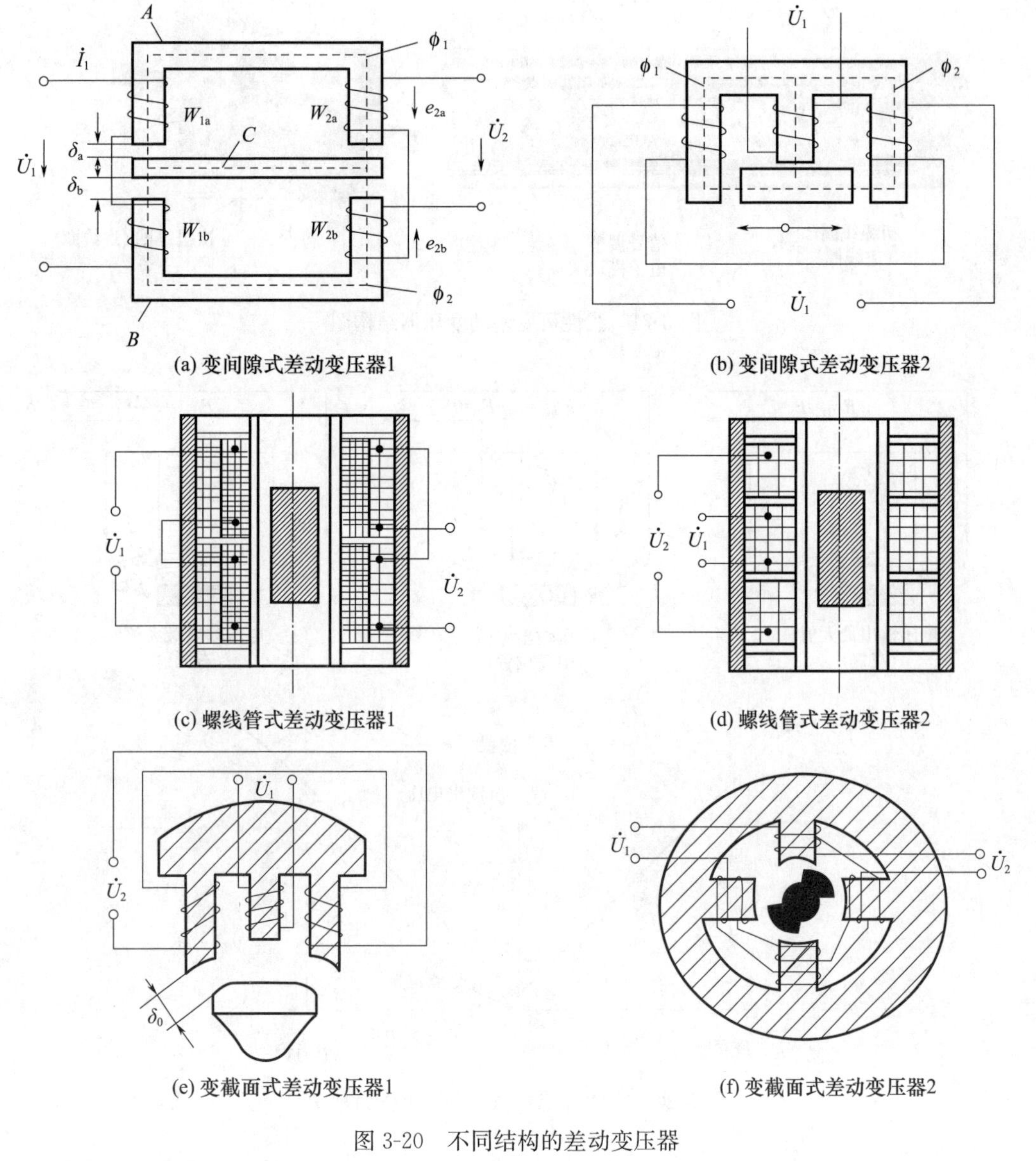

(a) 变间隙式差动变压器1　(b) 变间隙式差动变压器2

(c) 螺线管式差动变压器1　(d) 螺线管式差动变压器2

(e) 变截面式差动变压器1　(f) 变截面式差动变压器2

图 3-20　不同结构的差动变压器

2. 线性可变差动变压器

岩土工程常用的电感式位移传感器即线性可变差动变压器（LVDT，Linear Variable Differential Transformer）。如图 3-21 所示，它由一个初级线圈，两个次级线圈，铁心，线圈骨架，外壳等部件组成。给主线圈接入一个恒定的交流电源，当铁心由中间向两边移动时，铁心与两个次级线圈重合的部位会产生一定的磁通量（Magnetic Flux），由此分别产生电压 E_1 和 E_2，输出电压 $E_{OUT}=|E_1-E_2|$，当铁心位于正中位置时，输出电压为零；当铁心分别位于最左侧或最右侧时，输出电压为最大值，两个次级线圈输出电压之差与铁心移动成线性关系（图 3-22），LVDT 传感器元件如图 3-23 所示。

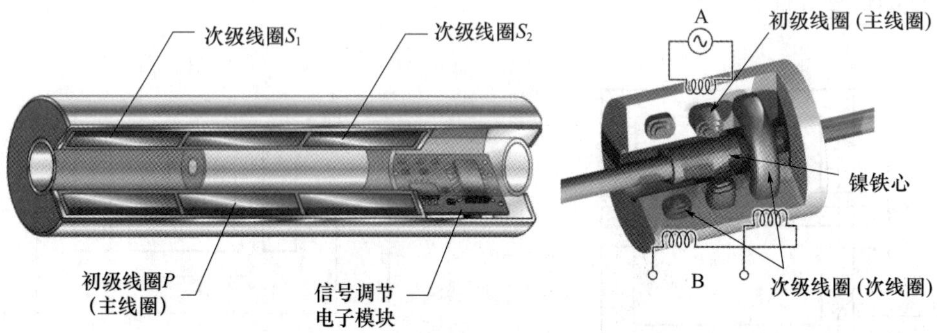

图 3-21　线性可变差动变压器结构图

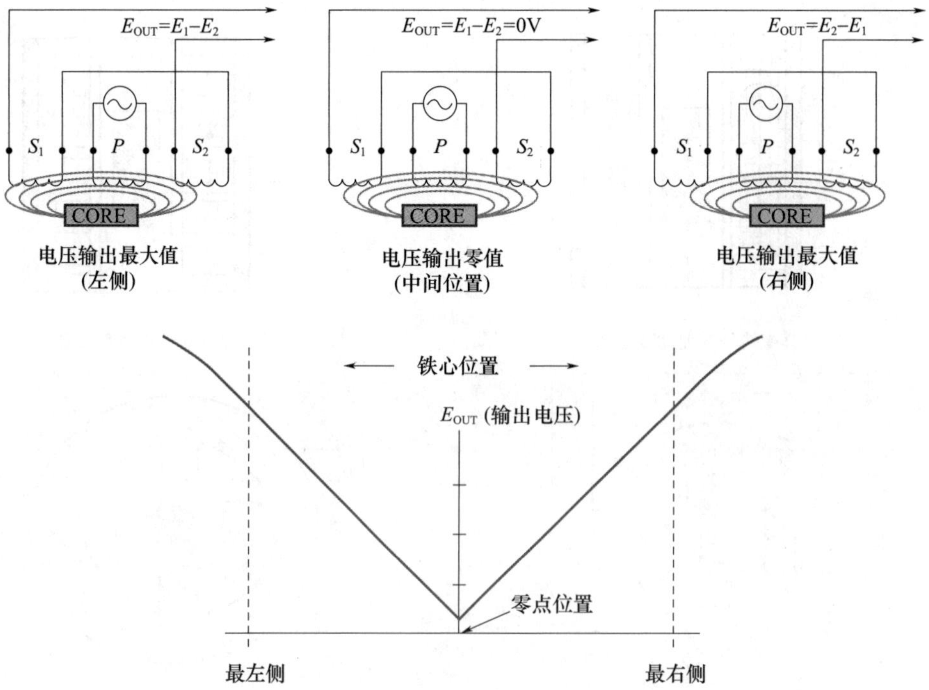

图 3-22　线性可变差动变压器工作原理图

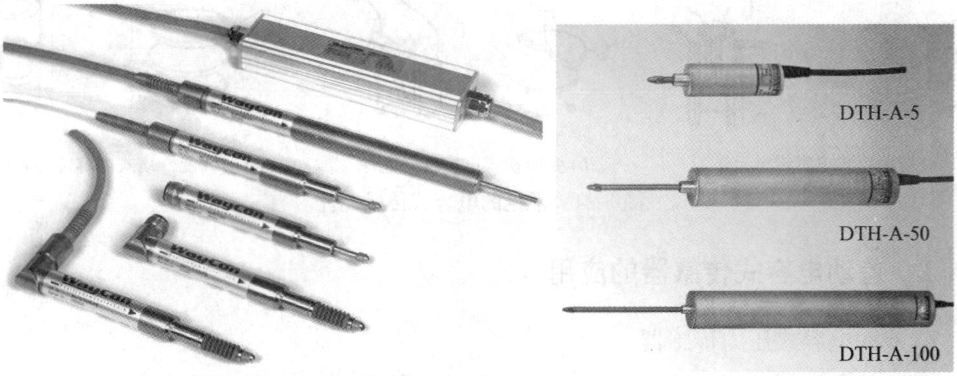

图 3-23　LVDT 传感器元件

3.6　电容式传感器

电容式传感器（Capacitive Transducer）是以各种类型的电容器作为敏感元件，将被测物理量的变化转换为电容量的变化，再由转换电路（测量电路）转换为电压、电流或频率，以达到检测的目的。因此，凡是能引起电容量变化的有关非电量，均可用电容式传感器进行电测变换。

电容式传感器不仅能测量荷重、位移、振动、角度、加速度等机械量，还能测量压力、液面、料面、成分含量等热工量。这种传感器具有结构简单、灵敏度高、动态特性好等一系列优点，在机电控制系统中占有十分重要的地位。

3.6.1　电容式传感器的工作原理

由绝缘介质分开的两个平行金属板组成的平板电容器，如果不考虑边缘效应，其电容量为

$$C=\frac{\varepsilon A}{d} \tag{3-49}$$

式中　ε——电容器极板间介质的介电常数，$\varepsilon=\varepsilon_0\varepsilon_r$（其中 ε_0 为真空的介电常数，$\varepsilon_0=8.85\times10^{-12}\mathrm{F/m}$，$\varepsilon_r$ 为极板间介质的相对介电常数）；

A——两平行板所覆盖的面积；

d——两平行板之间的距离。

当被测参数变化使得式（3-49）中的 A、d 或 ε 发生变化时，电容量 C 也随之变化。如果保持其中两个参数不变，而仅改变其中一个参数，就可把该参数的变化转换为电容量的变化，通过测量电路就可转换为电量输出。因此，电容式传感器可分为变极距型、变面积型和变介电常数型三种。如图 3-24 所示为常见的电容式传感元件的结构形式。

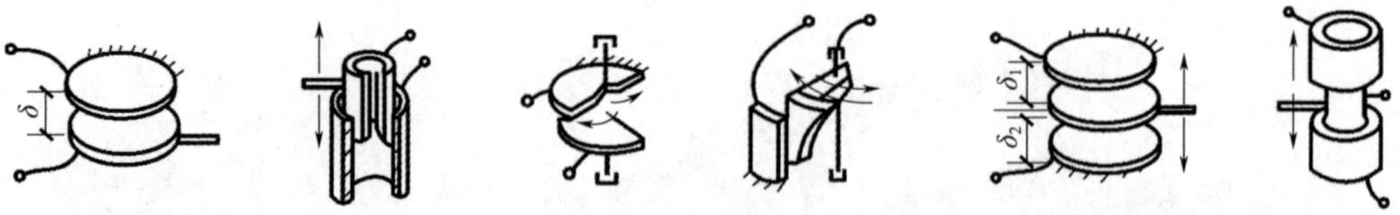

(a) 变极距式电容传感元件　(b) 变面积式电容传感元件　(c) 变介质式电容传感元件

图 3-24　常见的电容式传感元件

3.6.2　差动电容式传感器的应用

1. 差动电容式压力传感器

如图 3-25 所示为差动电容式压力传感器的结构图。图中所示膜片为动电极，两个在凹形玻璃上的金属镀层为固定电极，构成差动电容器。

当被测压力或压力差作用于膜片并产生位移时，所形成的两个电容器的电容量，一个增大，一个减小。该电容值的变化经测量电路转换成与压力或压力差相对应的电流或电压的变化。

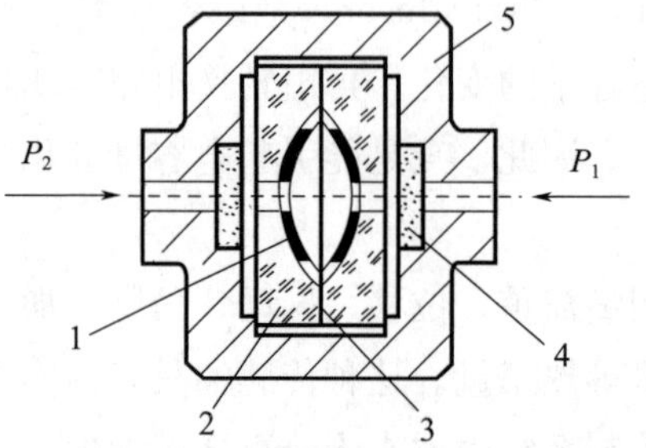

图 3-25　差动电容式压力传感器结构图

1—金属镀层；2—凹形玻璃；3—膜片；4—过滤器；5—外壳

2. 差动电容式加速度传感器

如图 3-26 所示为差动电容式加速度传感器结构图，当传感器壳体随被测对象沿垂直方向做直线加速运动时，质量块在惯性空间中相对静止，两个固定电极将相对于质量块在垂直方向产生大小正比于被测加速度的位移。此位移使两电容的间隙发生变化，一个增加，一个减小，从而使 C_1、C_2 产生大小相等、符号相反的增量，此增量正比于被测加速度。电容式加速度传感器的主要特点是频率响应快和量程范围大，大多采用空气或其他气体作阻尼物质。

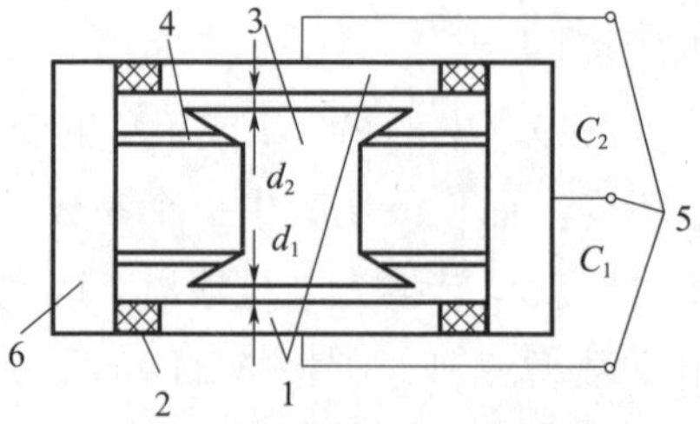

图 3-26　差动电容式加速度传感器结构图

1—固定电极；2—绝缘垫；3—质量块；4—弹簧；5—输出端；6—壳体

3. 差动电容式测厚传感器

电容测厚传感器是用来对金属带材在轧制过程中厚度的检测，其工作原理是在被测带材的上下两侧各置放一块面积相等，与带材距离相等的极板，这样极板与带材就构成了两个电容器 C_1、C_2。把两块极板用导线连接起来成为一个极，而带材就是电容的另一个极，其总电容为 C_1+C_2，如果带材的厚度发生变化，将引起电容量的变化，用交流电桥将电容的变化测出来，经过放大即可由电表指示测量结果。差动电容式测厚传感器的测量原理框图如图 3-27 所示。音频信号发生器产生的音频信号，接入变压器 T 的原边线圈，变压器副边的两个线圈作为测量电桥的两臂，电桥的另外两桥臂由标准电容 C_0 和带材与极板形成的被测电容 C_x（$C_x=C_1+C_2$）组成。电桥的输出电压经放大器放大后整流为直流，再经差动放大，即可用指示电表指示出带材厚度的变化。

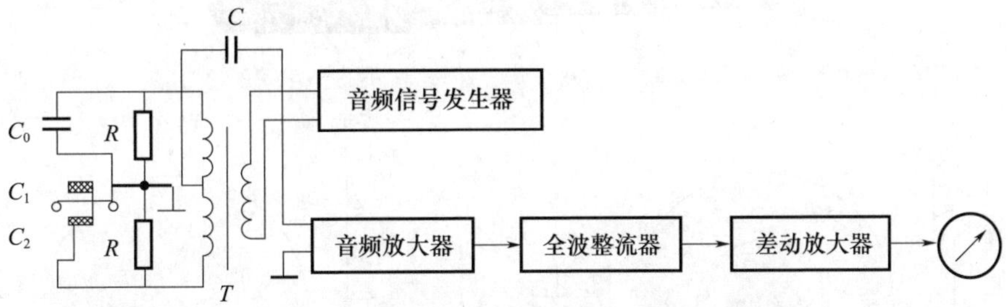

图 3-27　差动电容式测厚传感器的测量原理框图

3.7　光纤传感器

光纤传感器（Fiber Optical Sensor）是 20 世纪 70 年代中期发展起来的一种基于光导纤维的新型传感器。它是光纤和光通信技术迅速发展的产物，它与以电为基础的传感器有本质区别。光纤传感器用光作为敏感信息的载体，用光纤作为传递敏感信息的媒质。因此，它同时具有光纤及光学测量的特点，具体特点如下。

（1）电绝缘性和化学稳定性。

（2）抗电磁干扰能力强。

（3）非侵入性。

（4）高灵敏度。

（5）容易实现对被测信号的远距离监控。

光纤传感器（图 3-28）能用于温度、压力、应变、位移、速度、加速度、磁、电、声和 pH 值等 70 多个物理量的测量，在自动控制、在线检测、故障诊断、安全报警等方面具有极为广泛的应用潜力和发展前景。

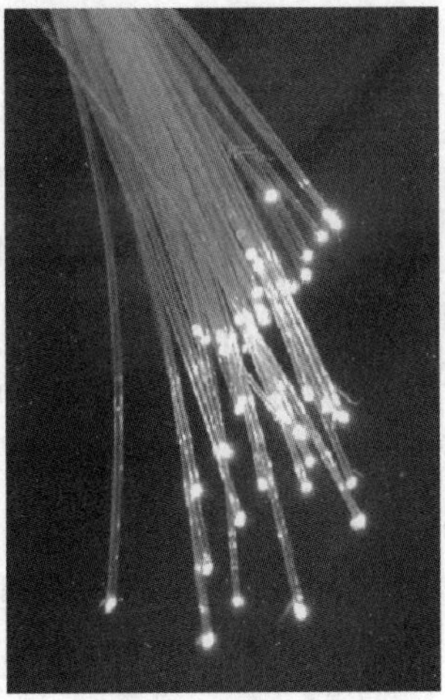

图 3-28　光纤传感器

3.7.1 光纤结构及导光原理

1. 光纤的结构

光导纤维简称光纤，它是一种特殊结构的光学纤维，其结构如图 3-29 所示。中心的圆柱体叫纤芯（Core），围绕着纤芯的圆形外层叫包层（Cladding）。纤芯和包层通常由不同掺杂的石英玻璃制成。纤芯的折射率 n_1 略大于包层的折射率 n_2，光纤的导光能力取决于纤芯和包层的性质。在包层外面还常有一层保护套，多为尼龙材料，以增加机械强度。

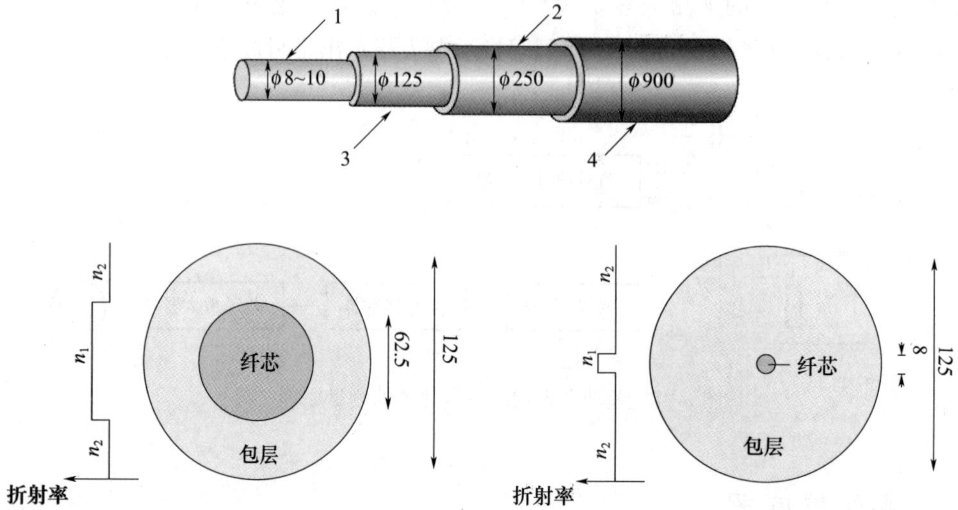

(a) 多模纤维

(b) 单模纤维

图 3-29 光纤的基本结构（单位：μm）

1—纤芯；2—涂敷层；3—包层；4—护套

纤芯的主要成分为 SiO_2（二氧化硅），其中含有极微量的掺杂剂，一般为 GeO_2（二氧化锗）、P_2O_5（五氧化二磷）、B_2O_3（三氧化硼）等氧化物来调节包层及纤芯的折射率。掺杂剂用以提高纤芯的折射率，使得光纤纤芯的折射率略高于包层的折射率，以保证光的全反射进行。纤芯的直径在 5～100μm，其中单模光纤为 8～10μm，多模光纤通常为 50μm，62.5μm，100μm。包层主要成分也为二氧化硅，直径为 125μm。涂敷层一般为环氧树脂、硅橡胶等高分子材料，外径为 250μm，用于增强光纤的柔韧性、机械强度和耐老化特性。光纤的最外层加上一层不同颜色的塑料套管，一方面起到保护作用，另一方面以颜色区分各种光纤。

2. 光纤导光的基本原理（图 3-30）

光是一种电磁波，一般采用波动理论来分析导光的基本原理。然而根据光学理论指出：在尺寸远大于波长而折射率变化缓慢的空间，可以用“光线”即几何光学的方法来分析光波的传播现象，这对于光纤是完全适用的。为此，采用几何光学的方法来分析。

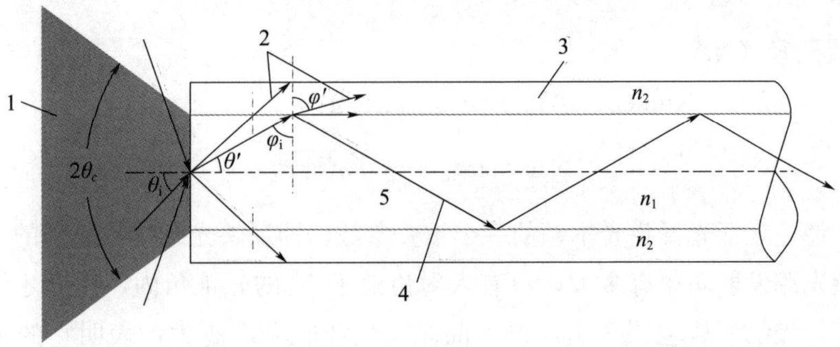

图 3-30　光纤的传光原理示意图

1—光锥角；2—透射；3—包层；4—反射；5—纤芯

当光线射入一个端面并与圆柱的轴线成 θ_i 角时，在端面发生折射进入光纤后，又以 φ_i 角入射至纤芯与包层的界面，光线有一部分透射到包层，另一部分反射回纤芯。但当入射角 θ_i 小于临界入射角（Critical Angle）θ_c 时，光线就不会透射界面，而全部被反射，光在纤芯和包层的界面上反复逐次全反射，呈锯齿波形状在纤芯内向前传播，最后从光纤的另一端面射出，这就是光纤的传光原理。

根据斯涅耳（Snell）光的折射定律，有

$$\begin{aligned} n_0 \sin\theta_i &= n_1 \sin\theta' \\ n_1 \sin\varphi_i &= n_2 \sin\varphi' \end{aligned} \tag{3-50}$$

式中　n_0——光纤外界介质的折射率。

若要在纤芯和包层的界面上发生全反射，则界面上的光线临界折射角 $\varphi_c=90°$，即 $\varphi' \geqslant \varphi_c = 90°$。而

$$\begin{aligned} n_1 \sin\theta' &= n_1 \sin\left(\frac{\pi}{2}-\varphi_i\right) = n_1 \cos\varphi_i = n_2\sqrt{1-\sin\varphi_i^2} \\ &= n_1\sqrt{1-\left(\frac{n_2}{n_1}\sin\varphi\right)^2} \end{aligned} \tag{3-51}$$

当 $\varphi' = \varphi_c = 90°$ 时，有

$$n_1 \sin\theta' = \sqrt{n_1^2 - n_2^2} \tag{3-52}$$

所以，为满足光在光纤内的全内反射，光入射到光纤端面的入射角 θ_i 应满足

$$\theta_i \leqslant \theta_c = \arcsin\left(\frac{1}{n_0}\sqrt{n_1^2-n_2^2}\right) \tag{3-53}$$

一般光纤所处环境为空气，则 $n_0=1$，这样式（3-54）可表示为：

$$\theta_i \leqslant \theta_c = \arcsin\sqrt{n_1^2-n_2^2} \tag{3-54}$$

实际工作时需要光纤弯曲，但只要满足全反射条件，光线仍然继续前进。可见这里的光线“转弯”实际上是由光的全反射所形成的。

3.7.2 光纤基本特性

1. 数值孔径（*NA*）

数值孔径（*NA*，Numerical Aperture）定义为：

$$NA=\sin\theta_c=\frac{1}{n_0}\sqrt{n_1^2-n_2^2} \tag{3-55}$$

数值孔径是表征光纤集光本领的一个重要参数，即反映光纤接收光量的多少。其意义是：无论光源发射功率有多大，只有入射角处于 $2\theta_c$ 的光锥角内，光纤才能导光。如入射角过大，光线便从包层逸出而产生漏光。光纤的 *NA* 越大，表明它的集光能力越强，一般希望有大的数值孔径，这有利于提高耦合效率；但数值孔径过大，会造成光信号畸变。所以要适当选择数值孔径的数值，如石英光纤数值孔径一般为 0.2～0.4。

2. 光纤的分类

随着通信与传感技术的发展，光纤的发展很快，新型光纤不断涌现。目前，光纤一般可以分类如下：

（1）按制作材料分

① 高纯度石英玻璃光纤。这种材料损耗低，最低损耗可以达到 0.5dB/km。

② 多组分玻璃光纤。损耗也很低，最低损耗为 3.4dB/km。

③ 塑料光纤。

（2）按传输模分

① 单模光纤（Single-mode fiber）。单模光纤芯径只有几个微米，直径接近光波波长，加包层和涂覆层后也仅几十微米到 125μm。

② 多模光纤（Multi-mode fiber）。多模光纤芯径为 50μm，直径远大于光波波长，加包层和涂覆层厚 150μm。进一步又可以分为多模阶跃光纤、单模阶跃光纤和多模梯度光纤。

（3）按用途分

① 通信光纤。

② 非通信光纤。

（4）按制作方法分

① 化学气相沉积法（CVD）或改进化学气相沉积法（MCVD）。

② 双坩埚法或三坩埚法。

3.7.3 光纤的制作

光纤的制造要经历光纤预制棒制备（Preform Manufacturing）、光纤拉丝（Fiber Drawing）等具体的工艺步骤。

1. 光纤预制棒制作

制备光纤预制棒两步法工艺：

第一步采用气相沉积工艺生产光纤预制棒的芯棒；

第二步是在气相沉积获得的芯棒上施加外包层制成大光纤预制棒。

国际上生产石英光纤预制棒的方法有十多种，其中普遍使用，并能制作出优质光纤的制棒方法主要有以下四种：

① 改进的化学气相沉积法（MCVD，Modified Chemical Vapour Deposition）

② 棒外化学气相沉积法（OVD，Outside Chemical Vapour Deposition）

③ 气相轴向沉积法（VAD，Vapour Phase Axial Deposition）

④ 等离子体激活化学气相沉积法（PCVD，Plasma Activated Chemical Vapour Deposition）

2. 光纤拉丝

预制棒通过送棒装置引入高温熔炉进行熔丝，在计算机的精确控制下，裸光纤以一定速度竖直拉制。拉制过程中，精确调整光纤预制棒的位置和拉丝速度，在光纤测径仪的监测下，拉制成直径稳定均匀的裸光纤。为保证光纤机械强度，对裸光纤进行两次涂覆并固化。裸光纤经过两次涂覆和固化后，再进行张力测量和长度测量，然后收盘保存。

3.7.4　光纤布拉格光栅传感器（FBG Sensor）

FBG 是 Fiber Bragg Grating 的缩写，即光纤布拉格光栅。FBG 是在纤芯内形成的空间相位周期性分布的光栅，其作用的实质就是在纤芯内形成一个窄带的（透射或反射）滤波器或反射镜。利用这一特性可制造出许多性能独特的光纤器件。

1978 年，加拿大 Hill 等人将 488nm 的氩离子激光注入到掺锗光纤中，首次观察到入射光与反射光在光纤纤芯内形成的干涉条纹场而导致的纤芯折射率沿光纤轴向的周期性调制，从而发现了光纤的光敏特性，并制成了世界上第一个光纤布拉格光栅。

光纤光栅（FBG，Fiber Bragg Grating）由均匀周期光纤布拉格光栅构成的，它是直接在光纤纤芯中写入周期性的条纹。当宽带光源入射到光纤光栅时，只有满足 Bragg 条件的波长被反射，其他波长透射。一个 2em 的 FBG 是由大约 2 万个条纹构成的，所以它的 Q 值极高，也就是说反射带宽极窄，这样窄的波长特性用于传感就具有了非常大的优势。如图 3-31 所示。

光纤光栅传感的基本原理：利用光纤光栅的平均折射率和栅格周期对外界参量的敏感特性，将外界参量的变化转化为其布拉格波长的移动，通过检测光栅波长移动实现对外界参量的测量。光纤光栅传感器除了具有普通光纤传感器的抗电磁干扰和原子辐射的性能，径细、质软、质量轻的机械性能，绝缘、无感应的电气性能，耐水、耐高温、耐腐蚀的化学性能等诸多优点外，还有一些明显优于光纤传感器的地方。其中最重要的就是它以波长调制作为传感信号，这一传感机制的好处在于：

（1）测量信号不受光源起伏、光纤弯曲损耗、连接损耗和探测器老化等因素的影响；

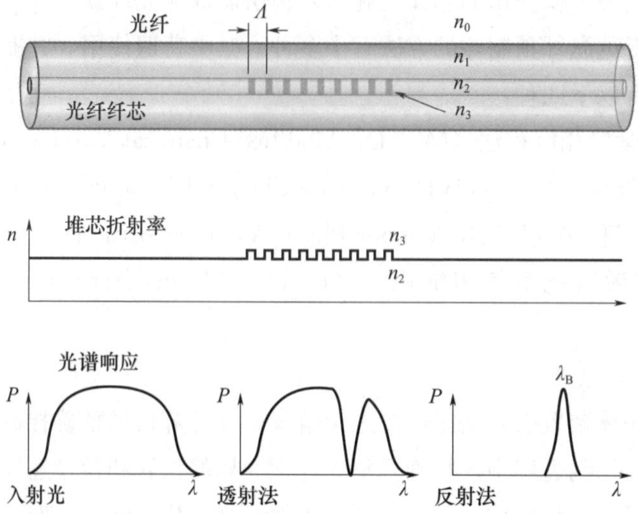

图 3-31 均匀周期光纤布拉格光栅结构及光谱特性示意图

(2) 避免了一般干涉型传感器中相位测量的不清晰和对固有参考点的需要；

(3) 能方便地使用波分复用技术在一根光纤中串接多个光纤光栅进行分布式测量；

(4) 光纤光栅很容易埋入材料中对其内部的应变和温度进行高分辨率和大范围地测量。

光纤光栅的布拉格波长对温度和应力敏感，而这两种信号的测量占目前传感测量研究的主要部分，因此光纤光栅传感技术的应用领域比较广泛。结合力学、测量与控制、自动化以及网络拓扑理论等学科，光纤光栅传感技术的研究已经涉及民用工程、军事、化工、医疗、电力等各个方面。

3.7.5 布拉格光纤光栅传感研究进展

由于布拉格光纤光栅传感器具有以上许多不可替代的优点以及广泛的应用前景，自从横向紫外曝光刻写技术面世以来，布拉格光纤光栅传感器得到了学术界和产业界的广泛关注，在短短的十几年内得到了飞速发展，针对布拉格光纤光栅智能传感网络的实用化研究和应用已经取得了一些进展，这主要集中在以下几个方面：

光纤光栅传感器经过十余年的研究与发展，至今已经出现了许多波长解调技术。在实验室，波长解调可以用高精度的光谱仪来实现，但是由于光谱仪的价格昂贵，而且体积大，不适于实际应用，所以需要结构紧凑、成本低的解调系统。具体解决方案主要包括宽带光滤波法可调谐窄带滤波器法、光干涉法、激光器扫描法、成像光谱分析法等。这些方法有着不同的分辨率和动态范围，针对不同的应用选择相应的解调方案，可以很好地适用于各种实际应用。

（1）宽带光滤波法

该方法通过宽带光源发出的宽带光经隔离器，3dB耦合器后，到传感光栅反射滤波，反射回窄带光，再经过宽带滤波器（WDM耦合器），反射光经滤波后探测到的能量与波长有关，再通过相应的电子信号处理就能检测出FBG中心波长的偏移量。这种方案实现简单，但是精度比较低，波长分辨率10pm左右。

（2）可调谐窄带滤波器法

该方法中，由LED发出的宽带光，经耦合器到达FBG传感器阵列，到达FBG反射回来的窄带光再经可调谐F-P可调谐滤波器滤波，当传感FBG的中心波长与F-P可调谐滤波器透射中心波长一致时，透射光能量最大，通过动态调谐F-P可调谐滤波器的透射波长来动态跟踪7T传感光栅的中心波长，就可以实现中心波长偏移量的解调。这种解调方案精度较高，由于工作在波长扫描方式，那么只要扫描范围足够大，就很容易在一根光纤上复用多个FBG，但这种方案的扫描频率不是很高，不适合高速率的动态传感。

（3）光干涉检测法

该方法检测光纤光栅传感器波长移动是通过一非平衡光纤Mach-Zehnder干涉仪来实现的。宽带光源发出的光经过耦合器入射到传感FBG上，被FBG反射的光再通过耦合器直接通入非平衡的Mach-Zehnder干涉仪。这样，被FBG反射的这部分光就有效地转化为干涉仪的入射光源，由传感光纤光栅扰动引入的波长移动也就成为此光源的波长（光频率）调制信号。由于干涉仪输出的相位对非平衡干涉仪的输入波长存在着固有的依赖关系，布拉格波长的移动就转换为相位的变化，再通过检测干涉仪输出光的相位的变化就可以得到布拉格波长的移动情况。

（4）可调谐扫描激光器法

可调谐扫描激光器法主要是通过可调谐激光器的波长可调谐性来动态跟踪传感FBG的中心波长。

（5）CCD成像光谱分析法

在CCD成像光谱解调系统中，色散元件把波长转变为CCD探测器阵列的像元位置，这样就把测量光谱线的问题转化为判断光斑所在像元的问题。通常由于FBG的光谱中心分布在几个相邻的像元上，所以要准确检测中心波长的位置，还必须采用相应的算法来实现。CCD成像光谱法有很大的局限性，即实用的CCD波长响应范围在900nm以下，所以只能对中心波长在900nm以下的光栅传感器解调。

【独立思考】

1. 什么是传感器？它由哪几个部分组成？分别起到什么作用？
2. 什么是应变效应？什么是压阻效应？什么是横向效应？
3. 试说明金属应变片与半导体应变片的相同和不同之处。

4. 如习题图 1 所示为等强度梁测力系统，R_1 为电阻应变片，应变片灵敏度系数 $k=2.05$，未受应变时 $R_1=120\Omega$，当试件受力 F 时，应变片承受平均应变 $\varepsilon=8\times10^{-4}$，求：

（1）应变片电阻变化量 ΔR_1 和电阻相对变化量 $\Delta R_1/R_1$。

（2）将电阻应变片置于单臂测量电桥，电桥电源电压为直流 3V，求电桥输出电压。

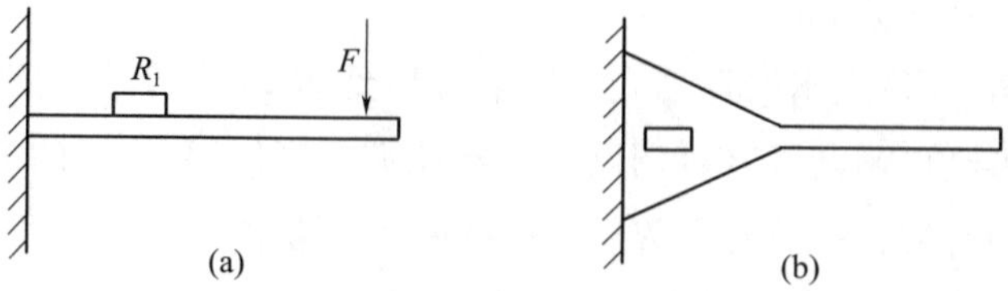

习题图 1　等强度梁测力系统

5. 为什么电感式传感器一般都采用差动形式？

参考文献

[1] 祝诗平，李鸿征，朱杰斌，等．传感器与检测技术［M］．北京：中国林业出版社，北京大学出版社，2006.

[2] 张志鹏，W. A. Gambling. 光纤传感器原理［M］．北京：中国计量出版社，1991：1-80.

[3] 夏才初，李永盛．地下工程测试理论与监测技术［M］．上海：同济大学出版社，1999：28-68.

[4] 任建喜，年廷凯．岩土工程测试技术［M］．武汉：武汉理工大学出版社，2009：7-22.

[5] 王维波．测量光纤光栅传感器中布拉格波长移动量的研究进展［J］．激光与光电子学进展，2004（05）：35-40.

[6] 薛渊泽，王学锋，罗明明，等．再生光纤布拉格光栅的研究进展［J］．激光与光电子学进展，2018，55（02）：69-78.

[7] 秦海琨，张敏，刘育梁，等．光纤光栅生物传感器的研究进展综述［J］．激光杂志，2008（05）：1-3.

4　基坑工程监测技术

【内容提要】

1. 本章主要内容：基坑工程监测的意义、监测的对象和步骤、监测方案和测点布置原则、监测的重点内容、监测数据的处理和监测工程实例等。

2. 本章的教学重点：基坑工程监测的重点内容、监测方案和测点布置原则。

3. 本章的教学难点：基坑工程各监测项目的常用仪器介绍及监测方法。

【能力要求】

通过本章的学习，学生应掌握基坑工程的主要监测项目和方法，了解各项目监测中常用的仪器设备，并能够针对实际基坑工程，具有制订初步监测方案以及监测数据处理的能力。

4.1　基坑工程现场监测的意义

基坑开挖过程中，由于基坑内外土体应力状态的改变，引起支护结构承受的荷载发生变化，导致支护结构和土体的变形。支护结构内力和变形以及土体变形中的任一量值超过容许的范围，将造成基坑的失稳破坏或对周围环境造成不利影响。建筑物密集区的深基坑开挖工程，施工场地四周有建筑物、道路和预埋的地下管线，当土体变形过大时，会造成邻近结构和设施的失效或破坏。同时，与基坑相邻的建筑物又相当于荷载作用于基坑周围土体，这些因素导致土体变形加剧。由于基坑工程中土体和结构的受力性质及地质条件复杂，在基坑支护结构设计时，通常对地层条件和支护结构进行一定的简化和假定，与工程实际存在一定的差异，同时由于基坑支护体系所承受的土压力等荷载存在着较大的不确定性，加之基坑开挖与支护结构施工过程中基坑工作性状存在的时空效应，以及气象、地面堆载和施工等偶然因素的影响，使得在基坑工程设计时，对结构内力计算以及结构和土体变形的预估与工程实际状况之间存在较大的差异，基坑工程设计在相当程度上仍依靠经验。因此，基坑施工过程中，在理论分析的指导下，对基坑支护结构、基坑周围的土体和相邻的建（构）筑物进行全面、系统的监测是十分必要的，通过监测才能对基坑工程自身的安全性和基坑工程对周围环境的影响程度有一个全面的了解，及早发现工程事故的隐患，并能在出现异常情况时，及时调整设计和施工方案，并为采取必要的工程应急措施提供依据，从而减少工程事故的发生，确保基坑工程施工的顺利进行。

4.2 基坑监测的对象和步骤

4.2.1 基坑监测的对象

基坑工程施工现场监测的内容分为两大部分，即围护结构本身监测和对周边环境的监测。围护结构中包括围护桩墙、支撑、围檩和圈梁、立柱、坑内土层等五部分。周边环境中包括相邻土层、地下管线、邻近房屋等三部分。基坑工程现场监测内容见表 4-1。

表 4-1 基坑工程现场监测内容

序号	监测对象	监测项目	监测元件与仪器
1	围护结构		
(1)	围护桩墙	桩墙顶水平位移	经纬仪
		桩墙顶沉降	水准仪
		桩墙深层挠曲	测斜仪
		桩墙内力	钢筋应力计、频率仪
		桩墙上水土压力	土压力盒、频率仪
		桩墙水压力	孔隙水压力计、频率仪
(2)	水平支撑	支撑轴力（混凝土）	钢筋应力计或应变计、频率仪或应变仪
		支撑轴力（钢支撑）	钢筋应变计或应变片、频率仪或应变仪
(3)	圈梁、围檩	内力	钢筋应力计或应变计、频率仪或应变仪
		水平位移	经纬仪
(4)	立柱	垂直沉降	水准仪
(5)	坑底土层	垂直隆起	水准仪
(6)	坑内地下水	水位	钢尺，或钢尺水位计和水位探测仪
2	周边环境		
(1)	相邻土层	分层沉降	分层沉降仪
		水平位移	经纬仪
(2)	地下管线	垂直位移	水准仪
		水平位移	经纬仪
(3)	邻近房屋	垂直沉降	水准仪
		倾缝	经纬仪
		裂缝	裂缝监测仪
(4)	坑外地下水	水位	钢尺、钢尺水位计或水位探测仪
		分层水压	孔隙水压力计、频率仪

4.2.2 基坑监测的步骤

制订监测方案是基坑工程施工监测的首要工作，监测方案是否合理直接影响到监测结果的可靠性。监测方案的制订应遵循的一般步骤是：

（1）收集和阅读有关场地地质条件、结构构造和周围环境的有关材料，包括地质报告、围护结构设计图纸、主体结构桩基与地下室图纸、管线图、基础部分施工组织设计等。

（2）分析设计方提出的基坑工程监测的技术要求，主要包括监测项目、测点位置、监测频率和监测报警值等。

（3）现场踏勘，重点掌握地下管线走向与围护结构的对应关系，以及相邻构筑物状况。

（4）拟定监测方案初稿，提交工程建设单位等讨论审定，监测方案应经建设、设计、监理等单位认可。必要时还需与市政道路、地下管线、人防等有关部门协商一致后方可实施。

（5）监测方案在实施过程中可以根据实际施工情况适当予以调整与充实，但总体原则一般不能更改。

4.3 基坑监测方案和测点布置原则

4.3.1 监测方案的制订

监测方案规定了监测工作预期目标、拟采用的技术路线和方法、工作内容和开展计划，以及所需的经费等，其制订必须建立在对工程场地地质条件和相邻环境，包括地下管线和地表构筑物分布状况，以及主体建筑物桩基和地下室详尽的调查和掌握基础之上，同时还需与工程建设单位、施工单位、监理单位、设计单位以及管线主管单位和道路监察部门充分地协商。尽管各个工程的监测重点有所差异，但就监测方案涉及的范围而言，一般应包括以下几项内容。

（1）工程概况：①主体结构；②围护结构；③地质条件。

（2）监测目的。

（3）监测内容。

（4）监测方法：①元件埋设；②监测仪器；③测试频率。

（5）监测成果提交：①当日报表；②监测总结报告。

（6）监测费用：①材料费用；②人工费用；③成果整理费用。

4.3.2 测点的布置原则

基坑工程监测点可以分为基坑支护结构监测点和周围环境监测点两大类。基坑工程监测点应该根据具体情况合理布置。下面分别叙述基坑及支护结构监测点和周围环境监测点布置的一般原则。

1. 基坑及支护结构监测点布置原则

（1）基坑边坡顶部水平位移和竖向位移监测点要设置在基坑边坡坡顶上，沿基坑周边布置，基坑各边中部、阳角处应布置监测点。围护坡顶部的水平位移和竖向位移监测点要设置在冠梁上，沿围护坡的周边布置。围护坡周边中部、阳角处应布置监测点。上述监测点间距不宜大于 20m，每边监测点数目不应少于 3 个。

（2）深层水平位移监测孔应布置在基坑边坡、围护墙周边的中心处及代表性的部位，数量和间距视具体情况而定，但每边至少应设 1 个监测孔，当用测斜仪观测深层水平位移时，设置在围护墙内的测斜管深度要与围护墙的入土深度一致。设置在土体内的测斜管应有足够的入土深度，保证管端嵌入稳定的土体中。

（3）围护墙内力监测点应布置在受力、变形较大且有代表性的部位，监测点数目横向间距视具体情况而定，但每边至少应设 1 处监测点。竖直方向监测点应布置在弯矩较大处，监测点间距一般为 3～5m。

（4）支撑内力监测点应设置在支撑内力较大或在整个支撑系统中起关键作用的杆件上，每道支撑的内力监测点不应少于 3 个，各道支撑的监测点位置宜在竖向保持一致，钢支撑的监测截面根据测试仪器布置在支撑长度的 1/3 部位或支撑的端头。钢筋混凝土支撑的监测截面宜布置在支撑长度的 1/3 部位。每个监测点截面内传感器的设置数量及布置应满足不同传感器测试要求。

（5）立柱的竖向位移监测点宜布置在基坑中部、多根支撑交汇处、地质条件复杂处的立柱上，监测点不宜少于立柱总根数的 10%。逆作法施工的基坑不宜少于 20%，且应不少于 5 根。

（6）锚杆（索）的拉力监测点应选择在受力较大且有代表性的位置，基坑每边跨中部位和地质条件复杂的区域宜布置监测点，每根杆体上的测试点应设置在锚头附近位置，每层锚杆（索）的拉力监测点数量应为该层锚杆总数的 1%～3%，并应不少于 3 根，每层监测点在竖向上的位置应保持一致。

（7）土钉的拉力监测点应沿基坑周边布置，基坑周边中部、阳角处宜布置监测点，监测点水平间距不宜大于 30m，每层监测点数目不应少于 3 个，各层监测点在竖向上的位置宜保持一致，土钉杆体上的测试点应设置在受力、变形有代表性的位置。

（8）基坑底部隆起监测点一般按纵向或横向剖面布置，剖面应选择在基坑的中央、距坑底边约 1/4 坑底宽度处以及其他能反映变形特征的位置，不少于 2 个。纵向或横向有多个监测剖面时，其间距宜为 20～50m。同一剖面上监测点横向间距宜为 10～20m，数量不少于 3 个。

（9）围护墙侧向土压力监测点应布置在受力、土质条件变化较大或有代表性的部位，土压力盒应紧贴围护墙布置，宜预设在围护墙的迎土面一侧。平面布置上，基坑每边不少于 2 个测点，在竖向布置上，测点间距宜为 2～5m，测点下部宜加密。当按土层分布情况布置时，每层应至少布设 1 个测点，且布置在各层土的中部。

(10) 孔隙水压力监测点要布置在基坑受力、变形较大或有代表性的部位。监测点竖向布置宜在水压力变化影响深度范围内按土层分布情况布置，监测点竖向间距一般为 2～5m，且不少于 3 个。

(11) 基坑内地下水位监测点布置，当采用深井降水时，水位监测点宜布置在基坑中央和两相邻降水井的中间部位。当采用轻型井点、喷射井点降水时，水位监测点宜布置在基坑中央和周边拐角处，监测点数量视具体情况而定。水位监测管的埋置深度（管底标高）应在最低设计水位之下 3～5m。对于需要降低承压水水位的基坑工程，水位监测管埋置深度应满足降水设计要求。

(12) 基坑外地下水位监测点应沿基坑周边、被保护对象（如建筑物、地下管线等）周边或在两者之间布置，监测点间距宜为 20～50m。相邻建（构）筑物、重要的地下管线或管线密集处应布置水位监测点；如果有止水帷幕，宜布置在止水帷幕的外侧约 2m 处，水位监测管的埋置深度（管底标高）应控置在地下水位之下 3～5m。对于需要降低承压水水位的基坑工程，水位监测管埋置深度应满足设计要求，回灌井点观测井应设置在回灌井点与被保护对象之间。

2. 周边环境监测点的布置原则

(1) 从基坑边缘以外 1～3 倍开挖深度范围内需要保护的建（构）筑物、地下管线等均应作为监控对象。必要时，应扩大监控范围。

(2) 对位于地铁、上游引水、河流污水等重要保护对象安全保护区范围内的监测点的布置，应满足相关部门的技术要求。

(3) 建（构）筑物的竖向位移监测点布置应符合以下要求：

① 监测点布置在建（构）筑物四角、沿外墙每 10～15m 处或每隔 2～3 根柱基上，且每边不少于 3 个。

② 监测点布置在不同地基或基础的分界处，建（构）筑物不同结构的分界处，变形缝、抗震缝或严重开裂处的两侧。

③ 监测点布置在新、旧建筑物或高低建筑物交接处的两侧，烟囱、水塔和大型储仓等高耸构筑物基础轴线的对称部位，每一构筑物不少于 4 个。

(4) 建（构）筑物的水平位移监测点应布置在建筑物的墙角、柱基及裂缝的两端，每侧墙体的监测点不少于 3 个。

(5) 建（构）筑物倾斜监测点要符合以下三点要求：

① 监测点宜布置在建（构）筑物角点、变形缝或抗震缝两侧的承重柱或墙上。

② 监测点应沿主体顶部、底部对应布置，上下监测点应布置在同一竖直线上。

③ 当采用铅垂观测法、激光铅直仪观测法时，应保证上下测点之间具有一定的通视条件。

(6) 建（构）筑物的裂缝监测点应选择有代表性的裂缝进行布置，在基坑施工期间发现新裂缝或原有裂缝有增大趋势时，应及时增设监测点。每一条裂缝的测点至少设2组，即裂缝的最宽处及裂缝末端宜设置监测点。

(7) 地下管线监测点的布置应符合以下四点要求：

① 应根据管线年份、类型、材料、尺寸及现状等情况，确定监测点设置。

② 监测点宜布置在管线的节点、转角点和变形曲率较大的部位，监测点平面间距宜为15～25m，并宜延伸至基坑以外20m。

③ 上水管、煤气管、暖气管等压力管线宜设置直接监测点。直接监测点可设置在管线上，也可以利用阀门开关、抽气孔以及检查井等管线设备作为监测点。

④ 在无法埋设直接监测点的部位，可利用埋设套管法设置监测点，也可采用模拟式测点将监测点设置在靠近管线埋深部位的土体中。

(8) 基坑周边地表竖向沉降监测点的布置范围应为基坑深度的1～3倍，监测剖面宜设在坑边中部或其他有代表性的部位，并与坑边垂直，监测剖面数目视具体情况而定，每个监测剖面上的监测点数量不宜少于5个。

(9) 土体分层竖向位移监测孔应布置在有代表性的部位，形成监测剖面，数目视其具体情况而定。同一监测孔的测点宜沿竖向布置在各层土内，数量与深度应根据具体情况确定，在厚度较大的土层中应当加密。

4.3.3 监测的频率和周期

基坑工程现场监测属施工测试范畴，其宗旨在于确保工程快速安全顺利施筑完成。为了完成这一任务，现场监测工作基本上伴随围护结构和主体结构施工的全过程，即从围护桩墙开钻施筑直至地下室结构高出地面。按常规高层地下三层基坑施工周期计算，现场监测工作一般需连续开展6～8个月，基坑越大，监测周期则越长。

现场监测频率是动态的和视施工速度和状况发生变化的，这不仅因为测试元件的种类较多，各自的功能和要求相差很大，而且也因为地下工程赋存条件复杂，施工对策经常调整多变等。正常情况下，可以按测试内容的重要性和实施简易性等将测试频率分为三大类，具体见表4-2。

表4-2　现场监测周期与频率

序号	监测必要性	检测内容	监测周期	检测频率
1	必须监测	桩墙顶水平位移垂直沉降	全过程	1次/天
2	必须监测	支撑轴力	支撑设置及拆除	1次/天
3	必须监测	立柱垂直沉降	全过程	1次/天
4	必须监测	坑外地下水位	降水	1次/天
5	必须监测	相邻房屋垂直沉降与倾斜	开挖至出±0.0	1次/天
6	必须监测	坑外地下管线垂直沉降与水平位移	开挖至出±0.0	1次/天
7	必须监测	桩墙深层挠曲	全过程	1次/2天

续表

序号	监测必要性	检测内容	监测周期	检测频率
8	必须监测	相邻房屋裂缝	全过程	1次/2天
9	必须监测	板墙内力	全过程	1次/3天
10	必须监测	板墙水土压力	全过程	1次/3天
11	必须监测	圈梁围檩内力	全过程	1次/3天
12	必须监测	圈梁围檩水平位移	开挖至出±0.0	1次/3天
13	必须监测	坑外地下水位	开挖至坑底	1次/3天

具体实施中尚需计入基坑开挖和围护施筑情况、所测物理量的变化速率等以对表4-2中拟定频率予以适当调整。

有关监测频率尚需指出以下两点：

(1) 应当十分重视各监测内容初读数的准确性。基坑开挖前所测读得到的数值是判别施工安全的基准点，而在人员、仪器、测点等均较生疏的情况下，初读数的取得常常需经过数次波动后才能趋于稳定。通常是连续三次测得的数值基本一致后才能将其定为初读数，否则应继续测读。曾经发生过测斜初读数不准导致后续测试无法分析，不得不重新确定初读数，废弃前阶段测试数据的监测事故。

(2) 测读的数据应尽可能在现场整理分析，尽快提交工程施工单位和项目决策部门，以此安排和调整生产进度。监测数据再准确，错过工程施工的最佳时机，其对工程开展的指导意义荡然无存。在某种意义上，监测成果提交的及时性比单纯增加测读次数更为重要。

4.4 基坑监测的重点内容

4.4.1 桩墙的竖向、水平位移监测

1. 桩墙水平位移监测

(1) 测量仪器

桩墙水平位移监测的仪器有GPS、全站仪、水准仪等设备。

(2) 基准点的埋设

水平位移监测基准点应埋设在基坑开挖深度3倍范围以外不受施工影响的稳定区域，或利用已有稳定的施工控制点，不应埋设在低洼积水、湿陷、冻胀、胀缩等影响范围内。基准点的埋设应按有关测量规范、规程执行，宜设有强制对中的观测墩，采用精密的光学对中装置，对中误差不宜大于0.5mm。

(3) 测量方法

桩墙特定方向的水平位移监测可采用视准线法、小角度法、投点法等方法。测定监

测点任意方向的水平位移时可视监测点的分布情况，采用前方交会法、自由设站法、极坐标法等。当基准点距基坑较远时，可采用 GPS 测量法或三角、三边、边角测量与基准线法相结合的综合测量方法。

基坑围护墙（坡）顶水平位移监测精度应根据围护墙（坡）顶水平位移报警值按表 4-3 确定。地下管线的水平位移监测精度不宜低于 1.5mm。基坑周边环境（如地下设施、道路等）的水平位移监测精度应符合相关规范、规程的规定。

表 4-3　基坑围护墙（桩）顶水平位移监测精度要求

设计控制值（mm）	≤30	30～60	≥60
监测点坐标中误差（mm）	≤1.5	≤3.0	≤6.0

注：监测点中误差是指监测点相对测站点的坐标中误差，是点位中误差的 $1/\sqrt{2}$。

2. 桩墙竖向位移监测

（1）测量仪器

桩墙竖向位移监测的仪器有全站仪、水准仪等设备。

（2）监测方法

基坑围护桩（墙）顶竖向位移的监测可采用几何水准或液体静力水准等方法。

（3）基准点布置

基坑围护桩（墙）顶竖向位移的监测基准点的布置原则同水平位移监测。

（4）监测精度

基坑围护桩（墙）顶竖向位移监测精度应根据竖向位移报警值按表 4-4 确定。

表 4-4　基坑围护桩（墙）顶与立柱的竖向位移监测精度

设计控制值（mm）	≤20（35）	20～40（35～60）	≥40（60）
监测点测站高差中误差（mm）	≤0.3	≤0.5	≤1.5

注：监测点测站高差中误差是指相应精度与视距的几何水准测量单程测站的高差中误差；括号内数值对应于墙后地表及立柱的竖向位移报警值。

4.4.2　墙体和桩体的内力监测

围护桩（墙）或土体深层水平位移监测就是量测维护桩（墙）或土体在不同深度上的点的水平位移。

1. 测量仪器

围护桩（墙）或土体深层水平位移的监测仪器主要采用基坑测斜仪。基坑测斜仪由 PVC 测斜管、测斜探头、数据电缆和读数仪组成，如图 4-1 所示。

2. 测量方法

其监测方法宜采用在围护桩（墙）或土体中预埋测斜管、通过测斜仪观测各深度处水平位移的方法。

测斜管内壁有两组互成 90°的纵向导槽，由导槽控制测试方位。测斜管埋设时，应保证让一组导槽垂直于围护体，另一组平行于基坑墙体。用全站仪对测斜管口处进行定期位移测量，用于修正测斜管口起算基准点。管内由测斜探头滑轮沿测斜管内壁导槽（与基坑边线垂直）渐渐下放至管底，配以伺服加速度式测斜仪，自下而上每 0.5m 测定该点偏角值，然后将探头旋转 180°，在同一导槽内再测量一次，将两次测量结果取平均值，以消除测斜仪自身的误差。测试原理如图 4-2 所示。

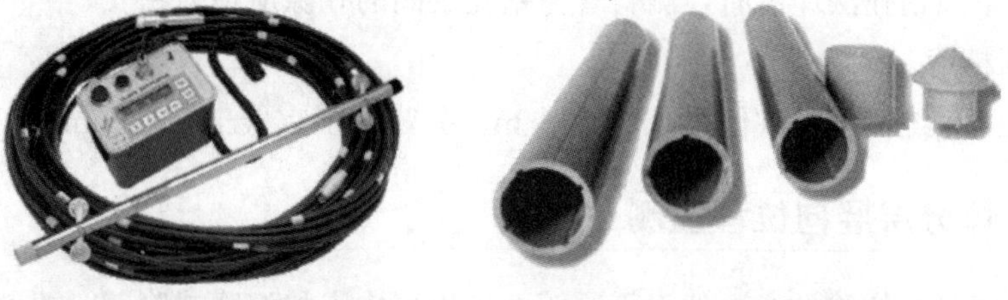

(a) 测斜探头、数据电缆和读数仪　　(b) PVC测斜管

图 4-1　基坑测斜仪

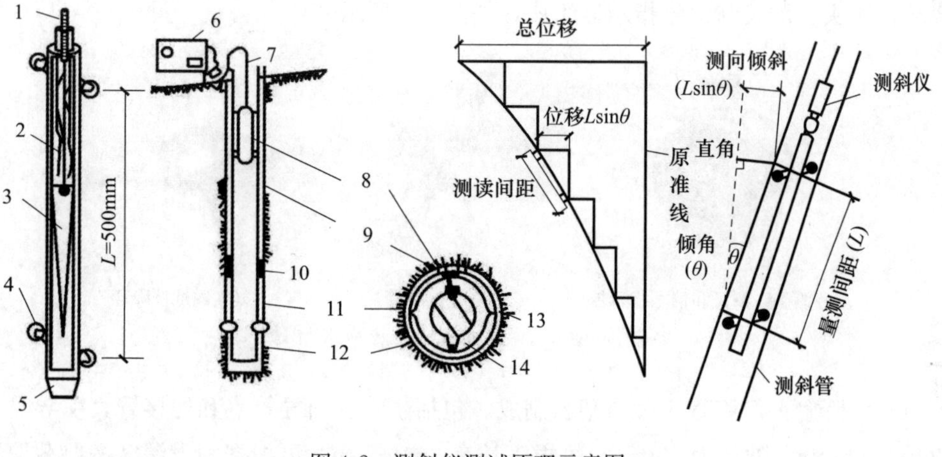

图 4-2　测斜仪测试原理示意图

1—电缆线（标有刻度）；2—黄铜片内侧贴应变片；3—重力摆锤；4—弹簧滚轮；5—防振胶座；6—测读设备；7—电缆；8—测头；9—钻孔；10—接头；11—导管；12—回填；13—导槽；14—导轮

各点水平位移的计算公式为：

$$\Delta_n = \sum_{i=0}^{n} \delta_i = \sum_{i=0}^{n} L \times \sin\theta_i \tag{4-1}$$

$$\Delta X = X_0 + (\Delta_n^{j} - \Delta_n^{0}) = X_0 + L\sum_{i=0}^{n}(\sin\theta_{ij} - \sin\theta_{i0}) \tag{4-2}$$

式中　L——测斜仪上、下导轮间距；

θ——探头敏感轴与重力轴夹角；

δ_i——起始测段的水平偏差量，mm；

Δ_n——测点 n 相对于起始点的水平偏差量，mm；

X_0——测斜管管口水平位移量，mm。

3. 测斜管埋设要求

(1) 埋设前应检查测斜管质量，测斜管连接时应保证上、下管段的导槽相互对准、顺畅，各段接头及管底应保证密封。

(2) 测斜管埋设时应保持竖直，防止发生上浮、断裂、扭转；测斜管一对导槽的方向应与所需测量的位移方向保持一致。

(3) 当采用钻孔法埋设时，测斜管与钻孔之间的孔隙应填充密实。

4. 监测精度

测斜仪的系统精度不宜低于0.25mm/m，分辨率不宜低于0.02mm/500mm。

4.4.3 土体分层竖向位移监测

土体分层竖向位移是指离地面不同深度处土层内点的沉降或隆起。

1. 监测仪器

土体分层竖向位移一般采用磁性分层沉降仪监测。磁性分层沉降仪由沉降管、磁性沉降环、测头、测尺和信号指示器组成，如图4-3所示。

(a) 测头、测尺和信号指示器　　(b) 沉降管　　(c) 磁性沉降环

图4-3　磁性分层沉降仪

(1) 沉降管。沉降管用硬质塑料制成。包括主管（引导管）和连接管，引导管一般内直径为45mm，外径为53mm，每根管长有2m或4m。可根据埋设深度需要截取不同长度，当长度不足需接长时，采用伸缩式连接管连接。为了防止泥砂或水进入管内，导管下端管口应封死，接头处需做密封处理。

(2) 磁性沉降环。沉降环由磁环、保护套和弹性爪组成。磁环一般为外径91mm、内径55mm的恒磁铁氧体。为防止磁环在埋设时破碎，将磁环装在金属保护套内。保护套上安装了只用钟表条做的弹性爪，用以使沉降环牢固地嵌入土体中，以保证其与土体不出现相对位移。

(3) 测头。测头由干簧管及铜制壳体组成。干簧管的两个触点用导线引出，导线与壳体间用橡胶密封止水。

(4) 测尺。测尺为30m长的钢卷尺，钢卷尺最小刻度为1mm。

(5) 信号指示器。信号指示器由微安表等组成。当干簧管工作时，调整可变电阻，使微安表指示在20μA以内，也可根据需要选用灯光或音响指示。

磁性分层沉降仪的工作原理为：将磁性沉降环预先通过钻孔方式埋入地下待测的各

点位，当测头经过磁性沉降环时（进出瞬间），产生电磁感应信号送至信号指示器显示，同时发出声光警报，由此确定铁环的位置。读取孔口标记点上对应钢尺的刻度数值，即为沉降环的深度。每次测量值与前次测值相减即为该测点的沉降量。

2. 监测方法

首先进行钻孔，将沉降管按设计深度埋入孔中，用内径大于沉降管的塑料管将沉降环分别压入孔内待测各点深度位置，并采用砂加水将沉降管外孔隙回填密实。这样，埋入土体内的沉降环便可与土体同步位移。土体分层竖向位移的测量方法分为孔口标高法和孔底标高法。

（1）孔口标高法：在孔口做一标记，每次测试都应该以该标记为基准点，孔口标高由测量仪器测量。

（2）孔底标高法：以孔底为基准点（条件是沉降管应落在地下相对稳定点），从下往上逐点测试。

3. 仪器操作方法

（1）测试前，打开仪器电源开关，用一沉降环套住探头移动，当沉降环遇到探头的感应点时，发出声光报警，同时仪表有指示，说明仪器工作正常。

（2）以孔口（或孔底）为标高，顺孔放入探头，当探头敏感中心与沉降环相交时，仪器发出“嘟”的响声，并伴有灯光指示，电表指示值同时变大。此时测尺在参照点上的指示值即是沉降环所在深度值。比较每次的测试值（即差值），可得出不同深度的沉降量。

（3）测试结束后，关断电源，将钢尺擦净，以备再用。

（4）当报警声很小或无声时，表明电量基本耗尽，应及时更换电池。换电池时应注意正负极性不要相碰，以免损坏电池。

4. 监测精度

采用分层沉降仪量测土体分层竖向位移时，每次测量应重复 2 次并取其平均值作为测量结果，2 次读数相差应不大于 1.5mm，沉降仪的系统精度不宜低于 1.5mm。

4.4.4 土压力监测

1. 监测仪器

土压力监测采用土压力传感器进行测量，常用的土压力传感器有振弦式和电阻式两大类。工程中主要使用耐久性好且可适应复杂环境的振弦式土压力计。土压力计的量程应满足被测压力的要求，其上限可取最大设计压力的 1.2 倍，精度不宜低于 $0.5\%F \cdot S$，分辨率不宜低于 $0.2\%F \cdot S$。

2. 监测方法

土压力计埋设可采用埋入式或接触式，埋设时应符合下列要求：

（1）受力面与所需监测的压力方向垂直并紧贴被监测对象；

（2）埋设过程中应有土压力膜保护措施；

（3）采用钻孔法埋设时，回填应均匀密实，且回填材料宜与周围岩土体一致；

（4）做好完整的埋设记录。

土压力计埋设以后应立即进行检查测试，基坑开挖前至少经过1周时间的监测并取得稳定初始值。

4.4.5 支护结构内力监测

1. 监测仪器

基坑支护结构如墙体、桩体和内支撑等，其内力监测一般采用振弦式钢筋应力计、振弦式混凝土应变计、振弦式表面应变计和频率仪进行监测。应力计或应变计的量程宜为最大设计值的1.2倍，分辨率不宜低于0.2%$F \cdot S$，精度不宜低于0.5%$F \cdot S$。

2. 监测方法

（1）混凝土墙体和桩体的内力监测宜在墙、桩钢筋制作时，将钢筋应力计和混凝土应变计串联到主筋上，采用焊接或螺栓连接方式，待墙体和桩体浇筑完成后，用频率仪采集数据。钢板桩则一般在其表面安装表面应变计进行内力监测。

（2）基坑工程中水平支撑主要有钢筋混凝土支撑和钢支撑。对于钢筋混凝土支撑，一般用钢筋应力计或混凝土应变计进行内力监测；对于钢支撑，一般用表面应变计或轴力计进行内力监测。

（3）支护结构内力监测值应考虑温度变化的影响，对钢筋混凝土支撑还应考虑混凝土收缩、徐变以及裂缝开展的影响。

（4）基坑支护结构的内力监测元件宜在相应工序施工时埋设，并在开挖前取得稳定初始值。

4.4.6 锚杆（索）拉力监测

1. 监测仪器

锚杆（索）拉力量测一般采用振弦式锚杆（索）轴力计进行，如图4-4所示。

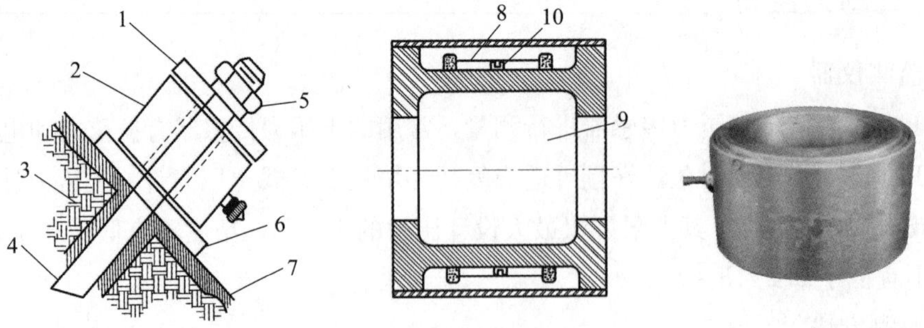

(a) 锚杆 (索) 轴力计布置　(b) 锚杆 (索) 轴力计结构　(c) 锚杆 (索) 轴力计

图4-4　振弦式锚杆（索）轴力计

1—承载板；2—锚杆测力计；3—岩体；4—锚杆；5—锚头；6—承压板；7—垫层；8—钢弦；9—工字形缸体；10—线圈

2. 监测方法

测量时，需要将振弦式锚杆（索）轴力计安装在锚杆（索）的外露端，如图 4-4（a）所示。在基坑施工过程中，采集数据。振弦式锚杆（索）轴力计的量程宜为最大设计拉力值的 1.2 倍，且应在锚杆（索）锁定前获得稳定初始值。

4.4.7 孔隙水压力监测

1. 测量仪器

孔隙水压力宜通过埋设钢弦式、应变式等孔隙水压力计。采用频率计或应变计量测。孔隙水压力计的量程应满足被测压力范围，可取静水压力与超孔隙水压力之和的 1.2 倍，其构成如图 4-5 所示。

图 4-5 钻孔埋入振弦式孔隙水压力计

1—屏蔽电缆；2—盖帽；3—壳体；4—支架；5—线圈；6—钢弦；7—承压膜；8—底盖；9—透水体；10—锥头

2. 测量方法

孔隙水压力计埋设可采用钻孔法、压入法等。孔隙水压力计在埋设前应浸泡饱和，排除透水石中的气泡。孔隙水压力计埋设可采用压入法、钻孔法等。采用钻孔法埋设孔隙水压力计时，钻孔直径宜为 110～130mm。不宜使用泥浆护壁成孔，钻孔应竖直、干净，封口材料宜采用直径 10～20mm 的干燥膨润土球。孔隙水压力计埋设后应量测初始值，且宜逐日测量 1 周以上并取得稳定初始值，应在孔隙水压力监测的同时测量孔隙水压力计埋设位置附近的地下水位。

4.4.8 地下水位监测

1. 监测仪器

地下水位监测宜通过孔内设置 PVC 水位管，采用钢尺水位计等方法进行测量。

钢尺水位计由测头、钢尺电缆、接收系统和绕线盘等组成，如图 4-6 所示。

（1）测头：不锈钢制成，内部安装了水阻接触点，当触点接触到水面时，便会接通接收系统，当触点离开水面时，就会关闭接收系统。

(2) 钢尺电缆：由钢尺和导线采用塑胶工艺合二为一，既防止了钢尺锈蚀，又简化了操作过程，测读更加方便、准确。

(3) 接收系统：由音响器、指示灯和峰值指示器组成。

PVC 水位管上带有几排洞，保证有足够的水道，管外壁包有土工布挡住泥沙，进行过滤，其是测量水位不可缺少的导管，如图 4-7 所示。

图 4-6 钢尺水位计

图 4-7 PVC 水位管

2. 监测方法

采用钢尺水位计进行地下水位测量时，让绕线盘自由转动后，按下电源按钮，把测头放入水位管内，手拿钢尺电缆，让测头缓慢地向下移动，当测头的接触点接触到水面时接收系统的音响器会发出连续不断的蜂鸣声。此时读出钢尺电缆在管口处的深度尺寸，即为地下水位离管口的距离。若在噪声比较大的环境中测量，听不见蜂鸣器的声音时，可观测指示灯和电压表。

潜水水位管应在基坑施工前埋设，滤管长度应满足测量要求；承压水位监测时被测含水层与其他含水层之间应采取有效的隔水措施。检验降水效果的水位观测井宜布置在降水区内，采用轻型井点管降水时可布置在总管的两侧，采用探井降水时应布置在两孔深井之间。水位孔深度宜在最低设计水位下 2～3m。水位管埋设后，应每日连续观测水位并取得稳定初始值。地下水位监测精度不宜低于 10mm。

4.4.9 相邻建筑物的变形观测

建筑物的变形观测可以分为沉降观测、倾斜观测和裂缝观测三部分内容。

1. 沉降观测

沉降观测点布设的位置和数量以及埋设方式，应根据基坑开挖有可能影响到的范围和程度，同时计入建筑物本身的结构特点和重要性全盘考虑和确定。通常情况下，观测点布置在房屋承重构件或基础的角点上，长边上可适当加密测点。为了直接反映建筑物的沉降情况，同时亦为了实施方便，可以采用铆钉枪、冲击钻等将铝合金铆钉或膨胀螺丝固定在房屋的基础和外墙表面，亦可在显著位置涂上红漆作为钢尺量测的记号。

2. 倾斜观测

(1) 房屋倾斜观测如图 4-8 所示，其中，A 为房屋基础角上的一点，B 为房屋顶角一点，AB 为房屋的高度（即为 H），B' 为房屋发生倾斜后 B 点位移后的位置。房屋倾斜的观测步骤具体如下：距 A 点水平距离 1.5～2.0H 处设 M、N 两任意点，须使得 MA 与 NA 的方向交角接近 90°；

(2) 分别在 M、N 点处安经纬仪，照准 B′点后，竖向转动观测镜，将 MB'、NB' 两个方向线投影于地面，其交点即为 B' 在地面上的投影点 R；

(3) 用钢尺丈量 AR 的水平距离，设为 d；

(4) 房屋的倾斜度为：

$$i = \arctan(d/H) \tag{4-3}$$

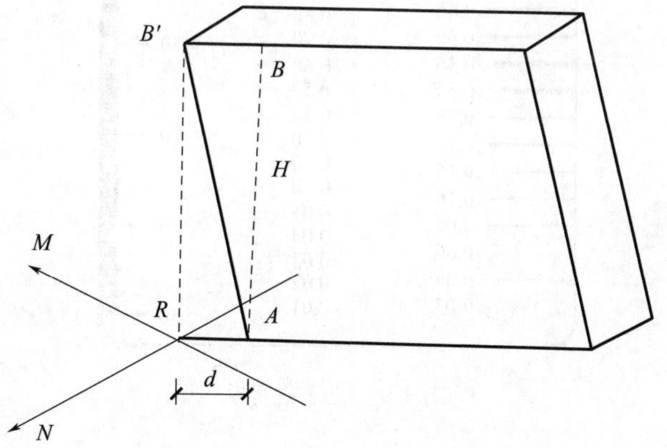

图 4-8　房屋倾斜观测

3. 房屋的裂缝观测

房屋的沉降和倾斜必然会导致结构构件的应力调整，有关裂缝开展状况的监测通常作为开挖影响程度的重要依据。

房屋裂缝有直接观测和间接观察两种：直接观测是将裂缝进行编号并划出测读位置，通过裂缝观测仪进行裂缝宽度测读，该仪器肉眼观测的精度为 0.1mm，在无裂缝观测仪的情况下，也可更简单地对照下图所示的裂缝宽度板大致确定所观察裂缝的宽度。裂缝的间接测量是一种定性化观察方法，对于确定裂缝是否继续开展很有作用，其中有石膏标志方法和薄铁片标志方法。前者是将石膏涂盖在裂缝上，长约 250mm，宽 50～80mm，厚约 10mm。石膏干后，用色漆在其上标明日期和编号。后者采用两片厚约 0.5mm 的铁片，首先将一方形铁片固定在裂缝的一侧，使其边缘与裂缝边缘对齐。然后将另一矩形铁片一端固定在裂缝的另一侧，另一端压在方形铁片上约 75mm。将两张铁片全部涂上红漆，然后在其上写明设置日期和编号。每一条裂缝需设置两个标志，其中一个设在裂缝最宽处，另一个设在裂缝的末端处，并将其位置表示在该建筑物的平面图上，注上相应的编号（图 4-9）。

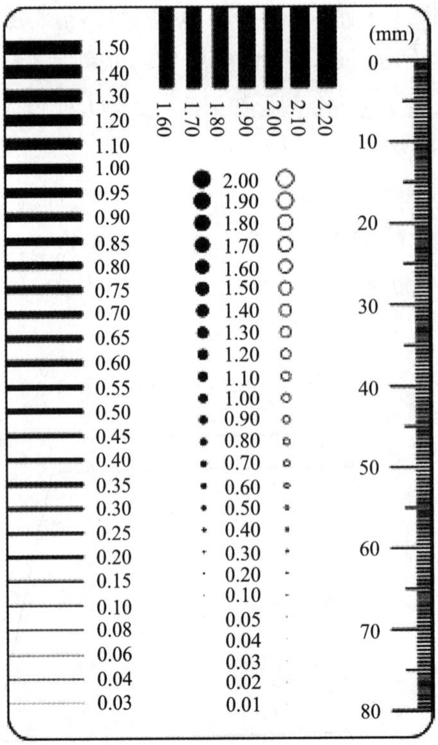

图 4-9　裂缝宽度板

4.5　监测数据的处理

4.5.1　数据处理的一般原则

监测数据的处理是一项重要的技术工作，是基坑工程监测工作的重要环节。监测结果处理是否得当直接影响到安全施工。监测数据分析人员应具有岩土工程、结构工程、施工技术等方面的综合知识，具有设计、施工、测量等工程实践经验，具有较高的综合分析能力。做到正确判断、准确表达，及时提供高质量的综合分析报告。数据处理应该遵循的一般原则是：

（1）现场测试人员应对监测数据的真实性负责，监测数据分析人员应对监测报告的可靠性负责，监测单位应对整个项目监测质量负责。监测记录、监测当日报表、阶段性报告和监测总结报告提供的数据、图表应客观、真实、准确、及时。外业观测值和记事项目，必须在现场直接记录于观测记录表中。任何原始记录不得涂改、伪造或转抄，并应有测试、记录人员签字。

（2）现场监测资料应使用正式的监测记录表格，监测记录应有相应的工况描述，监测数据应及时整理，对监测数据的变化及发展情况应及时分析和评述。

（3）监测数据出现异常，应及时分析原因，必要时进行重测。

（4）监测项目数据分析时，应结合其他相关项目的监测数据和自然环境、施工工况等状况以及以往数据，考察其发展趋势，并做出预报。

4.5.2 监测报表和报告

1. 监测报表

在基坑监测前要设计好各种记录表和报表。记录表和报表应根据监测项目和监测点的数量合理地设计，记录表的设计应以数据的记录和处理方便为原则，并预留一栏用于记录基坑的施工情况和监测中观测到的异常情况。监测报表一般形式有当日报表、周报表、阶段报表。其中当日报表最为重要，通常作为施工方案调整的依据。周报表通常作为参加工程例会的书面文件，对一周的监测成果作简要的汇总。阶段报表作为基坑施工阶段性监测成果的小结，用以掌握基坑工程施工中基坑的工作性状和发展趋势。

监测日报表应及时提交给工程建设、监理、施工、设计、管线与道路监察等有关单位，并另备一份经工程建设或现场监理工程师签字后返回存档。作为报表收到及监测工程盈结算的依据。报表中应尽可能采用图形或曲线反映监测结果，如监测点位置图、地面沉降曲线及桩身深层水平位移曲线图等，使工程施工管理人员能够直观地了解监测结果和把握监测值的发展趋势。报表中必须给出原始数据，不得随便修改、删除，对有疑问或由人为和偶然因素引起的异常点应该在备注中说明。

在监测过程中除了要及时给出各种监测报表和测点位置布置图外，还要及时绘制各监测项目的各种曲线，用以反映各监测内容随基坑开挖施工的发展趋势，指导基坑施工方案实施和调整。主要的监测曲线包括：

（1）监测项目的时程曲线。

（2）监测项目的速率时程曲线。

（3）监测项目在各种不同工况和特殊日期的变化趋势图。如支护桩桩顶，建筑物和管线的沉降平面图、深层侧向位移、深层沉降、支护结构内力、孔隙水压力和土压力随深度分布的剖面图。在绘制监测项目时程曲线、速率时程曲线时，应将施工工况、监测点位置、警戒值以及监测内容明显变化的日期标注在各种曲线和图件上，以便能直观地掌握监测项目物理量的变化趋势和变化速度，以及反映与警戒值的关系。

2. 监测报告

在基坑工程施工结束时应提交完整的监测报告，监测报告是监测工作的回顾和总结，监测报告主要包括如下几部分内容：

（1）工程概况。

（2）监测项目、监测点的平面和剖面布置图。

（3）仪器设备和监测方法。

（4）监测数据处理方法和监测成果汇总表和监测曲线。

在整理监测项目汇总表、时程曲线、速率时程曲线的基础上，对基坑及周围环境等监测项目的全过程变化规律和变化趋势进行分析，给出特征位置位移或内力的最大值，并结合施工进度、施工工况、气象等具体情况对监测成果进行进一步分析。

（5）监测成果的评价。

根据基坑监测成果，对基坑支护设计的安全性、合理性和经济性进行总体评价。分析基坑围护结构受力、变形以及相邻环境的影响程度。总结设计施工中的经验教训，尤其要总结监测结果的信息反馈在基坑工程施工中对施工工艺和施工方案的调整和改进所起的作用，通过对基坑监测成果的归纳分析，总结相应的规律和特点，对类似工程有积极的借鉴作用，促进基坑支护设计理论和设计方法的完善。

4.6 基坑工程监测实例

4.6.1 工程概述

作为现场监测的工程实例，钻孔灌注桩加两道钢筋混凝土支撑的金穗大厦具有一定的典型性。该工程位于上海浦东陆家嘴金融贸易区，基坑开挖深度 10.25m，局部 12.35m，基坑的平面与相邻构筑物位置如图 4-10 所示。场地地层为上海一般的软黏土地质条件，见表 4-5。该工程于 1995 年 3 月底破土开挖，60d 后顺利开挖至基底标高并完成两道水平支撑施筑，同年 7 月初完成底板浇筑，继后采取爆破方式成功拆除两道支撑，至 9 月初地下室立体结构施筑至地面标高。

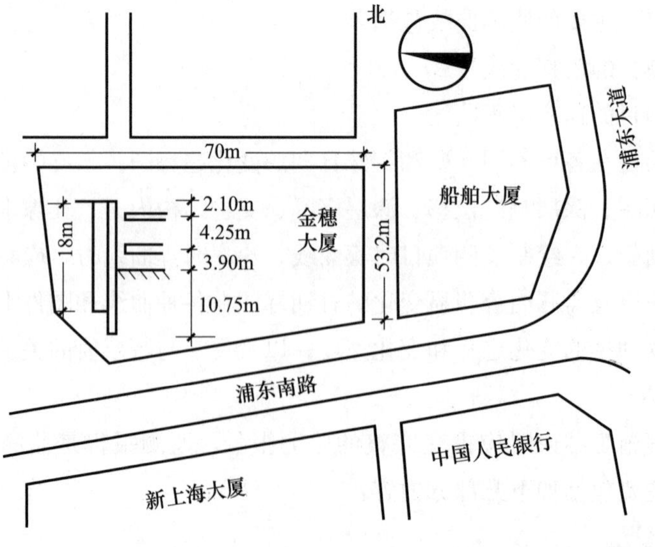

图 4-10　基坑平面尺寸与相邻位置

表 4-5 基坑所处各地层的主要物理参数

土层名称	厚度（m）	层底标高（m）	黏聚力（kpa）	内摩擦角（°）	容重（kN/m³）
填土层	1.0	−1.00	—	—	1.8
褐黄色粉质黏土	2.0	−3.00	14.0	16.3	1.91
灰色淤泥粉质黏土	3.16	−6.16	7.6	16.8	1.88
灰色淤泥质黏土	11.4	−17.56	9.1	9.5	1.71
灰色粉质黏土	5.73	−23.29	14.0	15.4	1.84
绿色黏土	4.80	−28.09	21.0	18.9	2.01

4.6.2 基坑监测方案和应用

在制订施工监测方案时，考虑到以下几点：

（1）基坑周边条件较为空旷，相邻地下管线和已建地面房屋较建筑红线较远；

（2）地质条件属典型上海软土地基，上下土层强度较高，第③、④层土较为软弱，特别是第④层灰色淤泥质黏土属高压缩性土层，物理参数偏低，含水量高，厚度在 15m 左右，是基坑围护监测的防范重点；

（3）基坑的另一特点是利用第一道钢筋混凝土支撑作为挖土机与车辆的施工栈桥，支撑的受力与变形状况亦应得到重视。

鉴于上述分析，将基坑现场监测的重点放在围护结构本身，而围护结构监测的重点放在桩顶水平位移与沉降、桩体深层水平挠曲以及支撑轴力等三个方面。根据基坑的平面尺寸，各监测内容的测点数量、监测周期和测试频率见表 4-6。

表 4-6 基坑维护结构监测内容

序号	监测内容	测点数量	测点埋设时间	观测周期	观测频率
1	基坑水平位移和垂直沉降	30 个	围护桩完成后基坑开挖值	基坑开挖值结构达 0.0	1 次/天
2	桩体测斜	6 根×21m	与维护桩施筑同步	基坑开挖值结构达 0.0	1 次/天
3	支撑轴力	26 个断面×4 个探头	与支撑施筑同步	基坑开挖值结构达 0.0	1 次/2 天

测斜管和支撑轴力探头的布设一般均选择在围护结构最不利受力位置，其依据为设计单位提供的结构位移和轴力分布图。测斜管采用 PVC 材料，其长度与围护桩相同。支撑轴力测试中每个监测断面设置四个钢弦式钢筋应力传感器，位置在四边的中间，取元件量值的算术平均值，然后换算为支撑轴力。

现场监测的实施保证了基坑施工的快速与正常进行，同时为软土地下开挖与环境影响积累了宝贵的数据和经验。

4.6.3 监测结果

1. 围护桩体的深层挠曲

图 4-11 为基坑开挖三个阶段所测得的桩体深层挠曲曲线，其中将相同测点相邻地

表沉降变化绘于同一图内，以便观察桩体挠曲与地表沉降之间的关系。由图可知，桩体挠曲不仅随开挖深度增加而有所发展，并且随水平支撑的设置与受力在分布上由原先的上大下小倒扫帚型变化为中间凸出型，最大挠曲发生在基底标高以下 1～2m 处。

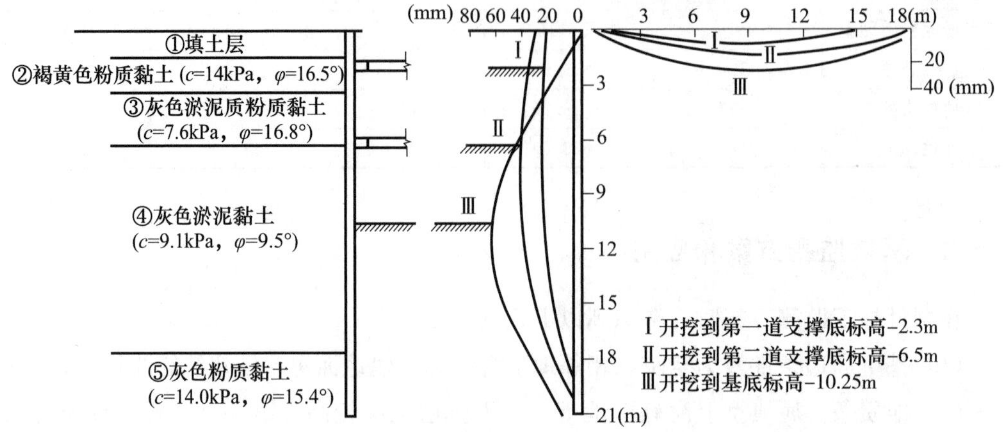

图 4-11　不同开挖阶段桩体竖向挠曲与地表沉降关系

注：c 为内聚力，φ 为摩擦角。

图 4-12 表示了设置在基坑不同平面位置的五根测斜管，以及开挖到基底标高时测得的对应五条挠曲曲线。从中可以看出，最大挠曲值为 60mm 左右，发生在邻近长边跨中编号为 St-2 和 St-4 两个测点，小于位于短边跨中的 St-1 和 St-3 的数值。另一个特点是随着基坑开挖深度的增加，桩顶会产生少量朝基坑外的位移，其量值与第一道支撑的设置标高有关，开挖深度越大，其征兆越明显，这对第一道为钢支撑的围护系统极为不利。

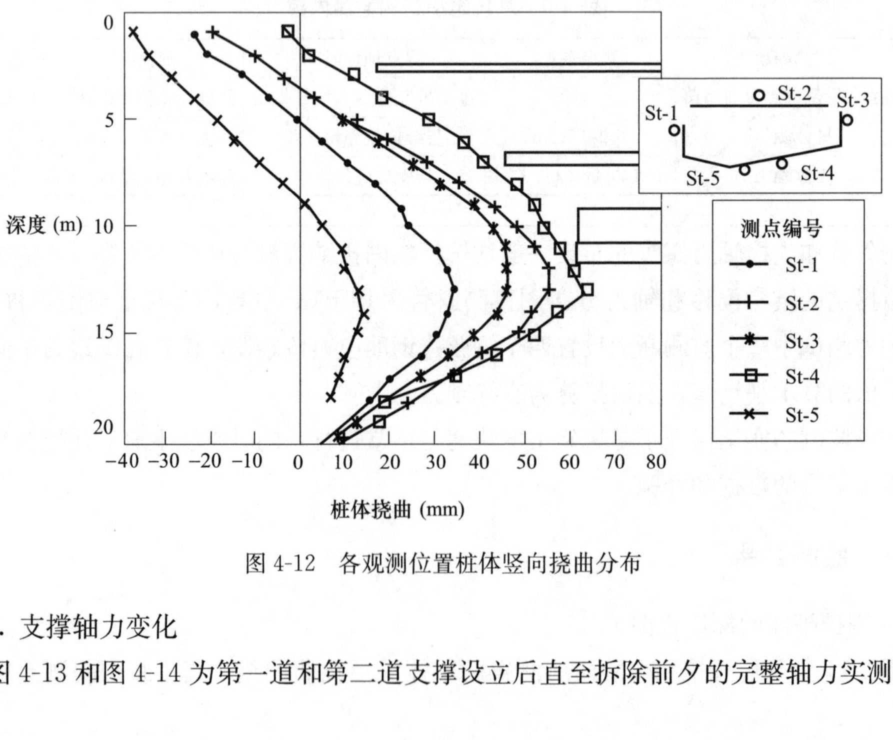

图 4-12　各观测位置桩体竖向挠曲分布

2. 支撑轴力变化

图 4-13 和图 4-14 为第一道和第二道支撑设立后直至拆除前夕的完整轴力实测曲线，

其中每条曲线表示每一个具体测点。由图可知：

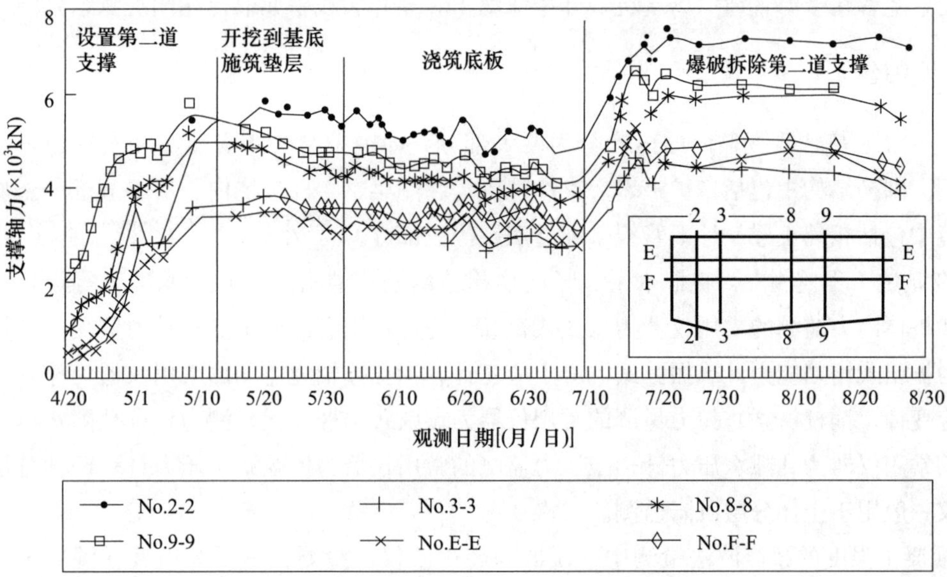

图 4-13　第一道支撑轴力的全过程变化曲线

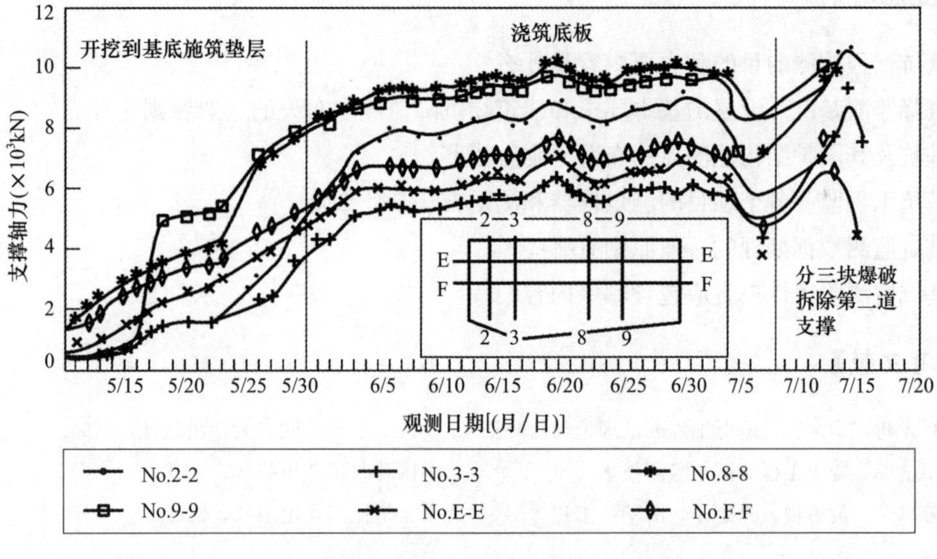

图 4-14　第二道支撑轴力的全过程变化曲线

（1）支撑轴力存在一个由小到大和由大到小的受力过程，以及因受施工荷载和温度影响所产生的被动现象，两道支撑的最大轴力基本上稳定在 5500kN（第一道）和 9500kN（第二道），较之设计预估值偏大 10%左右。

（2）第二道支撑的设置和受力使得第一道支撑的轴力产生一定的下降，其减小的速率与第二道支撑抽力增大速率基本相等，下降幅度在原内力水平的 15%～20%。

（3）在同一道支撑的诸杆件中，垂直于长边的支撑（主撑）的轴力一般大于垂直于短边的支撑（连杆）轴力，后者仅为前者的50%～60%，这一现象在矩形基坑中相当常见，笔者在上海置地广场基坑（开挖深度13.4m）实践中亦取得相同观测结果。

【知识归纳】

1. 基坑工程施工现场监测的内容分为两大部分，即围护结构本身监测和对周边环境的监测。围护结构中包括围护桩墙、支撑、围檩和圈梁、立柱、坑内土层等五部分。周边环境中包括相邻土层、地下管线、邻近房屋等三部分。
2. 在基坑工程监测中，桩墙水平、竖向位移监测的仪器有全站仪、水准仪等设备；墙体和桩体内力监测的常用仪器为振弦式钢筋应力计；钢筋混凝土支撑轴力监测的常用仪器为振弦式钢筋应力计或振弦式混凝土应变计，钢支撑轴力监测的常用仪器为振弦式表面应变计；锚杆（索）拉力量测的常用仪器为振弦式锚杆（索）测力计；孔隙水压力监测的常用仪器为孔隙水压力计；土压力监测的常用仪器为振弦式土压力计；磁性分层沉降仪一般用于土体分层沉降监测。
3. 混凝土强度的超声波法检测中，仪器为超声波仪，检测物理量为声波在混凝土中的传播速度。

【独立思考】

1. 基坑工程监测的目的和主要内容是什么？
2. 沉降监测基准点设置的基本要求和建筑物沉降监测点布设的一般原则是什么？
3. 基坑及其围护结构监测点的布置原则有哪些？
4. 基坑工程监测各个项目的测量仪器和测量方法是什么？
5. 基坑监测数据处理的一般原则有哪些？
6. 基坑监测阶段性报告应包含哪些内容？

【参考文献】

[1] 夏才初，李永盛．地下工程测试理论与监测技术［M］．上海：同济大学出版社，1999.
[2] 宰金珉．岩土工程测试与监测技术［M］．北京：中国建筑工业出版社，2008.
[3] 陈忠汉，黄书轶，程丽萍．深基坑工程［M］．北京：机械工业出版社，2002.

5 隧道工程施工监测技术

【内容提要】

1. 本章主要内容：隧道工程监测的目的、监测内容及方法、监测数据的分析及监测信息的反馈。

2. 本章的教学重点：隧道工程的主要监测项目及方法，其中包括工程地质和支护状况观察、隧道周边收敛位移量测、隧道拱顶下沉量测、地表沉降观测、围岩内部位移量测、锚杆轴力量测、围岩与支护间接触压力量测、喷射混凝土层、二次衬砌和钢支撑的应力、应变量测等。

3. 本章的教学难点：各监测项目的常用仪器介绍及监测方法。

【能力要求】

通过本章的学习，学生应掌握隧道工程的主要监测项目和方法，了解各项目监测中常用的仪器设备，并能够针对实际隧道工程，具有制订初步监测方案以及监测数据处理的能力。

5.1 隧道工程监测的目的

隧道工程监测技术也就是隧道工程中的现场监控量测技术，一般指在隧道施工过程中，使用各种仪器设备和量测元件，对隧道工程围岩和支护结构稳定状态的监测。隧道工程的现场监控量测技术是确保隧道施工及结构运营安全、指导施工程序、便利施工管理的重要手段。无论是公路隧道、铁路隧道，还是地铁隧道和海底隧道等，隧道工程监测的实施都是施工过程中必不可少的程序。

隧道工程监测的目的可归纳为下述四点。

(1) 实时观测围岩的稳定性和支护结构的安全性

隧道工程所处的地质条件较为复杂多变，在隧道工程建设的各个时期，地质情况很难彻底弄清。且一条隧道往往穿越多种不同性质围岩，隧道各部位的围岩稳定状态和支护结构的受力性状往往不同。所以在隧道施工过程中，通过围岩和支护结构的变形和应力监测结果，可实时观测不同工况下围岩的稳定性和支护结构的安全性。

(2) 判定支护方案和施工方法的合理性

隧道工程中支护方案和施工方法的确定和选取，一般依靠地质调查和室内试验提供的数据和信息。但由于岩体地质情况千差万别，使得这些数据和信息往往难以准确反映岩体性质。所以隧道工程施工监测技术可以验证支护结构型式、支护参数，评价支护方案和施工方法的合理性，并为优化设计参数、调整施工工艺提供科学依据。

（3）为隧道工程的长期使用提供安全信息

通过对围岩稳定性与支护可靠性的监控量测和分析评定，发现施工中隐藏的不安全因素，预测可能出现的施工隐患，以便及时采取措施，防患于未然，以保障围岩稳定和施工安全，为隧道工程的长期使用提供安全信息。

（4）为以后的类似工程提供参考依据

隧道工程的监测数据不仅为理论研究提供了第一手的信息，而且为隧道工程的设计和施工积累了相关资料，从而可为类似地质条件下的隧道工程修建提供科学依据和技术保证。

总之，隧道工程监测技术的主要目的是完善隧道设计与正确地指导施工，从而保证隧道工程的安全性和经济性。

5.2 隧道工程监测的内容

1. 根据信息类型不同分类

隧道工程现场监控量测中最主要的成果就是反映围岩和支护结构的力学性态信息，根据信息类型的不同，隧道工程的监测内容可分为下述三类：

（1）目测观测

目测观测是指对围岩的破碎发育情况、隧道周边变形、支护结构开裂破坏等现象直接用肉眼进行观察，以此判断围岩的稳定情况。

（2）位移监测

变形监测是指通过专门量测设备为获取隧道周边位移、拱顶下沉、围岩内部位移和地表下沉等信息而进行的现场监控量测。位移监测是应用较广且值得推荐的测试项目，且监测设备简单易于操作。

（3）受力监测

受力监测是指通过专门量测设备为获取围岩与支护结构间的接触应力、围岩及支护结构内部的应力状态、锚杆轴力等信息而进行的现场监控量测。

2. 根据监测效率分类

隧道工程监测中，为及时提供施工所需的围岩稳定程度和支护结构的状态，以保证施工安全，提高施工效率，又可将施工监测分为必测项目、选测项目和检测项目。

（1）必测项目

包括围岩地质和支护状况观察、周边收敛位移量测、拱顶下沉量测和地表沉降观测等。这类量测是为了确保在施工过程中的围岩稳定和施工安全而进行的经常性量测工作。量测密度大，工作量大，量测信息直观可靠，贯穿在整个施工过程中，对监测围岩稳定、指导设计和施工有巨大的作用。

（2）选测项目

包括围岩内部位移量测、锚杆轴力量测、围岩与喷射混凝土间接触压力量测、喷射混凝土与二次衬砌间接触压力量测、喷射混凝土内应力量测、二次衬砌内应力量测、钢支撑内力量测、衬砌裂缝及表面应力量测。这类量测是必测项目的拓展和补充，对特殊地段或有代表性的地段进行量测，以便更深入地掌握围岩稳定状态与支护效果。对未开挖地段提供参考信息，指导未来设计和施工。选择项目安装埋设比较麻烦，量测项目较多、时间长、费用较高，但工程竣工后还可以进行长期观测。这类项目的量测主要选择隧道较长、地质和结构复杂、特殊的隧道进行。

（3）检测项目

包括锚杆拉拔试验、锚杆长度检测等。

隧道工程的监测内容需按照现行各类隧道工程施工技术规范的规定及所监测隧道工程的特殊要求进行综合确定。

5.3 隧道工程监测的方法

5.3.1 工程地质和支护状况观察

所谓隧道工程地质和支护状况观察，就是通过观察实际揭露的隧道掌子面地质情况，掌握隧道实际围岩状态，分析隧道掌子面的稳定状态，预测前方隧道围岩情况，并提出必要的预警；通过观察隧道洞内初期支护的状态，及时发现各种异常现象并进行跟踪观察，评价初期支护的稳定性。

1. 观察仪器及方法

隧道工程地质和支护状况观察中，常用到的仪器有地质罗盘仪、地质锤、放大镜、数码相机和卷尺等。其中地质罗盘仪是进行围岩地质观察工作必不可少的一种工具，如图 5-1 所示，借助它可以定出方向，观察点的所在位置，测出任何一个观察面的空间位置（如岩层层面、褶皱轴面、断层面、节理面等构造面的空间位置）。

隧道掌子面的地质情况可采用目测、地质罗盘、锤击检查和数码相机进行观测，及时绘制掌子面地质素描，记录围岩的岩性、产状、节理等详细特征，断层、破碎带等不良地质特征，地下水的水量、分布、压力、类型等特征，填写掌子面地质观察记录。

隧道初期支护状况采用目测观察为主，对初期支护中的喷射混凝土、钢支撑、锚杆出现的外鼓、裂缝、剥落、扭曲等异常现象，用数码相机、塞尺、卷尺等进行跟踪观测并做好原始记录。观测中，如发现异常现象，要详细记录发现的时间、距开挖工作面的距离以及附近测点的各项量测数据。

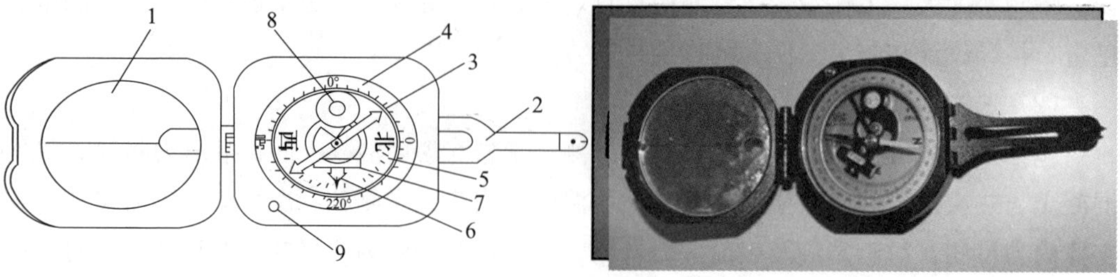

图 5-1　地质罗盘仪

1—反光镜；2—瞄准觇板；3—磁针；4—水平刻度盘；5—垂直刻度盘；6—垂直刻度指针；
7—垂直水准器；8—底盘水准器；9—磁针制动器

隧道工程地质和支护状况观察的具体内容可分述如下：

（1）对开挖后未支护的围岩

①岩质种类分布状态，近界面位置的状态；②岩性特征（岩石的颜色、成分、结构、构造）；③地层时代归属及产状；④节理性质、组数、间距、规模、节理裂隙的发育程度和方向性，断面状态特征，充填物的类型和产状等；⑤断层的性质、产状，破碎带宽度、特征；⑥石煤层情况；⑦溶洞的情况；⑧地下水类型、涌水量大小、涌水压力、水的化学成分、湿度等；⑨开挖工作面的稳定状态，顶板有无剥落现象。

（2）开挖后已支护的隧道

①初期支护完成后对喷层表面的观测及裂缝状况的描述和记录；②有无锚杆被拉脱或垫板陷入围岩内部的现象；③喷射混凝土是否产生裂隙或剥离，要特别注意喷射混凝土是否发生剪切破坏；④钢拱架有无被压曲现象；⑤是否有底鼓现象。

2. 观察频率

隧道工程地质和支护状况观察应在隧道开挖后及初期支护后进行，每次开挖后须进行掌子面地质情况观察，每个监测断面应绘制隧道开挖工作面及素描剖面图。

5.3.2　周边收敛位移量测

隧道周边或结构物内部净空尺寸的变化，常称为收敛位移。隧道周边收敛位移量测其实就是一种相对位移量测，因其作为判断围岩稳定性的方法比较直观和明确，且现场操作较为简单，故在隧道工程现场监测中应用相当普遍。

1. 测点及测线布置

隧道收敛位移的量测测点原则上应布置在同一断面上，两个测点之间的连线为量测基线，即测线。根据围岩条件和隧道断面大小及形状，测线可选择布置 1 条、2 条或多条，如图 5-2 所示。

在公路隧道周边收敛位移量测中，一般沿隧道周边的拱顶、拱腰和边墙部位分别埋设测桩作为测点，测桩为带挂钩的预埋件，埋设方法为：埋设前先用小型钻机在待测部位成孔，然后将测桩放入，用快凝水泥或早强锚固剂固定，测桩头须设保护罩。对于较差的围岩，测桩可在锚喷支护后布置。公路隧道周边收敛位移测点和测线的通常布置如图 5-3 所示。

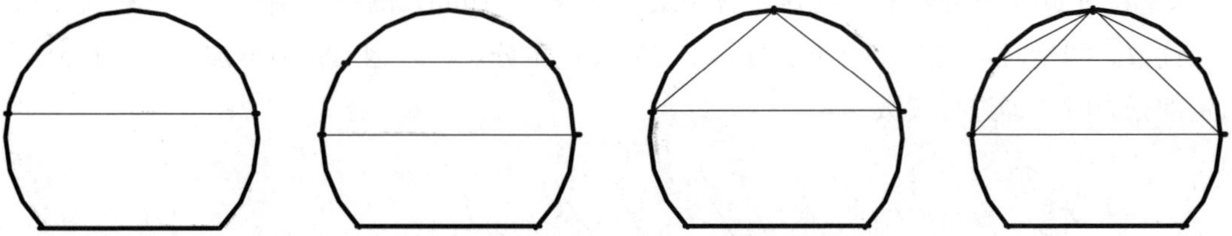

图 5-2　收敛位移量测测线布置示意图

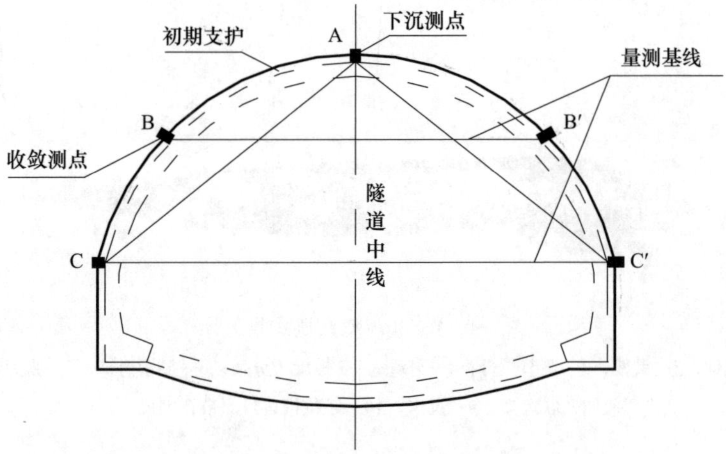

图 5-3　公路隧道周边收敛位移测点和测线布置示意图

2. 量测断面间距

隧道收敛位移的量测断面间距一般根据隧道长度、地质变化情况进行确定，不同级别围岩条件下的断面间距取值范围见表 5-1。

表 5-1　隧道收敛位移量测断面间距取值范围

围岩级别	Ⅴ～Ⅵ	Ⅳ	Ⅲ	Ⅰ～Ⅱ
断面间距（m）	5～10	10～20	20～30	30～50

注：大变形软岩段或者超浅埋软土地层等特殊地段断面间距可适当缩小断面间距。

3. 量测仪器及方法

隧道周边收敛位移一般采用收敛计进行量测，目前国内隧道工程监测中常用的收敛计为机械式收敛计和数显式收敛计，如 QJ-85 型坑道周边收敛计、JSS30A 型数显收敛计、SWJ-Ⅳ型隧道收敛计。下面重点介绍 JSS30A 型数显式收敛计及其量测方法。

JSS30A 型数显式收敛计适用于量测隧道、巷道、洞室及其他工程围岩周边任意方向两点间的距离微小变化，如图 5-4 所示。该收敛计由连接、测力、测距三部分组成。

（1）连接转向：连接转向是由微轴承实现的，可实现空间的任意方向转动。

（2）测力弹簧：用来标定钢尺张力，从而提高读数的精度。

（3）测距装置：测距是由钢尺与测微千分尺组成。钢尺测大于 20mm 的距离，钢尺上每隔 20mm 有一定位孔，螺旋千分尺最小读数 0.01mm，测距＝钢尺读数＋螺旋千分尺读数。测量时，收敛计悬挂于两测点之间旋进千分尺时，钢尺张力增加，直至达到规定的张力时，即进行读数。

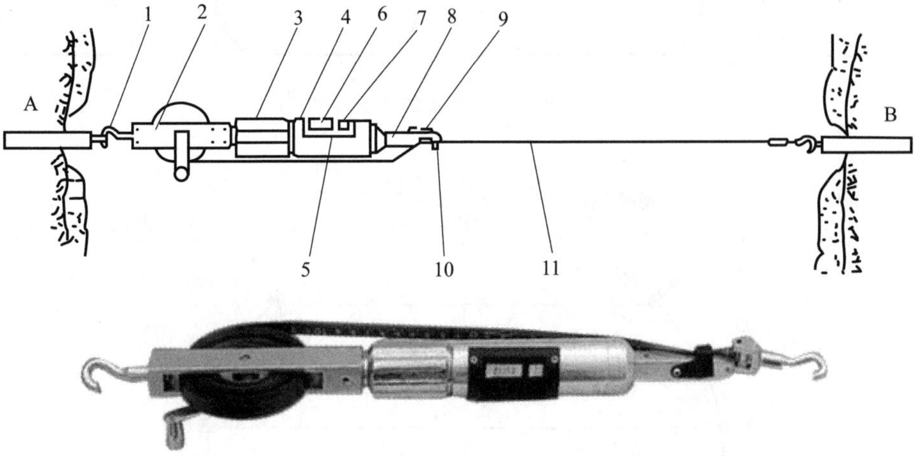

图 5-4　JSS30A 型数显式收敛计

1—挂钩；2—尺架；3—调节螺母；4—外壳；5—螺旋千分尺；6—显示窗口；7—张力窗口；8—联尺架；9—尺卡；10—定位销；11—带孔钢尺

JSS30A 型数显式收敛计的使用方法为：

（1）悬挂仪器及调整钢尺张力

测量前先估计两测点的大致距离，将钢尺固定在所需长度上（拉出钢尺将定位孔固定在定位销内），将螺旋千分尺旋到最大读数位置上（25mm），将仪器两轴孔分别挂于事先埋设好的圆柱测点上，一只手托住仪器另一只手旋进螺旋千分尺，直至内导杆上的刻度线与向套上的刻度线重合时，即可读数。

（2）读数

定位销处的钢尺读数称为长度首数，螺旋千分尺读数为尾数。测距＝首数＋尾数。一般应重复操作三次读取三组数值，进行加权平均计算确定测量值，以减小测量时的视觉误差。

（3）收敛值及收敛速度的计算

收敛值为两测点在某一时间内的距离的变化量。设 T_1 时的观测值为 L_1，T_2 时的观测值为 L_2，则收敛值 $\Delta L=L_1-L_2$，收敛速度 $\Delta V(t)=\Delta L/\Delta T$，且有 $\Delta T=T_2-T_1$。

（4）温度校正计算

收敛计均有温度误差，所以每次测出的读数还应加上温度修正值，实际测量值＝修正后的钢尺长度＋千分尺的读数，即：

$$L'=L_n\left[1-a(T_0-T_n)\right] \tag{5-1}$$

式中　L'——温度修正后的钢尺实际长度；

L_n——第 n 次观测时钢尺的长度读数；

a——钢尺线膨胀系数，取 $a=12\times10^{-6}/℃$；

T_0——首次观测时的环境温度（℃）；

T_n——第 n 次观测时的环境温度（℃）。

4. 量测频率

隧道收敛位移的量测频率取值见表 5-2，实际监测中应根据开挖后时间、与开挖面距离及变形速率等因素取较大值。当变形速率突然变大、喷射混凝土表面或地表有裂缝出现并持续发展，或者工序转换时，应加大量测频率。

表 5-2　隧道收敛位移量测频率取值范围

按开挖后时间	1～15d	16～30d	31～90d	大于 90d
按与开挖面距离	$<2B$	$2\sim5B$	$5\sim10B$	$\geqslant10B$
按变形速率	≥1.0mm/d	0.5～1.0mm/d	0.1～0.5mm/d	<0.1mm/d
量测频率	1～3 次/天	1 次/2 天	1～2 次/周	1～3 次/月

注：B 为隧道跨度。

5.3.3　拱顶下沉量测

拱顶下沉量测是隧道监控量测的必测项目之一。隧道拱顶内壁的绝对下沉量称为拱顶下沉值，单位时间内拱顶下沉值称为拱顶下沉速度。对于埋深较浅的隧道，拱顶下沉量测比收敛位移量测更为重要，其量测数据是判断支护效果、保证施工质量和安全的最直观的基本资料。

1. 测点布置、量测断面间距、量测频率

隧道拱顶下沉测点一般应和收敛位移测点布置在同一断面上，以方便进行数据分析。拱顶下沉测点埋设在拱部围岩或者支护结构表面上，每个断面上可布置 1～3 个测点，大断面隧道布置 2～3 个测点，隧道采用分部开挖法施工时每部拱部须布置 1 个测点。其量测断面间距、量测频率的取值范围与收敛位移量测相同，分别见表 5-1 和表5-2。

2. 量测仪器及方法

目前国内隧道工程监测中常用的隧道拱顶下沉测量方法为精密水准仪法，即在观测断面的拱顶处布设观测点可用钢筋弯成三角形钩，用砂浆固定在围岩或混凝土表层。应用精密水准仪和铟钢尺进行观测。这种测量方法设备造价较低，观测简单，灵活性高。公路隧道施工技术规范中规定隧道拱顶下沉测试精度为 0.1mm，在实际工程观测中需要采用精密水准仪才能达到规范的精度要求。

目前应用 DSZ2（自动安平水准仪）和 FS1（平板测微器）的组合形式进行拱顶下沉量测的机构比较多，FS1 平板测微器可使测量数据估读至 0.01mm，从而满足 0.1mm

的精度（图 5-5）。本节主要就“DSZ2＋FS1”组合在隧道拱顶下沉量测中的应用进行相关论述。

(a) DSZ2水准仪　(b) FS1测微器　(c) “DSZ2+FS1”组合

图 5-5　“DSZ2＋FS1”测微器精密水准仪

DSZ2 水准仪是高精度自动安平水准仪，可用于国家的三、四等水准观测，利用自动补偿技术，可以提高作业效率和作业精度。DSZ2 水准仪每公里往返测量标准偏差为±1.0mm（铟钢尺），如搭配 FS1 平板测微器即可用于国家二等水准测量及精密沉降观测。

采用测微器水准仪量测隧道拱顶下沉的主要方法是：首先确定观测断面位置，并按照相关规范要求设置好拱顶下沉观测点，悬挂用各种钢卷尺改装的吊尺作为前视尺（一般为倒尺），后视点选在隧道相对稳定的基础上，或者每次通过隧道外的稳定水准点转到洞内作为后视点，后视点立尺一般是采用带水准气泡的铟钢尺（正尺）。如图 5-6 所示，图中实线为前次观测的情形，虚线为后次观测的情形，第一次读数后视点读数为 A_1，前视读数为 B_1；第二次后视点读数为 A_2，前视读数为 B_2。拱顶变位计算方法采用差值计算法（钢尺倒立、标尺正立），拱顶下沉值 $C=A_2-B_2-(A_1-B_1)$，若 $C>0$，拱顶上移；如 $C<0$，拱顶下沉。

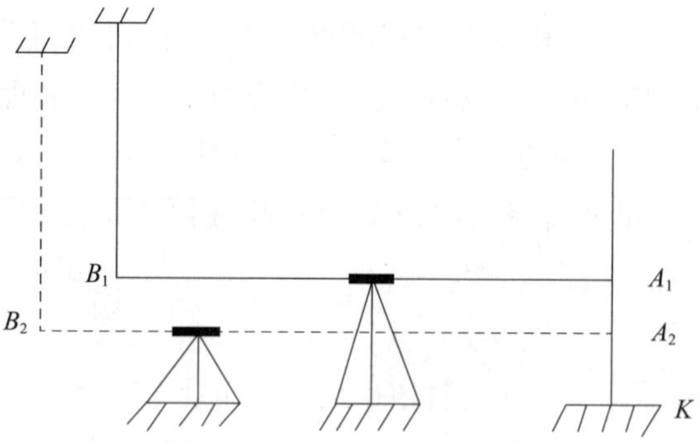

图 5-6　水准仪观测拱顶下沉示意图

5.3.4　地表沉降观测

对于浅埋隧道、隧道洞口段或者隧道有特殊要求时，应进行地表沉降观测，以了解隧道周边路况、重载施工等对围岩扰动、卸载作用下的地表沉降或隆起的影响。

1. 断面及测点布置

地表沉降观测的断面及测点可按表 5-3 进行布置。

表 5-3 地表沉降测点布置

覆土厚度 H 与隧道跨度 B 的关系	$3B>H\geqslant 2B$	$2B>H\geqslant B$	$H<B$
纵向测点间距（m）	15～25	10～15	5～10
横断面间距（m）	30～50	20～30	15～20

另外，每个横断面布置 7～15 个点，测点按隧道中线两侧以 3 倍隧道跨度范围布置。对于相邻双洞隧道每个横断面布置测点数可根据实际情况调整。对于有建筑物重点保护区域应加密布置测点。

2. 观测仪器及方法

隧道工程的地表沉降一般采用精密水准仪进行观测，其观测仪器和方法同于拱顶下沉的量测。当隧道地表高程变化大，采用水准仪法测量施测线路复杂、效率较低和工作强度大时，也可考虑采用全站仪进行观测。

在选定的量测断面区域，首先应设一个通视条件较好、测量方便、牢固的基准点（基准点位置应在地表沉降影响区以外）。地表测点布置在隧道轴线及其两侧，测点应埋水泥桩，测量放线定位。隧道开挖距测点前 30m 处开始观测，隧道开挖超过测点 20m、并待地表沉降稳定以后可停止观测。

3. 观测频率

隧道开挖面距地表观测断面前后小于 $2B$ 时，1～2 次/天；开挖面距观测断面前后小于 $5B$ 时，1 次/2～3 天；开挖面距量测断面前后大于 $5B$ 时，1～2 次/周。

5.3.5 围岩内部位移量测

由于隧道开挖引起围岩的变形，距临空面不同深度处是各不相同的。围岩内部位移量测，就是观测围岩表面、内部各测点间的相对位移值，它能较好地反映出围岩受力的稳定状态，岩体扰动与松动范围，该项测试是位移观测的重要内容。

其量测原理是将围岩内部某一点的位移状态，通过与之固定在一起的位移计（图 5-7）引至岩体外部，以测出隧道周壁与岩体内部某一点间的相对位移。设变形前测点 i 在孔口的读数为 S_{i0}，变形后第 n 次测量时测点 i 在孔口的读数为 S_{in}。第 n 次测量时，测点 i 相对于孔口的总位移量为 $S_{in}-S_{i0}=D_i$，于是，测点 i 相对于测点 1 的位移量为 $\Delta_i=D_i-D_1$。

1. 断面及测点布置

隧道围岩内部位移量测可根据设计要求、施工需要、地质围岩特点及结构形式，选择有代表性的地段作为测试断面，在一般围岩条件下，每隔 200～500m 设一个量测断面比较适宜。每个断面一般设置 3～7 个测孔。对于公路隧道，一般可沿隧道围岩周边分别在拱顶、拱腰和边墙共打 5 个测孔，图 5-8 为公路隧道围岩内部位移量测布置示意图。量测断面尽可能靠近掌子面，及时安装，测取读数。

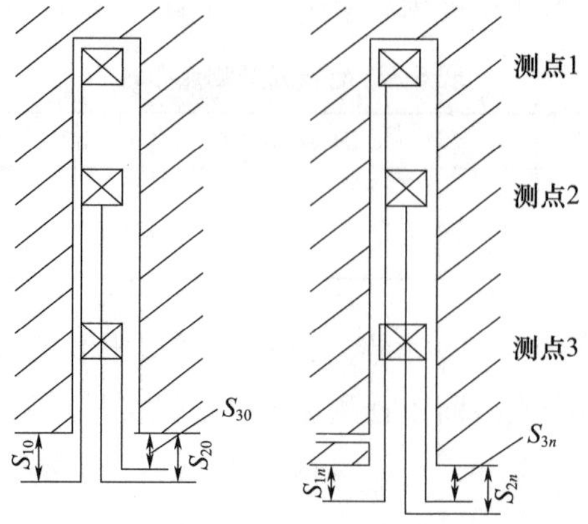

图 5-7　围岩内部位移量测原理图

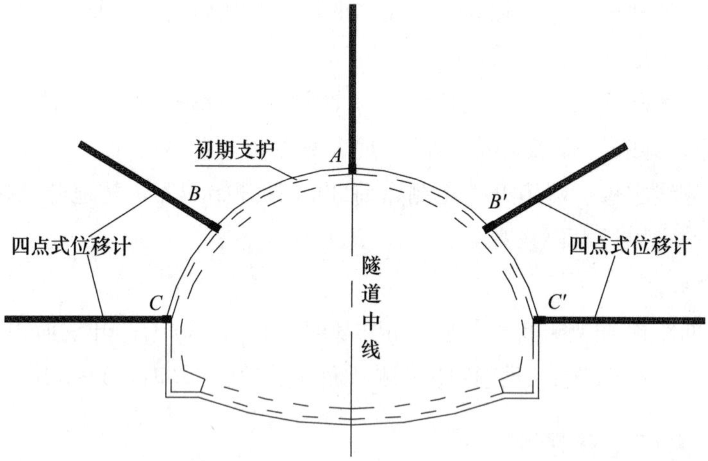

图 5-8　公路隧道围岩内部位移量测布置示意图

2. 量测仪器及方法

国内外围岩深部多点位移计的种类很多，尽管它们具有不同的结构参数、组成和适用条件，但其目的都一样，如 KDW-1 型机械式多点位移计、声波探头多点位移计、VWM 型振弦式多点位移计等。下面以 VWM 型振弦式多点位移计为例来说明多点位移计的使用方法。

VWM 型振弦式多点位移计主要由位移传感器及护管、不锈钢测杆及 PVC 护管、安装基座、护管连接座、锚头、护罩、信号传输电缆等组成，如图 5-9 所示。

VWM 型振弦式多点位移计的工作原理：当被测结构物发生位移变形时将会通过多点位移计的锚头带动测杆，测杆再拉动位移计的拉杆产生位移变形。位移计拉杆的位移变形传递给振弦转变成振弦应力的变化，从而改变振弦的振动频率。电磁线圈激振振弦并测量其振动频率，频率信号经电缆传输至读数装置，即可测出被测结构物的变形量。该多点位移计可同步测量埋设点的温度值。具体使用方法为：

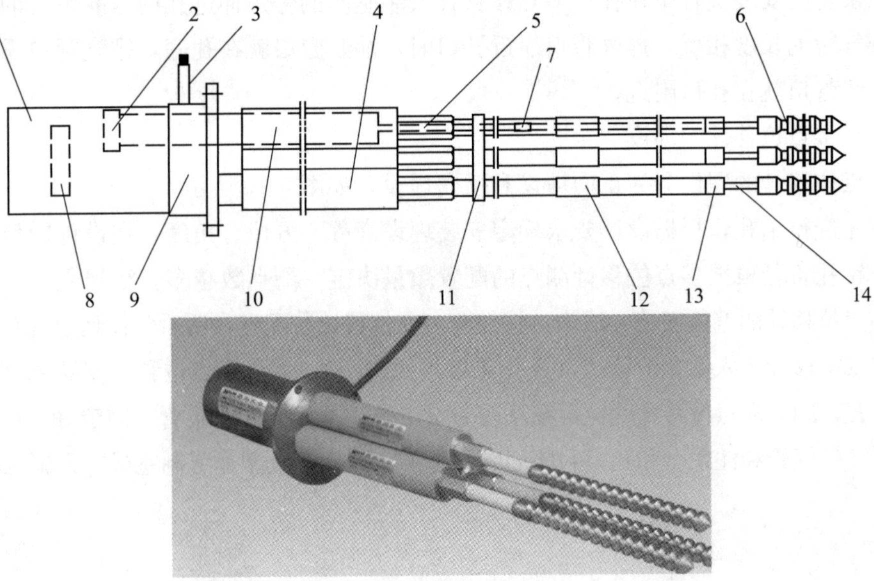

图 5-9 VWM 型振弦式多点位移计

1—护罩；2—后接圈；3—观测电缆；4—传感器护管；5—测杆护管接座；6—锚头；7—测杆接头；8—接线端子；9—安装基座；10—传感器；11—分配盘；12—测杆护管接头；13—密封头；14—测杆

（1）多点位移计的组装

多点位移计出厂时传感器以及护管和护管连接座均已安装就位在基座上，观测电缆也已接好，安装埋设时只需连接测杆、护管、锚头等附件即可使用。

安装前应首先核对设计测量点数及各点深度，标注每组多点位移计各测量点的编号。根据各测点的测量深度配制不锈钢测杆和 PVC 护管的长度。测杆分为 0.5m、1m、1.5m 三种长度，一般以 1.5m 的测杆为主，0.5m 和 1m 的测杆用于调配测杆总长度，护管为 1.5m 标准长度。

多点位移计组装时首先分别将各点第一节测杆和传感器拉杆连接，当各点第二节测杆与第一节测杆连接完成后，穿入各点第一节护管，护管的一头插入护管连接座，另一头与下一节护管连接，其后套入分配盘。依次连接各点的测杆和护管到各自规定的长度为止。测杆和测杆连接用测杆接头连接旋紧，护管和护管连接用护管接头带 PVC 胶连接牢固。

当各点测杆和护管接长到规定的长度后，分别安装护管密封头和锚头。护管密封头穿过测杆，外圆处涂 PVC 胶插入护管尾部固定。锚头直接旋在测杆尾部即可使用。

（2）排气管和灌浆管的安装

排气管从多点位移计安装基座旁边引出。若多点位移计埋设方位向下，排气管伸进孔内 1～2m 即可；若多点位移计埋设方位是平放或向上（如装在顶拱上），则排气管应与测杆一起安装，其长度应比最长的测杆还长 20cm 以上，以保证注浆时空气能完全排出。

灌浆管的安装位置是在孔口多点位移计安装基座的旁边伸进孔内，灌浆管的深度一般与排气管的长度相反，排气管口靠近孔口时，灌浆管口就在孔底，排气管口靠近孔底时，灌浆管口就在孔口附近。

（3）多点位移计的埋设

多点位移计的埋设分为正向埋设和反向埋设，如图 5-10 所示。

首先进行钻孔，根据设计要求确定安装埋设高程、方位、角度，在设计定位的地方钻孔，钻孔直径根据多点位移计测点的配置数量决定，测点数越多孔径越大。

多点位移计的整体安装方法为：将整套多点位移计装配好，然后整体运至孔位处，慢慢将多点位移计送入钻孔中就位（入孔弧度不要过小），直至多点位移计安装基座落入孔口并放置牢固。多点位移计就位后在基座旁引出排气管和插入注浆管，固定好后用速干膨胀水泥将排气管和注浆管和孔口封闭固结。该方法适用于大型地下洞室或露天施工场所。

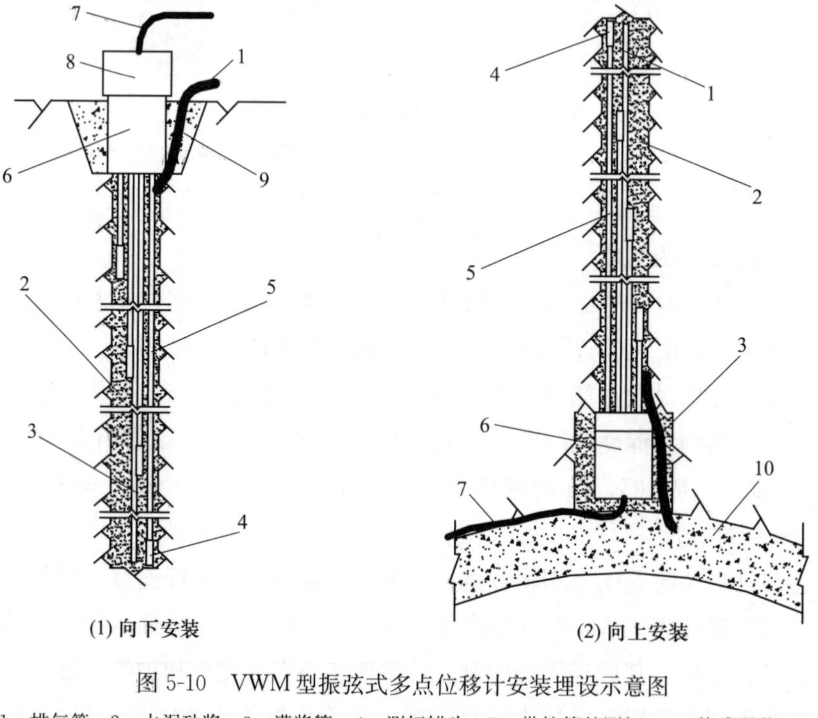

图 5-10　VWM 型振弦式多点位移计安装埋设示意图

1—排气管；2—水泥砂浆；3—灌浆管；4—测杆锚头；5—带护管的测杆；6—传感器装置；7—电缆；8—护罩；9—混凝土墩台；10—混凝土衬砌

多点位移计的分体安装方法为：先将最深测点的测杆及锚头和护管及密封头组装两节后，用绳子兜住锚头放入孔中，然后逐级接长逐级下放，边连接边向钻孔内延伸推进。当最深测点的测杆和护管推进到第二深测点高程时，将第二测点的测杆和护管也顺序放下，这时两组测杆和护管捆扎在一起同时逐级接长逐级下放，在下放的同时每隔 2m 左右将测杆相互之间用扎带捆扎一次，其他各级测杆和护管照此依次放下，直到孔口高程。各点测杆和护管就位后装上分配盘再与传感器和安装基座连接固定在孔口处。该方法适用于测杆太长或工作场地狭小的场所。

多点位移计安装就位后即可灌浆，以防孔中有破碎岩石掉块或泥沙固结。灌浆过程中排气管内会不断有空气排出，当排气管中开始回浆时表明灌浆已满。此时，可拆除灌浆设备，堵住灌浆管和排气管。

3. 量测频率

隧道围岩内部位移的量测频率可按表 5-4 进行取值。

表 5-4　隧道围岩内部位移量测频率取值范围

开挖后时间（d）	1～15	16～30	31～90	>90
量测频率	1～2 次/天	1 次/2 天	1～2 次/周	1～3 次/月

5.3.6　锚杆轴力量测

锚杆在隧道工程支护系统中占有重要地位，为监测锚杆的受力大小，充分了解锚杆的工作状态，可对锚杆轴力进行量测。锚杆轴力量测在隧道工程监测中一般作为选测项目。掌握了锚杆轴力及其应力分布状态，再配合围岩内部位移的量测结果，就可优化锚杆长度及根数，同时还可以掌握围岩内应力重分布的过程。

1. 断面及测点布置

锚杆轴力量测宜在每代表性地段设置 1～2 个监测断面，每一监测断面布置 3～8 根量测锚杆，通常布置在拱顶中央，拱腰及边墙处，每一量测锚杆根据其长度及测量需要设 3～6 个测点。图 5-11 为公路隧道锚杆轴力量测布置示意图，图中，共布置了 5 根量测锚杆，每根量测锚杆上焊接了 3 个锚杆应力计，即 3 个测点。

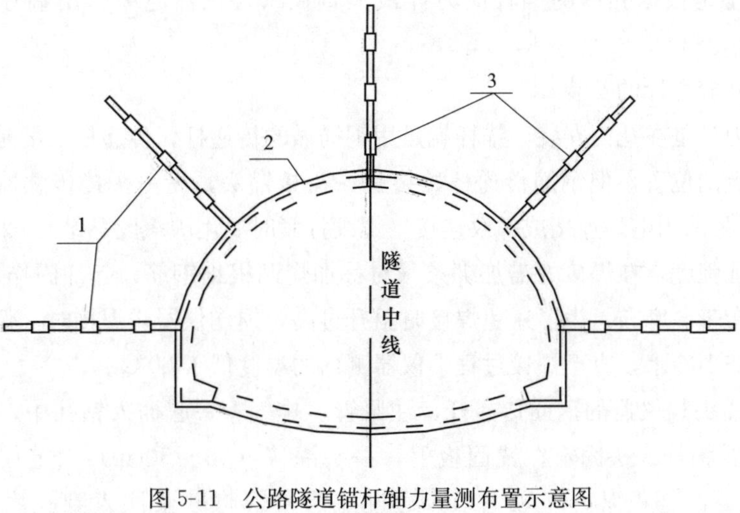

图 5-11　公路隧道锚杆轴力量测布置示意图

1—锚杆应力（应变）计；2—初期支护；3—锚杆应力（应变）计

2. 量测仪器及方法

锚杆轴力的量测采用锚杆应力计，主要有电阻式、差动电阻式和振弦式。下面主要对振弦式锚杆应力计及其使用方法进行介绍。

振弦式锚杆应力计主要由钢套、弦式敏感部件及电磁线圈等组成，如图 5-12 所示。

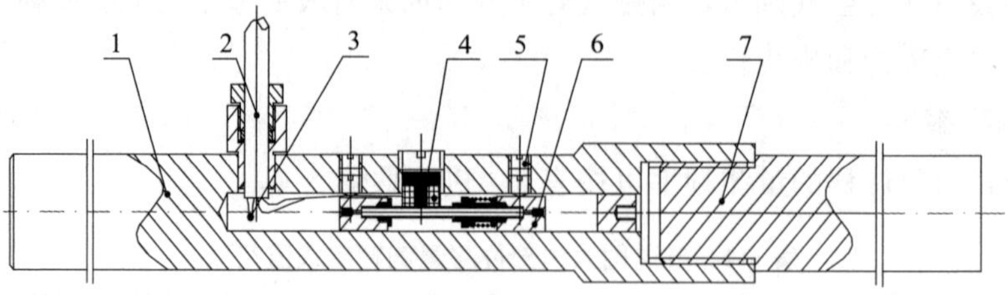

图 5-12　振弦式锚杆应力计结构图

1—钢套；2—电缆；3—热敏电阻；4—线圈；5—紧定螺钉；6—弦式敏感件；7—连接杆

振弦式锚杆应力计的敏感部件为一振弦式应变计。锚杆应力计与所要测量的锚杆（钢筋作锚杆）连接可采用螺纹接头或焊接方式，当锚杆所受的应力发生变化时，振弦式应变计输出的信号频率发生变化。电磁线圈激拨振弦并测量其振动频率，频率信号经电缆传输至读数装置或数据采集系统，再经换算即可得到锚杆应力发生的变化。同时由锚杆应力计中的热敏电阻可同步测出埋设点的温度值。

振弦式锚杆应力计的使用方法：

（1）锚杆应力计的选型

按锚杆（钢筋）直径选配相应的锚杆应力计，如果规格不相符，可选择与锚杆直径相近的锚杆应力计代用，同时测值应进行换算。

（2）锚杆钻孔

按照设计施工要求，锚杆应力计安装埋没时须要钻孔，钻孔可采用钻机造孔，而钻孔的孔径大小是根据孔内的锚杆应力计最大直径（含仪器电缆引出端）及仪器支数而定。

（3）锚杆应力计的安装

锚杆应力计是在孔内安装，锚杆就是用钢筋做的传递杆，传递杆长度是取决于设计图中孔内测点的位置，但钢筋传递杆始终是一头接锚头，另一头接传感器（锚杆应力计），接头处是采用电焊连接或螺纹连接（螺纹拧紧时要用厌氧胶黏结）。采用电焊连接时，为了保证强度，在焊接处需加绑条（对称加焊两根细钢筋，起加固作用），并涂沥青或缠上白布带、麻布。为了避免焊接时温升过高，损伤仪器，焊接时，仪器要包上湿棉纱并不断浇上冷水，直至焊接过程中仪器测出的温度低于 60℃。

将接好锚头和仪器的钢筋传递杆、注浆管、排气管一起插入钻孔中，安装到位如图 5-13所示，锚杆一头固定在锚固板上，一头灌浆（40～50cm）固定住锚头，经测量确认仪器工作是正常，理顺电缆，通过注浆浆管将砂浆注入到孔底，直至孔口灌满。

3. 量测频率

量测锚杆埋设后应经过 24～48h 才可进行第一次观测，一般在埋设后 1～15d 内每天测一次，16～30d 内每 2d 测一次，30d 以后每周测一次，90d 后可每月测一次。

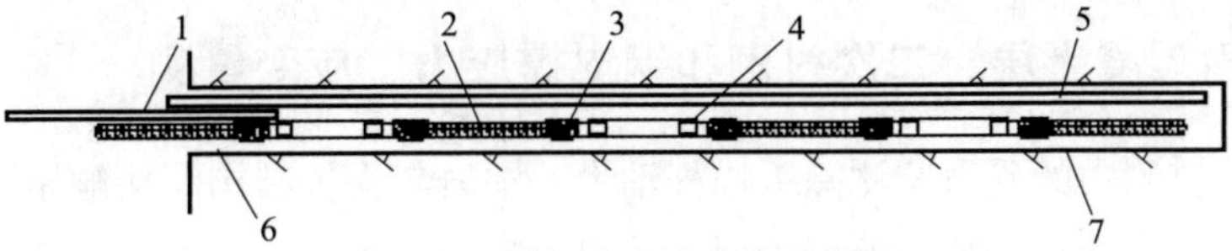

图 5-13 锚杆应力计安装示意图

1—注浆管；2—锚杆；3—接头；4—锚杆应力计；5—排气管；6—全钻孔注浆封堵；7—钻孔

5.3.7 围岩与支护结构间接触压力量测

为了解隧道开挖后围岩压力的分布规律以及围岩与支护结构的共同作用关系，以判断围岩和支护结构的稳定性，可进行围岩与支护结构间的接触压力量测。

1. 量测仪器及方法

围岩与支护结构间接触压力量测仪器有机械式压力传感器、电阻应变式压力传感器和振弦式压力传感器等。目前国内隧道工程监测中常用的为振弦式土压力计，如图 5-14 所示。

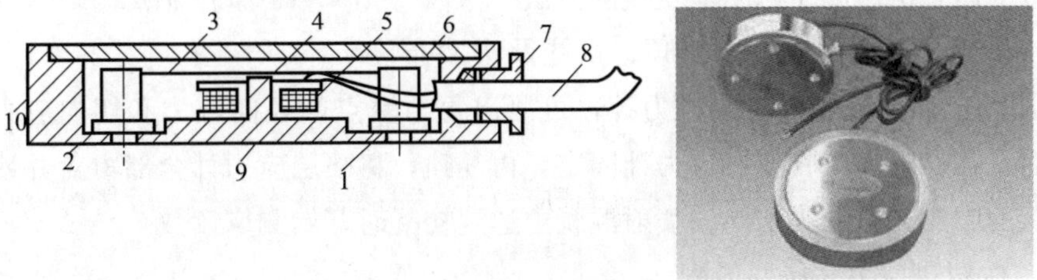

图 5-14 振弦式土压力计

1—弹性薄膜；2—钢弦柱；3—钢弦；4—铁心；5—线圈；6—盖板；7—密封塞；8—电缆；9—底座；10—外壳

振弦式土压力计的工作原理在本书第三章已做详细介绍，在此不再赘述。

由于振弦式土压力计体积较大、较重，给埋设工作带来一定困难，其埋设要求是，接触紧密平整、防止滑移不损伤压力计及引线。另外，为使得围岩压力均匀地传递到压力计上，要用水泥砂浆将隧道壁面抹平，并使压力计与隧道壁面达到良好的接触，且在压力计周围的空隙处用碎石充填密实，防止压力盒受力后偏斜，影响压力量测效果。

2. 量测断面、测点布置及量测频率

在围岩与初期支护（喷射混凝土）之间埋设压力计，用以量测围岩与初期支护间的接触压力，即围岩压力。在初期支护与二次衬砌之间埋设压力计，用以量测初期支护与二次衬砌间的接触压力。

量测断面的选择与锚杆轴力量测情况相同，每一量测断面宜布设 3～7 个测点，主要分布在拱顶中央、拱腰及边墙处。测点布置时，围岩压力测点和初支与二衬压力测点尽量在同一位置。

围岩与初期支护间压力计应在距开挖面 1m 范围内安设，并在工作面开挖后 24h 内或下次开挖前测取初读数。初期支护与二次衬砌间压力盒应在浇注混凝土前埋设，并在浇注后及时测取初读数。

围岩与支护间接触压力的量测频率与锚杆轴力量测频率情况相同。

5.3.8 喷射混凝土层、二次衬砌和钢支撑应力、应变量测

隧道工程监测中的受力监测除了锚杆轴力、围岩与支护结构间接触压力量测外，还需进行的受力监测项目有喷射混凝土层、二次衬砌和钢支撑的应力、应变量测等，其目的主要是了解各类支护结构的变形特性和应力状态，判断各类支护结构的稳定状况，检验各类支护结构的设计合理性。隧道工程上述各监测项目大多采用振弦式传感器进行量测，具体量测仪器、量测方法和测点布置如下所述：

1. 喷射混凝土层应力、应变量测

量测仪器主要有振弦式喷层应力计、应变砖等。振弦式喷层应力计如图 5-15 所示，所谓应变砖，实质是由电阻应变片，外加银箔防护做成银箔应变计，再用混凝土材料制成矩形立方块，外观形如砖，故名应变砖，应变砖量测法属于电阻应变量测方法。

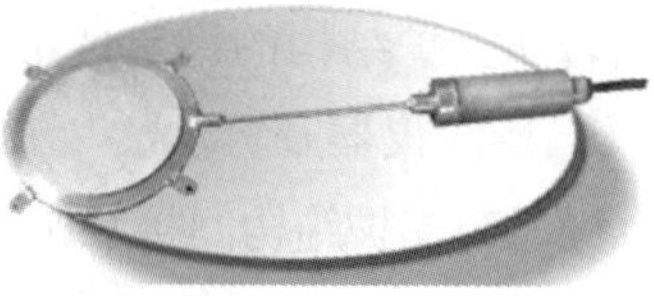

图 5-15　振弦式喷层应力计

每一量测断面应沿隧道的拱顶、拱腰及边墙布设 3～7 个测点，通过混凝土喷层应力计，可测出每个测点的环向应力和切向应力。围岩初喷以后，在初喷面上将喷层应力计固定，再复喷，将喷层应力计全部覆盖并使应力计居于喷层的中央，方向为切向。喷射混凝土达到初凝时开始测取读数。

2. 二次衬砌应力、应变量测

量测仪器主要有振弦式钢筋应力计、振弦式混凝土应变计（埋入式）和应变砖等。振弦式钢筋计、振弦式混凝土应变计分别如图 5-16、图 5-17 所示。

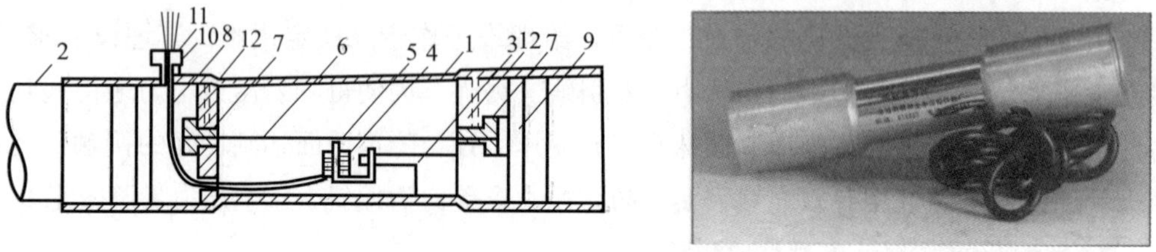

图 5-16　振弦式钢筋应力计

1—钢管；2—拉杆；3—固定线圈和钢弦夹头装置；4—电磁线圈；5—铁心；6—钢弦；7—钢弦夹头；8—电线；9—止水螺丝；10—引线套管；11—止水螺帽；12—固定螺丝

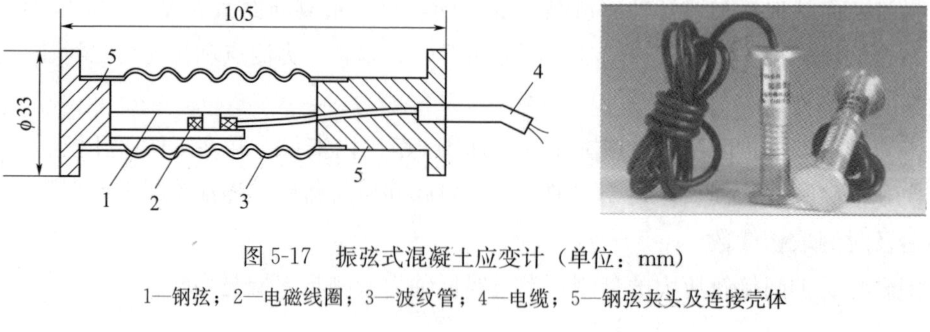

图 5-17　振弦式混凝土应变计（单位：mm）

1—钢弦；2—电磁线圈；3—波纹管；4—电缆；5—钢弦夹头及连接壳体

使用钢筋应力计时，应把钢筋计通过两个连接件，刚性地连接在钢筋的测点位置上，其连接方法为：焊接和螺纹连接。图 5-18 为振弦式钢筋应力计的焊接连接方式。

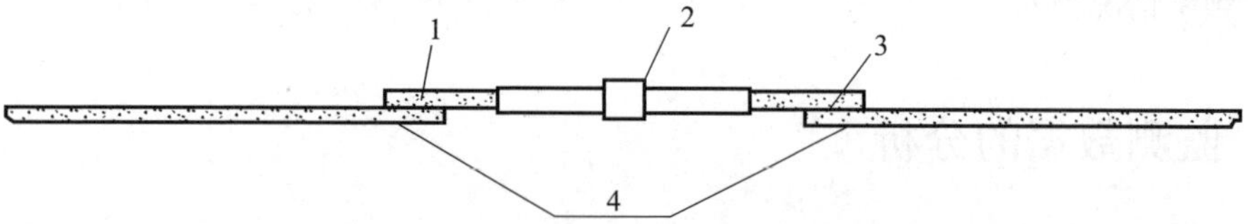

图 5-18 振弦式钢筋应力计的焊接连接方式

1—焊接面；2—钢筋计；3—焊接面；4—被测钢筋

振弦式混凝土应变计一般埋设在混凝土内部，混凝土应变通过连接壳体传递给振弦，转变成振弦率变化，即可测得混凝土应变的变化。埋设方法一般是将其绑扎在钢筋上面。

二次衬砌应力、应变量测应在衬砌内外两侧进行布置，每个断面可布置 3～7 个测点。必要时在仰拱上布置测点。监测元器件应在混凝土浇注前埋设，并宜在混凝土降至常温状态后测取初读数。

3. 钢支撑应力、应变量测

量测仪器主要有振弦式钢筋应力计、振弦式表面应变计等。振弦式表面应变计如图 5-19所示，它可以测定钢结构表面的应变，从而通过测得的应变计算出应力。

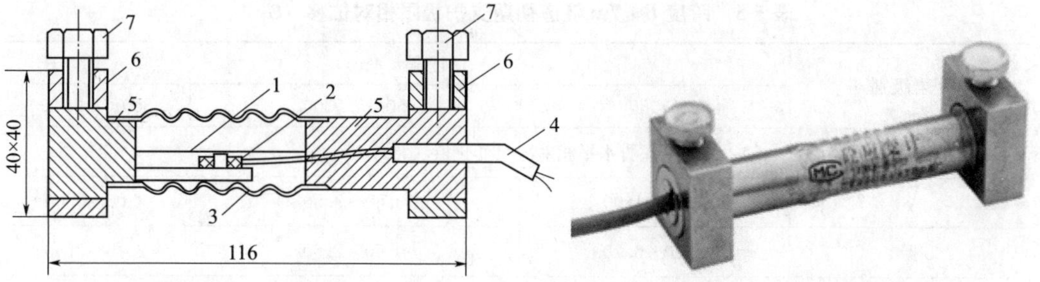

图 5-19 振弦式表面应变计（单位：mm）

1—钢弦；2—电磁线圈；3—金属波纹管；4—电缆；5—钢弦夹头及连接壳体；6—安装架；7—锁紧螺丝

振弦式表面应变计的安装方法：首先将一标准长度的芯棒装在安装架上，拧紧螺丝；将装有标准芯棒的安装架焊接在钢支撑的表面；松开螺丝，从一端取出标准芯棒，待安装架冷却后，将应变计从一端慢慢推入安装架内，到位后再把锁紧螺丝拧紧。

在隧道工程中，对于型钢钢支撑（型钢拱架），一般采用表面应变计进行量测，且应变计应在拱架内外缘成对布设；对于格栅钢支撑（格栅拱架），一般采用钢筋计进行量测，且应选择格栅主筋直径相同的钢筋计，且尽量使钢筋计与钢筋轴线重合。

钢支撑应力、应变量测应在每代表性地段设置 1～2 个监测断面，每一监测断面宜布置3～7个量测位置，应布置在拱顶中央、拱腰及边墙处。

喷射混凝土层、二次衬砌和钢支撑的应力、应变量测频率与围岩与支护间接触压力的量测频率情况相同。

5.4 监测数据的分析

5.4.1 位移量测数据的分析

1. 极限相对位移值

极限相对位移值（U_0）是指拱顶下沉的最大值相对隧道高度的百分比、或水平净空变化最大值相对隧道开挖宽度的百分比。极限相对位移值是一个经验统计值，结合变化速率，主要用于判断量测数据的可靠性、确定初期支护的稳定性、判断监控量测的结束时间等。

根据《铁路隧道监控量测技术规程》（Q/CR 9218—2015），跨度 $B \leqslant 7$m 和跨度 $7\text{m} < B \leqslant 12$m 隧道初期支护极限相对位移分别见表5-5和表5-6。对于跨度大于12m的隧道，目前还没有统一的位移判定基准，可在施工中通过实测资料积累经验。

表5-5 跨度 $B \leqslant 7$m 隧道初期支护极限相对位移（U_0）

围岩级别	埋深 h（m）		
	$h<50$	$50<h\leqslant 300$	$300<h\leqslant 500$
拱脚水平相对净空变化值（%）			
Ⅴ	0.30～1.00	0.80～3.50	3.00～5.00
Ⅳ	0.20～0.70	0.50～2.60	2.40～3.50
Ⅲ	0.10～0.50	0.40～0.70	0.60～1.50
Ⅱ		0.01～0.04	0.20～0.60
拱顶相对下沉（%）			
Ⅴ	0.06～0.12	0.10～0.60	0.60～1.20
Ⅳ	0.03～0.07	0.06～0.15	0.10～0.60
Ⅲ	0.01～0.04	0.03～0.11	0.10～0.25
Ⅱ		0.01～0.05	0.04～0.08

注：1. 本表适用于复合式衬砌的初期支护，硬质围岩隧道取表中较小值，软质围岩隧道取表中较大值。表列数值可在施工中通过实测资料积累做适当修正。

2. 拱脚水平相对净空变化指两侧拱脚测点间净空水平变化值与其距离之比；拱顶相对下沉指拱顶下沉值减去隧道下沉值后与原拱顶至隧底高度之比。

3. 墙腰水平相对净空变化极限值可按拱脚水平相对净空变化值乘以1.2～1.3后采用。

表 5-6 跨度 7m<B≤12m 隧道初期支护极限相对位移（U_0）

围岩级别	埋深 h（m）		
	$h<50$	$50<h\leq300$	$300<h\leq500$
拱脚水平相对净空变化值（%）			
Ⅴ	0.20～0.50	0.40～2.00	1.80～3.00
Ⅳ	0.10～0.30	0.20～0.80	0.70～1.20
Ⅲ	0.03～0.10	0.08～0.40	0.30～0.60
Ⅱ		0.01～0.03	0.01～0.08
拱顶相对下沉（%）			
Ⅴ	0.08～0.16	0.14～1.10	0.80～1.40
Ⅳ	0.06～0.10	0.08～0.40	0.30～0.80
Ⅲ	0.03～0.06	0.04～0.15	0.12～0.30
Ⅱ		0.03～0.06	0.05～0.12

注：1. 本表适用于复合式衬砌的初期支护，硬质围岩隧道取表中较小值，软质围岩隧道取表中较大值。表列数值可在施工中通过实测资料积累做适当修正。

2. 拱脚水平相对净空变化指两侧拱脚测点间净空水平变化值与其距离之比；拱顶相对下沉指拱顶下沉值减去隧道下沉值后与原拱顶至隧底高度之比。

3. 墙腰水平相对净空变化极限值可按拱脚水平相对净空变化值乘以 1.1～1.2 后采用。

2. 允许相对位移值

隧道初期支护允许相对位移值可根据测点距开挖面的距离，并通过初期支护极限相对位移按表 5-7 要求确定。

表 5-7 隧道初期支护允许相对位移

类别	距开挖面 1B（U_{1B}）	距开挖面 2B（U_{2B}）	距开挖面较远
允许值	65%U_0	90%U_0	100%U_0

注：B 为隧道开挖宽度，U_0 为极限相对位移值。

3. 围岩变形等级管理

隧道监控量测的主要目的就是保证施工安全，因此，对监控量测实施三级管理。三级管理可通过允许相对位移值、位移速度、位移速度变化率等综合考虑，无论哪种方法，一旦达到Ⅰ级管理状态，必须立即停止掘进施工。

（1）通过允许相对位移值管理

围岩位移等级管理见表 5-8。

表 5-8 围岩位移等级管理

等级管理	距开挖面 1B	距开挖面 2B	采取措施
Ⅲ	$U<U_{1B}/3$	$U<U_{2B}/3$	可减少监测频率，继续施工
Ⅱ	$U_{1B}/3\leq U\leq 2U_{1B}/3$	$U_{2B}/3\leq U\leq 2U_{2B}/3$	加强监测频率，加强支护措施
Ⅰ	$U\geq 2U_{1B}/3$	$U\geq 2U_{2B}/3$	加强监测频率，暂停掘进施工

注：U 为实测位移值。

（2）通过位移速度管理

Ⅲ级：净空变化速度小于0.2mm/d，拱顶下沉速度小于0.15mm/d，围岩基本达到稳定。可正常施工。

Ⅱ级：净空变化速度在0.2～5.0mm/d，应加强监控量测频率。加强支护措施。

Ⅰ级：净空变速度持续大于5.0mm/d时，围岩处于急剧变形状态，应加强监控量测频率。应加强支护措施。

（3）通过位移速度变化率来管理

Ⅲ级：当围岩位移速度不断下降时（$d^2u/dt^2<0$），围岩趋于稳定状态；

Ⅱ级：当围岩位移速度保持不变时（$d^2u/dt^2=0$），围岩不稳定，应加强支护；

Ⅰ级：当围岩位移速度不断上升时（$d^2u/dt^2>0$），围岩进入危险状态，必须立即停止掘进，加强支护。

4. 二衬施作时间

各测试项目显示位移速度明显减缓并已基本稳定、各项位移已达到预计位移量的80%～90%（预计位移量可通过回归分析得到）、位移速度小于0.10～0.2mm/d时，可施作二衬。

在膨胀性围岩和地应力大的围岩中初期支护变化时间长，必要时，可提前施作衬砌混凝土，但监控量测在二衬施作后应继续进行。

5. 量测结束时间的确定

只有下列条件同时满足时，方可结束某一断面的监控量测：

（1）测点距开挖面距离小大于$5B$；

（2）当净空变化速度小于0.2mm/d、拱顶下沉速度小于0.15mm/d，且持续时间不少于15d。

5.4.2 受力量测数据的分析

1. 锚杆轴力量测的分析

在隧道监测断面的不同位置处，锚杆的轴力是不同的，根据日本隧道工程的实际调查，可以发现：

（1）锚杆轴力超过屈服强度时，水平净空位移值一般都超过50mm；

（2）同一断面内，锚杆轴力最大值多数发生在拱部45°附近到起拱线之间的锚杆；

（3）拱顶锚杆，不管净空位移值大小如何，出现压力的情况是较多的情况。

当锚杆轴力大于锚杆屈服强度时，可增加锚杆数量或增大锚杆直径以降低锚杆应力，也可考虑改变锚杆材料，采用高强度锚杆。

2. 围岩压力量测的分析

根据围岩与初期支护间的接触压力（围岩压力）监测结果，可知围岩压力的大小及分布规律。围岩压力大，表明初期支护受力大，这可能有两种情况：一是围岩压力大但围岩变形量不大，表明支护时机选择不当，尤其是仰拱的封底时间过早，需延迟支护和仰拱封底时机，让围岩应力得到较大的释放；二是围岩大，且围岩变形量也很大，此时应加强支护，以控制围岩变形。当测得的围岩压力很小但变形量很大时，则应考虑是否会出现围岩失稳。

3. 喷射混凝土层应力量测的分析

喷射混凝土层应力与围岩压力密切相关，喷层应力大，可能是由于支护不足，也可能是仰拱封底过早，其分析与围岩压力的分析大致相似。

当喷层应力大时，喷层会出现明显裂损，应适当加大喷层厚度或控制混凝土喷射质量。若喷层厚度已较大时，则可通过增加锚杆数量、调整锚杆参数、改变仰拱封底时机以减小喷层的受力状况。如测得的最终喷层内的应力较大且达不到安全规定时，必须进一步加大喷层厚度或改变二次支护的时机。

5.5　监测信息的反馈

5.5.1　信息反馈方法

在隧道施工过程中及时进行监测数据分析，及时反馈施工与设计。在施工过程中进行监测数据的实时分析和阶段分析。

(1) 实时分析：每天根据监测数据与影响周围地层的施工参数进行实时分析，发现安全隐患，及时反馈。

(2) 阶段分析：经过一段时间后，根据大量的监测数据进行综合分析，总结隧道施工对周围地层影响的一般规律和支护结构的安全性，指导下一阶段施工。

把原始数据通过一定的方法，如大小顺序，用频率分布的形式把一组数据分布情况显示出来，进行数据的数字特征计算以及离群数据的取舍。根据现场量测所得的数据（包括量测日期、时刻、隧道内温度等）应及时绘制位移（应力、压力）—时间曲线图（或散点图）。如图5-20所示图中纵坐标表示变形量，横坐标表示时间，分析不同埋深、地质条件、支护参数等条件下，隧道各施工工序、时间、空间效应与量测数据间的关系。

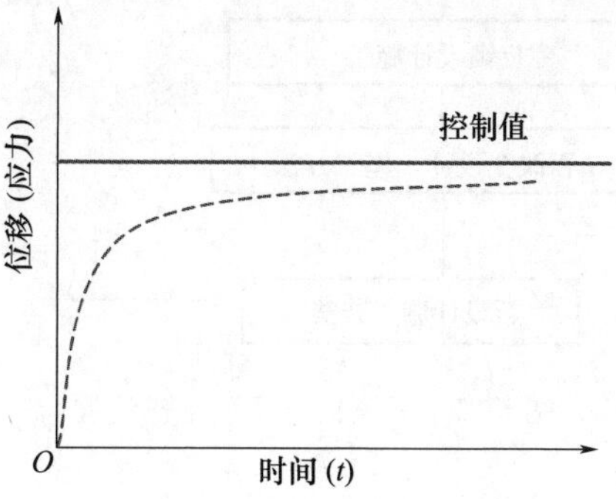

图5-20　时态曲线图（散点图）

根据曲线图（或散点图）的数据分布状况，选择合适的函数，对监测结果进行回归分析，以预测该测点可能出现的最大位移值或应力值，预测围岩和支护结构的安全状况，防患于未然。还可通过插值法，在实测数据的基础上，采用函数近似的方法，求得符合量测规律而又未实测到的数据。

5.5.2 信息反馈程序

施工过程中进行的监控量测是信息化施工的基础，具有重要作用，在隧道工程施工过程中进行现场监控量测，及时获取围岩与支护结构的动态信息，并反馈于修正支护参数与施工措施，以期达到安全与经济合理的目的，这是关于信息化设计与施工的实质。经过多年实践总结，监测反馈程序不断发展与完善，施工监测信息反馈工作流程如图 5-21 所示。

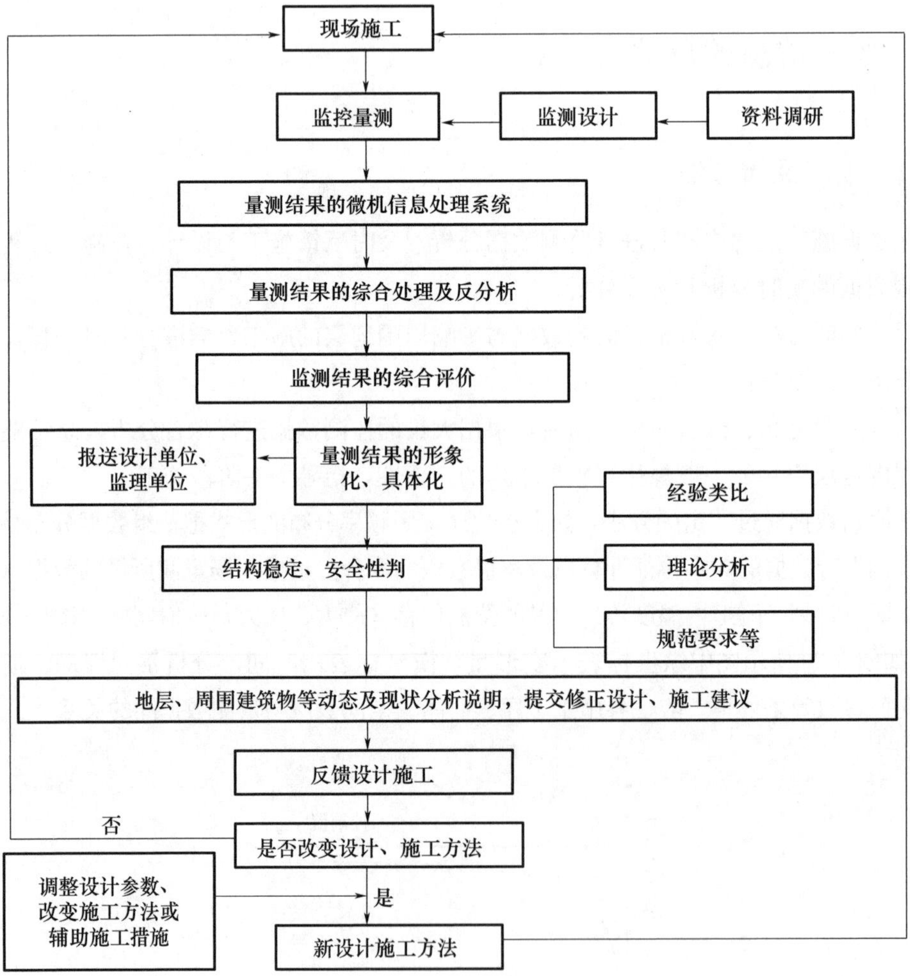

图 5-21　监测信息反馈工作流程

【知识归纳】

1. 根据信息类型的不同，隧道工程的监测内容可分为目测观测、位移监测和受力监测三类；为提高施工监测效率，又可将监测内容分为必测项目、选测项目和检测项目。

2. 隧道工程地质和支护状况观察中，常用到的仪器有地质罗盘仪、地质锤、放大镜、数码相机和卷尺等；隧道周边收敛位移一般采用收敛计进行量测；隧道拱顶下沉和地表沉降一般采用精密水准仪进行量测；隧道围岩内部位移一般采用振弦式多点位移计进行量测；锚杆轴力的常用量测仪器为锚杆应力计；围岩与支护结构间接触压力的常用量测仪器为振弦式土压力计；喷射混凝土层、二次衬砌和钢支撑的应力、应变的常用量测仪器有振弦式喷层应力计、振弦式钢筋应力计、振弦式混凝土应变计和振弦式表面应变计等。振弦式传感器是隧道工程监控量测中的常用仪器。

3. 在隧道工程施工过程中进行现场监控量测，应及时获取围岩与支护结构的动态信息，并反馈于修正支护参数与施工措施，以期达到安全与经济合理的目的。

【独立思考】

1. 隧道工程监测中的必测项目和选测项目分别有哪些？
2. 简述隧道周边收敛位移的常用监测仪器和监测方法。
3. 简述隧道拱顶下沉的常用监测仪器和监测方法。
4. 简述隧道围岩内部位移的常用监测仪器和监测方法。
5. 简述隧道受力监测的内容、常用监测仪器和监测方法。
6. 简述隧道围岩变形等级管理方法。

【参考文献】

[1] 王后裕，陈上明，言志信，等．地下工程动态设计原理［M］．北京：化学工业出版社，2008.
[2] 夏才初，李永盛．地下工程测试理论与监测技术［M］．上海：同济大学出版社，1999.
[3] 彭立敏，刘小兵．隧道工程［M］．长沙：中南大学出版社，2009.
[4] 雷坚强．测微器水准仪在隧道拱顶下沉量测中的应用［J］．现代隧道技术，2012，49（1）.
[5] 宰金珉．岩土工程测试与监测技术［M］．北京：中国建筑工业出版社，2008.
[6] 李晓红．隧道新奥法及其量测技术［M］．北京：科学出版社，2002.

6　声波测试技术

【内容提要】

本章着重介绍声波测试的基本理论、测试仪器的工作原理、测试方法及在岩土工程中的应用等。

【能力要求】

通过本章的学习，学生应了解声波测试的基本原理，学会测试仪器的操作方法，掌握声波测试的基本方法，并能对测试数据进行分析处理。

6.1　概述

近年来，大型岩土地下工程结构物越来越多，规模也越来越大。如何定量地或准定量地测定和了解施工前后岩体结构的完整性和物理力学性质，为设计和施工提供可靠依据就显得尤为重要。

国外于20世纪60年代末期即在岩体测试中应用了声测技术，从而形成了“岩石声学”的专业学科。我国自20世纪70年代以来，铁路勘探设计部门就用声波测井进行地层对比，确定破碎带和软弱夹层。同时，在矿山、隧道、水利水电工程方面也相继开展了用声波测试确定围岩破碎带范围的研究，建筑部门也将声波测试技术用于混凝土的非破损性检测。可以预见，声波测试技术在地面和地下工程中将会得到更加广泛的应用。

声波测试技术是指研究声波在岩体等介质中的传播规律，探讨工程中的声波检测方法，利用声波确定岩体等介质的物理力学参数以及判断工程结构稳定性等问题的一系列技术。

由于它属于无损检测的方法，因此具有其他破损性试验方法不可比拟的优点，成为重要的工程检测手段之一。

6.2　声波测试的基本原理

6.2.1　基本概念

声波测试是以弹性波在介质中的传播理论为基础的。当波源在弹性介质中振动时，振动着的质点依靠其各部分之间的弹性联系，将振动能量传递给周围各质点，引起周围各质点的振动，即形成弹性波。

相邻两个波峰（或波谷）之间的距离叫作波长，用 λ 表示。波前进一个波长所需时间叫作波的周期，用 T 表示。周期的倒数称为波的频率，用 f 表示，则 $f=1/T$，单位为赫兹（Hz）。当频率在 20～20kHz 范围内时称为声波，它是听觉所能感知的范围；当频率低于 20Hz 时，称为次声波；高于 20kHz 时称为超声波。超声波的上限一般没有严格的规定，大都取决于超声发射器的性能，目前最高可达 500MHz。在声波探测技术中，习惯上把声波和超声波合在一起统称为声波。单位时间内振动在介质中传递的距离叫作波速，用 v 表示。波速 v 与频率 f 和波长 λ 之间的关系是 $v=\lambda f$。波速的大小取决于介质的性质。

根据质点的振动方向与波传播方向的关系，可把声波分为纵波和横波。若质点的振动方向与波的传播方向一致，称这种波为纵波，又称压缩波，常用 P 表示；若质点的振动方向与波的传播方向垂直，称这种波为横波，又称剪切波，常用 S 表示。由于气体和液体不能传递剪切力，所以在气体和液体中只有纯粹的纵波。

6.2.2　波动方程

声波在岩体中传播，一般说来，都服从基于弹性理论的胡克定律。这是因为，在声波测试过程中，波动施加到岩体上的外力很小，且短暂，故岩体表现为弹性性质。因此，可依据弹性理论导出纵横波的运动方程。

假设在无限的均匀弹性介质内，有弹性波传播，按直角坐标系取一微小单元体，其边长分别为 dx、dy、dz，各面上的应力分量如图 6-1 所示。

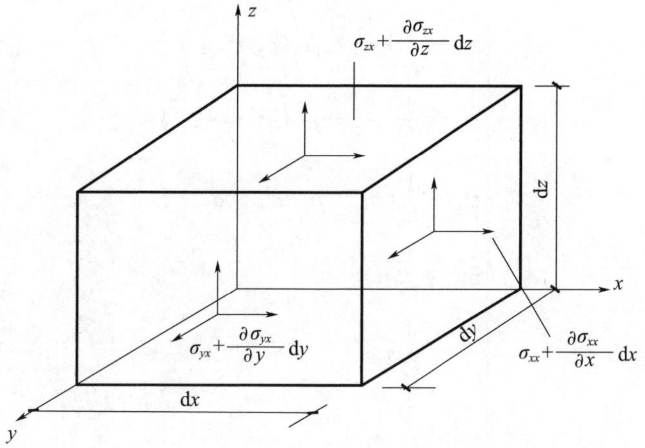

图 6-1　作用于无限均匀弹性介质微小单元上的应力

将作用于单元体上的所有力投影于 x 轴，得微小单元在 x 轴方向的合力 F_x 为：

$$F_x=\left(\sigma_{xx}+\frac{\partial\,\sigma_{xx}}{\partial\,x}\mathrm{d}x\right)\mathrm{d}y\mathrm{d}z-\sigma_{xx}\mathrm{d}y\mathrm{d}z+\left(\sigma_{yx}+\frac{\partial\,\sigma_{yx}}{\partial\,y}\mathrm{d}y\right)\mathrm{d}x\mathrm{d}z-$$

$$\sigma_{yx}\mathrm{d}x\mathrm{d}z+\left(\sigma_{zx}+\frac{\partial \sigma_{zx}}{\partial z}\mathrm{d}z\right)\mathrm{d}x\mathrm{d}y-\sigma_{zx}\mathrm{d}x\mathrm{d}y \tag{6-1}$$

简化后得：

$$F_x=\left(\frac{\partial \sigma_{xx}}{\partial x}+\frac{\partial \sigma_{yx}}{\partial y}+\frac{\partial \sigma_{zx}}{\partial z}\right)\mathrm{d}x\mathrm{d}y\mathrm{d}z \tag{6-2}$$

微小单元在 y 方向和 z 方向上作用力之和也可写成类似的方程。

假设单元体在 x 方向的位移为 u，运动时间为 t，单元体质量为 $\rho\mathrm{d}x\mathrm{d}y\mathrm{d}z$，则由牛顿第二定律，$x$ 方向的力又可表示为：

$$F_x=\rho\mathrm{d}x\mathrm{d}y\mathrm{d}z\frac{\partial^2 u}{\partial t^2} \tag{6-3}$$

于是可得

$$\rho\frac{\partial^2 u}{\partial t^2}=\frac{\partial \sigma_{xx}}{\partial x}+\frac{\partial \sigma_{yx}}{\partial y}+\frac{\partial \sigma_{zx}}{\partial z} \tag{6-4}$$

同理

$$\rho\frac{\partial^2 v}{\partial t^2}=\frac{\partial \sigma_{yx}}{\partial x}+\frac{\partial \sigma_{yy}}{\partial y}+\frac{\partial \sigma_{zy}}{\partial z} \tag{6-5}$$

$$\rho\frac{\partial^2 w}{\partial t^2}=\frac{\partial \sigma_{zx}}{\partial x}+\frac{\partial \sigma_{zy}}{\partial y}+\frac{\partial \sigma_{zz}}{\partial z} \tag{6-6}$$

式中 v——单元体沿 y 方向的位移；

w——单元体沿 z 方向的位移；

ρ——单元体的密度。

式（6-4）、式（6-5）和式（6-6）是以应力表示的弹性波的运动方程式。

根据弹性理论的胡克定律，应力与应变关系为：

$$\begin{cases}\varepsilon_{xx}=\frac{1}{E}[\sigma_{xx}-\mu(\sigma_{yy}+\sigma_{zz})]\\ \varepsilon_{yy}=\frac{1}{E}[\sigma_{yy}-\mu(\sigma_{xx}+\sigma_{zz})]\\ \varepsilon_{zz}=\frac{1}{E}[\sigma_{zz}-\mu(\sigma_{xx}+\sigma_{yy})]\\ \varepsilon_{xy}=\frac{1}{G}\sigma_{xy}\\ \varepsilon_{yz}=\frac{1}{G}\sigma_{yz}\\ \varepsilon_{zx}=\frac{1}{G}\sigma_{zx}\end{cases} \tag{6-7}$$

式中 E——弹性模量；

μ——泊松比；

G——剪切模量。

应变与位移的关系为：

$$\left.\begin{aligned}
\varepsilon_{xx}&=\frac{\partial u}{\partial x}\\
\varepsilon_{xy}&=\frac{\partial v}{\partial x}+\frac{\partial u}{\partial y}\\
\varepsilon_{xz}&=\frac{\partial w}{\partial x}+\frac{\partial u}{\partial z}\\
\omega_{x}&=\frac{1}{2}\left(\frac{\partial w}{\partial y}-\frac{\partial v}{\partial z}\right)\\
\Delta&=\varepsilon_{xx}+\varepsilon_{yy}+\varepsilon_{zz}=\frac{\partial u}{\partial x}+\frac{\partial v}{\partial y}+\frac{\partial w}{\partial z}
\end{aligned}\right\}\tag{6-8}$$

式中　w_x——沿 x 轴方向的旋转分量；

　　Δ——体积应变（又称体膨胀）。

将式（6-8）中第 5 式与式（6-7）中 1～3 式联立得：

$$\Delta=\frac{1-2\mu}{E}\left(\varepsilon_{xx}+\varepsilon_{yy}+\varepsilon_{zz}\right)\tag{6-9}$$

由弹性理论知，弹性模量 E 和拉梅常数 λ 可分别表示为：

$$\begin{cases}E=2G\left(1+\mu\right)\\ \lambda=\dfrac{2G}{1-2\mu}\end{cases}\tag{6-10}$$

于是式（6-7）可化为：

$$\left.\begin{aligned}
\sigma_{xx}&=2G\varepsilon_{xx}+\lambda\Delta\\
\sigma_{yy}&=2G\varepsilon_{yy}+\lambda\Delta\\
\sigma_{zz}&=2G\varepsilon_{zz}+\lambda\Delta\\
\sigma_{xy}&=G\varepsilon_{xy}\\
\sigma_{yz}&=G\varepsilon_{yz}\\
\sigma_{zx}&=G\varepsilon_{zx}
\end{aligned}\right\}\tag{6-11}$$

将式（6-11）代入式（6-4）得：

$$\rho\frac{\partial^2 u}{\partial t^2}=\frac{\partial}{\partial x}\left(\lambda\Delta+2G\varepsilon_{xx}\right)+G\frac{\partial\varepsilon_{xy}}{\partial y}+G\frac{\partial\varepsilon_{zx}}{\partial z}\tag{6-12}$$

将式（6-8）代入式（6-12）整理得：

同理

$$\left.\begin{aligned}
\rho\frac{\partial^2 u}{\partial t^2}&=\left(\lambda+G\right)\frac{\partial\Delta}{\partial x}+G\nabla^2 u\\
\rho\frac{\partial^2 v}{\partial t^2}&=\left(\lambda+G\right)\frac{\partial\Delta}{\partial y}+G\nabla^2 v\\
\rho\frac{\partial^2 w}{\partial t^2}&=\left(\lambda+G\right)\frac{\partial\Delta}{\partial z}+G\nabla^2 w
\end{aligned}\right\}\tag{6-13}$$

式中 $\nabla^2=\frac{\partial^2}{\partial x^2}+\frac{\partial^2}{\partial y^2}+\frac{\partial^2}{\partial z^2}$称为拉普拉斯算子。

式（6-13）所示为应变表示的弹性波的运动方程。对该式分别作 x、y、z 的偏微分，然后将结果相加并整理后得：

$$\frac{\partial^2\Delta}{\partial t^2}=\frac{\lambda+2G}{\rho}\nabla^2\Delta \tag{6-14}$$

显然，式（6-14）是对体膨胀 Δ 而建立的运动方程，它描述了以弹性体膨胀和压缩为表现形式的波动现象。因此式（6-14）常称为纵波的波动方程式。

为了说明纵波的波速特性，对式（6-14）作如下变换。

假定在岩体介质中取一点作为纵波的波源，则体膨胀 Δ 随时间 t 的变化规律为：

$$\Delta=\Delta_0\sin\phi t \tag{6-15}$$

式中 Δ_0——纵波的初始振幅；

ϕ——角频率。

则距波源为 r 点的体膨胀 Δ 为：

$$\Delta=\Delta_0\sin\phi\left(t-\frac{r}{v_P}\right) \tag{6-16}$$

式中 v_P——纵波的传播速度。

对式（6-16）分别作 t 和 r 的二阶偏微分

$$\begin{cases}\dfrac{\partial^2\Delta}{\partial t^2}=-\phi^2\Delta_0\sin\phi\left(t-\dfrac{r}{v_P}\right)=-\phi\Delta\\[2ex]\dfrac{\partial^2\Delta}{\partial r^2}=-\phi^2\dfrac{1}{v_P^2}\sin\phi\left(t+\dfrac{r}{v_P}\right)=-\phi^2\dfrac{1}{v_P^2}\Delta\end{cases} \tag{6-17}$$

将式（6-17）代入式（6-14）得：

$$-\phi^2\Delta=\frac{\lambda+2G}{\rho}\left(-\phi^2\frac{1}{v_P^2}\Delta\right) \tag{6-18}$$

于是

$$v_P=\sqrt{\frac{\lambda+2G}{\rho}} \tag{6-19}$$

由式（6-19）可见，纵波的传播速度 v_P 的大小，取决于介质的弹性常数及密度。传播特点表现为介质的压缩和膨胀。

为了进一步认识纵波的传播特点，引进体积压缩模量 K，$K=\lambda+\frac{2}{3}G$，则 $\lambda=K-\frac{2}{3}G$，将其代入式（6-19）中，于是纵波速度又可表示为：

$$v_P=\sqrt{\frac{3K+4G}{3\rho}} \tag{6-20}$$

从式（6-20）可以看出，纵波速度不仅与压缩模量 K 有关，而且与剪切模量 G 有关。因此，在纵波传递时，介质不是仅承受一个简单的拉伸和压缩，而是承受拉压和剪切的组合作用。可见，纵波速度可表征介质的强度及变形特征。

若将运动方程式（6-13）中第 2、3 式分别对 z 和 y 二阶偏微分，然后将两式相减得：

$$\rho\frac{\partial^2}{\partial t^2}\left(\frac{\partial w}{\partial y}-\frac{\partial v}{\partial z}\right)=G\nabla^2\left(\frac{\partial w}{\partial y}-\frac{\partial v}{\partial z}\right) \tag{6-21}$$

同理

$$\left.\begin{aligned}\rho\frac{\partial^2 w_x}{\partial t^2}=G\nabla^2 w_x\\ \rho\frac{\partial^2 w_y}{\partial t^2}=G\nabla^2 w_y\\ \rho\frac{\partial^2 w_z}{\partial t^2}=G\nabla^2 w_z\end{aligned}\right\} \tag{6-22}$$

将式（6-22）相加并整理得：

$$\frac{\partial^2 w}{\partial t^2}=\frac{G}{\rho}\nabla^2 w \tag{6-23}$$

式中 $w=w_x+w_y+w_z$ 称为旋转位移量。

用式（6-15）～式（6-19）同样的方法可推得：

$$v_S=\sqrt{\frac{G}{\rho}} \tag{6-24}$$

式中 v_S——横波传播速度。

可见，在无限介质中的S波传播时，质点受到的是扭转变形，速度 v_S 的大小受剪切模量控制。

为了把波的传播速度与介质的弹性参量更好的联系起来，把剪切模量 G 和拉梅常数 λ 表示为以下形式：

$$\begin{cases}G=\dfrac{E}{2(1+\mu)}\\ \lambda=\dfrac{\mu E}{(1+\mu)(1-2\mu)}\end{cases} \tag{6-25}$$

将式（6-25）分别代入式（6-20）、式（6-24），整理后得到纵波波速 v_P、横波波速 v_S 与介质弹性常数的关系为：

$$v_P=\sqrt{\frac{E(1-\mu)}{\rho(1+\mu)(1-2\mu)}} \tag{6-26}$$

$$v_S=\sqrt{\frac{E}{2\rho(1+\mu)}} \tag{6-27}$$

从式（6-26）和式（6-27）可以看出，若介质的弹性模量 E、泊松比 μ 及密度 ρ 一定，则介质的波速 v_P、v_S 就确定了。反之，若测出介质的波速 v_P、v_S，同时测定出介质的密度 ρ，就可方便地导出介质的弹性常数。表6-1给出波速与动弹性参数关系的表达式汇总表。

表6-1 波速与弹性参数之间的关系

序号	参数	公式
1	纵波波速 v_P	$v_P=\sqrt{\frac{\lambda+2G}{\rho}}=\sqrt{\frac{E(1-\mu)}{\rho(1+\mu)(1-2\mu)}}$

续表

序号	参数	公式
2	横波波速 v_S	$v_S=\sqrt{\frac{G}{\rho}}=\sqrt{\frac{E}{2\rho(1+\mu)}}$
3	纵横波速比 $\frac{v_P}{v_S}$	$\frac{v_P}{v_S}=\sqrt{\frac{\lambda+2G}{G}}=\sqrt{\frac{2(1-\mu)}{1-2\mu}}$
4	弹性模量 E	$E=\frac{\rho v^2{}_S(3v^2{}_P-4v^2{}_S)}{v^2{}_P-v^2{}_S}=\rho v^2{}_P\frac{(1+\mu)(1-2\mu)}{1-\mu}$
5	泊松比 μ	$\mu=\frac{(v^2{}_P-2v^2{}_S)}{2(v^2{}_P-v^2{}_S)}$
6	剪切模量 G	$G=\rho v^2{}_S=\frac{E}{2(1+\mu)}$
7	拉梅常数 λ	$\lambda=\rho(v^2{}_P-v^2{}_S)$

将介质的纵横波速度相除（如表 6-1 第 3 式），可看出 v_P/v_S 与介质的密度 ρ 和弹性模量 E 无关，而只与泊松比 μ 有关。对于大多数岩石来说，泊松比在 0.25 左右，若取 $\mu=0.25$，则由表 6-1 第 3 式得：

$$\frac{v_P}{v_S}=\sqrt{3}=1.73 \tag{6-28}$$

这个结果告诉我们，纵波速度 v_P 比横波速度 v_S 快，在实际测试工作中，它可以帮助我们识别横波的初值点或在已知 v_P 的情况下大致估算出 v_S 的近似值。

6.2.3 表面波

在各向同性的无限介质中，仅有纵波和横波两种类型的弹性波存在，但若介质存在一个或更多的介面，且介面两侧弹性性质不同，如固体与气体的交界面，则在介面附近就存在着称为表面波的波型，这种波由于受界面的“制导”，其质点振动时的振幅随着离开界面深度的增加而很快衰减，这种特性是纵波和横波所不具有的。

表面波有两种基本形式，一种是瑞利波（简称 R 波），它存在于介质径向垂直平面内，介质质点做椭圆形的逆进运动。另一种表面波是勒夫波（简称 L 波），主要出现在 P 波波尾后和 S 波波前的前面，L 波传播时介质质点在水平横向做剪切形运动，它是当半无限介质表面上至少覆盖一层表面层时才可能出现。下面仅介绍 R 波的一些主要特性。

1. 波速性质

R 波的波速 v_R 与纵波波速 v_P 及横波波速 v_S 有关，其关系满足下列方程。

$$\left(\frac{v_R}{v_S}\right)^6-\left(\frac{v_R}{v_S}\right)^4+\left[24-16\left(\frac{v_S}{v_P}\right)^2\right]\left(\frac{v_R}{v_S}\right)^2+16\left[\left(\frac{v_S}{v_P}\right)^2-1\right]=0 \tag{6-29}$$

我们知道，$v_P/v_S=2(1-\mu)/(1-2\mu)$，则由式（6-29）看出 v_R/v_S 值的大小仍取决于材料泊松比 μ 的大小。若仍取岩石泊松比 $\mu=0.25$，由式（6-29）解得 $v_R/v_S=0.9194$，即 R 波的波速 v_R 为横波波速 v_S 的 0.9194 倍，同时为纵波波速 v_P 的 0.525 倍。其波序可直观地用图 6-2 表示。

2. 能量性质

位于各向同性半无限介质表面振动的振源沿表面传播时，P 波、S 波、R 波 3 种波所占能量的相对比例分别约为 7％、26％、67％，也就是说 R 波是最强的波，但 R 波的能量主要分布在介质表面附近的一个区域内，强度随深度的增加衰减很快，且频率越高，衰减越快（图 6-2）。

6.2.4 声波传播过程中的特殊现象

声波在传播过程中，当遇到两种不同弹性介质的介面或其他障碍物时，会产生各种特殊现象，如反射、折射、绕射等。这些波改变了原来波的传播方向，并使波的传播时间、振幅、振相等特性发生变化。为了有效地进行介质结构分析，下面介绍几种常见的特殊波现象及形成的物理机制和特点。

1. 声波的反射与散射

声波的反射同光的反射一样，当声波传播过程中遇到不同弹性介质的界面时，波在两种介质的分界面处有一部分能量穿入第二种介质，一部分则返回入射介质，把入射到介质分界面处的波称为入射波，经介质的介面返回入射介质的波称为反射波。声波的反射服从反射定律，即入射波线、反射波线和经过反射点 s 的介面法线在同一介质平面内，此平面垂直于界面（称为射线平面），入射线和反射线分别在法线两侧，且入射角 α 等于反射角 α'（图 6-3）。

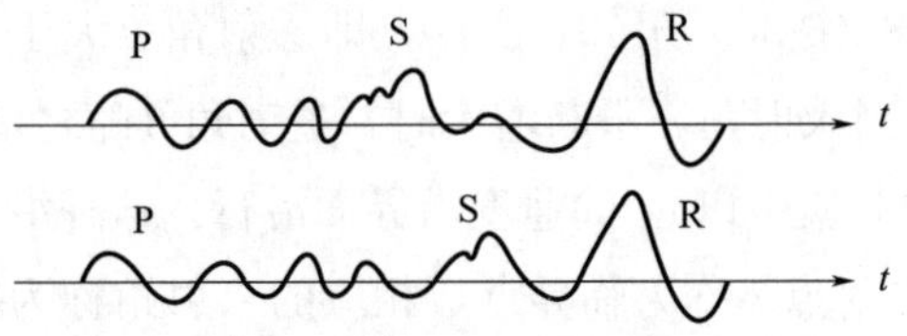

图 6-2　P 波、S 波、R 波传播次序

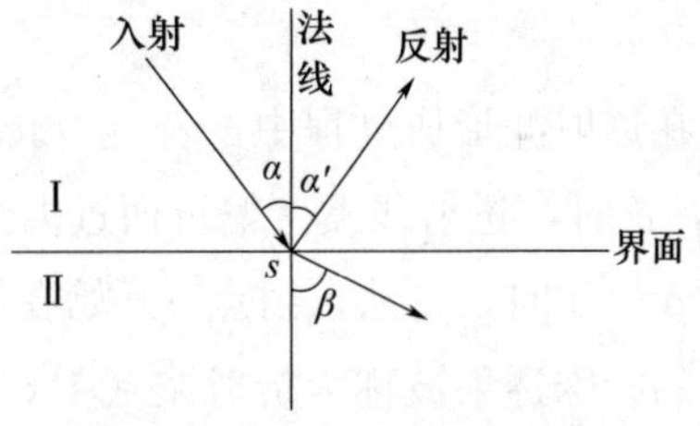

图 6-3　声波的反射与透射现象

反射波形成的必要条件是介质分界面两边存在波阻抗差。波阻抗是介质密度 ρ 与波在介质中传播速度 v 的乘积。即

$$Z=\rho v \tag{6-30}$$

式中　Z——波阻抗。

若第一层介质的密度为 ρ_1，波速为 v_1，第二层介质的密度为 ρ_2，波速为 v_2，介质的波阻抗差 ΔZ 为：

$$\Delta Z=\rho_2 v_2-\rho_1 v_1 \tag{6-31}$$

引入反射系数

$$C_f=\frac{\rho_2 v_2-\rho_1 v_1}{\rho_1 v_1+\rho_2 v_2} \tag{6-32}$$

式中　C_f——反射系数。

则反射波能量

$$A_r = C_f A_0 = \frac{\rho_2 v_2 - \rho_1 v_1}{\rho_1 v_1 + \rho_2 v_2} A_0 \tag{6-33}$$

式中　A_r——反射能量；

A_0——入射波能量。

由式（6-33）可见，反射波的能量与反射系数和入射波的能量成正比。反射波的相位取决于波阻抗差的正负，当 $\rho_2 v_2 - \rho_1 v_1 > 0$ 反射波具有正相位（波形向上起波）；当 $\rho_2 v_2 - \rho_1 v_1 < 0$ 时，反射波具有负相位（波形向下起波）。

一般说来，反射界面应具有一定的平滑度，即界面上小曲率半径应该和声波波长有很大差异，曲率半径和波长比越大，反射波越集中，得到的反射波强度也越大。

当反射介面凸凹不平时，反射波会产生波前扩散，造成反射能量不集中，这种现象称为波的散射（图 6-4）。由于波的散射特性，当靠近介质裂隙、断裂带时，反射波波形非常复杂，有时甚至难以追踪反射界面，对于声波测试来说，是一种严重的干扰现象，但也可以利用波的这种散射特性，了解介质内部破碎的程度，分析介质内部强度变化。

2. 声波的透射与折射

穿过波阻抗界面，在第二种介质中传播的声波称为透射波（图 6-3）。它的特点是入射角 α 的正弦与透射角 β（透射线与界面法线的夹角）的正弦之比等于入射波在入射介质中的传播速度 v_1 与波阻抗界面另一侧介质的波速 v_2 之比。即

$$\frac{\sin\alpha}{\sin\beta} = \frac{v_1}{v_2} \tag{6-34}$$

在透射波形成过程中，若 $v_2 > v_1$，由式（6-34）可知，$\beta > \alpha$，即透射角 β 大于入射角 α，这时，透射线发生偏折而远离法线，当入射角 α 不断增大时，透射角 β 随之增大，恰当 $\beta = 90°$ 时，将从入射点 s 开始在第二种介质中以 v_2 的速度沿界面滑行。这种沿界面滑行的特殊透射波称为折射波（图 6-5）。入射点 s 称为临界点，相应的入射角称为临界角，记作 α_i，显然有

$$\sin\alpha_i = \frac{v_1}{v_2} \tag{6-35}$$

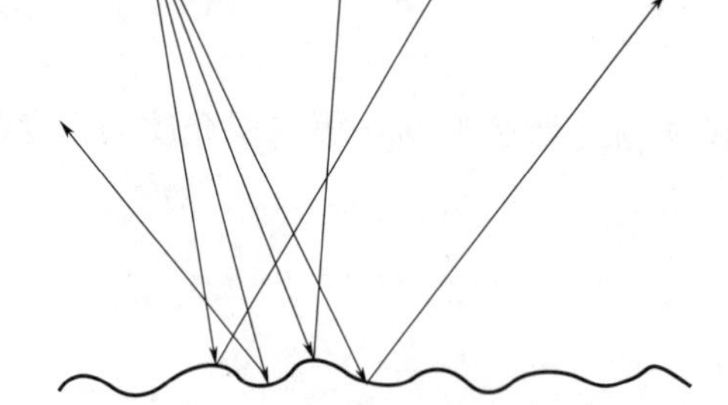

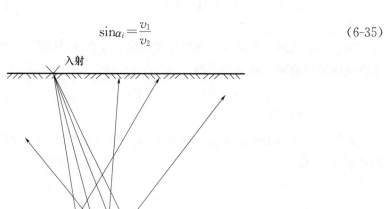

图 6-4　声波的散射现象

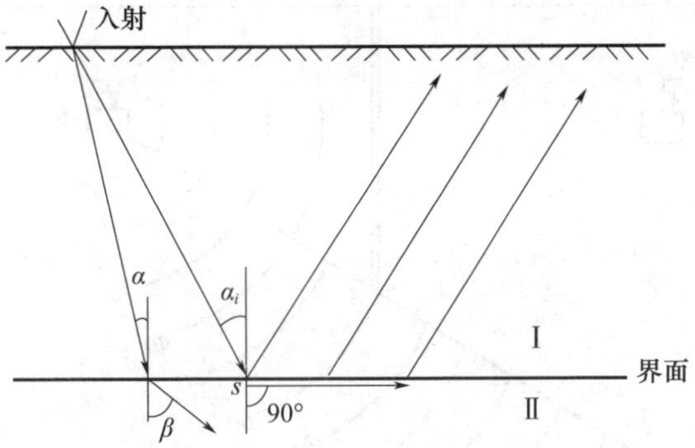

图 6-5　声波的折射现象

滑行波在第二种介质中的传播速度大于在第一种介质中的传播速度，并在两种介质的介面上形成一系列新的振源，使滑行波经第一种介质返回岩体表面。这时，在第一种介质面上就可接收到沿高速层滑行传播的折射波。

折射波具有如下特性：

(1) 折射波在两种介质的波速差不超过 5%～10%时，可以获得最大的强度。当波速差很小时，入射能量大部分成为透射能量而继续在下层介质中传播；当波速差很大时，在两种介质分界面处，将发生强烈的几乎带有入射波能量的反射波，所以折射波就很弱。

(2) 折射波的衰减不仅与在介质中的传播距离有关，而且与界面的光滑程度有关。在不光滑的岩体介面上，折射波的能量会迅速地衰减。研究表明，折射波是在下层介质表面三个主频波长范围内传播，即折射波入射深度等于 3λ。因此，当界面光滑程度小于 3λ 时，其影响不明显。

(3) 折射波只能在离开发射点一定距离以外接收到，也就是说，折射波存在一个盲区。其盲区范围与折射面的埋藏深度成正比，与折射层和入射层的波速差（v_2-v_1）成反比。若适当选择发射和接收之间的距离，就可以排除上层介质中直达波、反射波以及介质不均匀性产生的各种杂波的干扰，以首波出现在整个波序的最前部，故折射波又称首波。对折射波可以在某个观测段上进行有效的追踪，从而可准确地测定高速层的纵波波速。

3. 声波的绕射

声波在传播过程中，遇到反射系数很大而不能穿透的障碍物时，会发生弯曲或者说离开直线传播的现象，这种现象称为声波的绕射。如图 6-6 所示，当入射波波前触到障碍物边缘 A 点时，将形成新的振源，出现一系列绕过障碍物的扰动波，扰动波绕过障碍物后，继续向前传播。若在绕射区内布置接收点测定声波参数，可发现声波走时明显增长，且经过转换后的绕射波能量衰减很大，振幅较直达波明显下降。因此，在声波探测技术中，利用声波的绕射特性可有效地研究岩体的裂隙、断裂以及混凝土结构内部较大的不均匀性包体等。

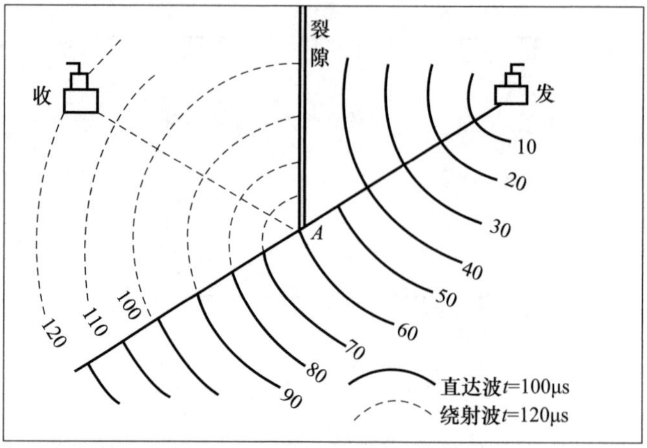

图 6-6 声波的绕射现象

6.2.5 岩体中声波的传播特性

由于岩体的非均质性、各向异性及非连续性，使声波在其中传播时的声学参数必然包含着各种因素的影响。大量的测试实践发现，岩体的物理力学性质、内部结构状况与波速、振幅、频率等都有密切的关系。

1. 波速与岩石密度的关系

根据日本学者大久保彪、寺崎晃等人的研究（图 6-7），波速 v_P 与岩石密度 ρ 的分布从整体来看，趋势是 v_P 随着 ρ 的增加而增加，当 $\rho \geqslant 2.5$ 时，v_P 按对数函数增加；当 $\rho < 2.5$ 时则按指数函数增加。大致可以说，$\rho \approx 2.5$ 是火成岩及变质岩、古生代及中生代的沉积岩坚硬岩石同新生代第三纪软弱岩石的分界值。坚硬岩石集中程度较好，软弱岩石较分散。一般说来，波速越高，岩石越致密。

2. 波速与岩石孔隙率的关系

波速与岩石孔隙率之间存在着一定的统计规律。岩石孔隙率越大，波速越低，对沉积岩尤为明显。图 6-8 为岩石的孔隙率与波速的关系。另外，根据威利（Wyllie）等人的研究结果，一般的孔隙率与波速之间存在下列关系：

$$\frac{1}{v} = \frac{\eta}{v_f} + \frac{1-\eta}{v_r} \tag{6-36}$$

式中 v——在岩石中的波速，m/s；

v_f——液体饱和孔隙后的波速，m/s；

v_r——岩石干燥状态下的波速，m/s；

η——岩石孔隙率。

3. 波速与含水率的关系

根据国内外学者的研究结果，含水量对波速的影响，其总的趋势是，当岩石强制干燥状态的波速 $v_d \geqslant 3.0$km/s（坚硬岩石）时，波速随含水量增加而增加；当 $v_d < 3.0$km/s

（软弱岩石）时，波速随含水量增加而降低。其原因是，对于坚硬岩石，当孔隙被水充填后，传导性增强，体积模量 K 增大，故波速增加。而对于软弱岩石，随着含水量增加，岩石中杂质矿物和黏土矿物发生化学或体积变化，从而导致波速降低。应当指出，由于岩石种类繁多，成分千差万别，要具体了解某类岩石的波速与含水率关系，必须根据具体条件进行实测研究，才能得出符合实际的结论。

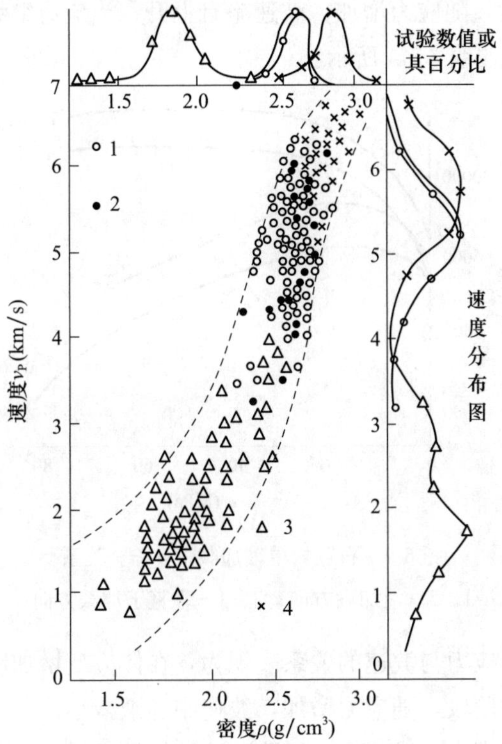

图 6-7　波速与岩石密度的关系

1—火成岩；2—沉积岩（古生代及中生代砂岩、板岩等）；3—沉积岩（新生代第三纪砂岩、泥岩等）；4—变质岩

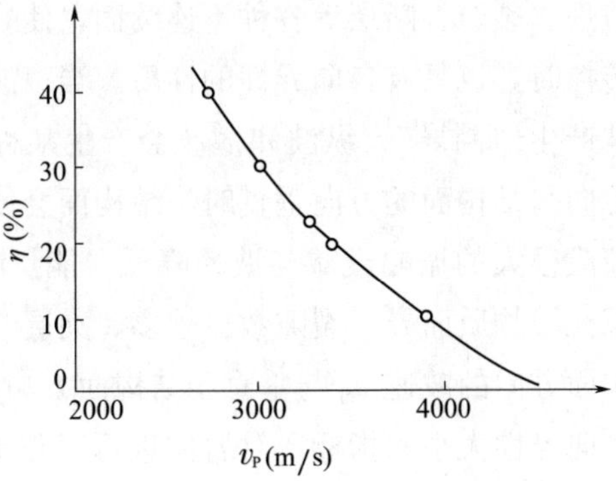

图 6-8　岩盐的波速与孔隙率的关系

4. 岩石应力对波速的影响

岩石在单向应力状态下，应力与波速的关系可分为沿加载方向和垂直于加载方向两种情况。沿加载方向上，加载初期，波速随应力增加而显著增加，这一现象对于层理和微裂隙发育的岩石十分明显。这个阶段由于岩石中层理、节理、裂隙的闭合，密度增大，导致弹性效应增加，波速增大；当应力超过某一限度后，岩石进入弹塑性或塑性变形阶段，波速增加变缓，有时还会出现波速下降现象（图 6-9）。垂直加载方向的测定结果表明，加载初期阶段，随应力增加，波速略有上升；当应力继续增加时，波速反而会逐渐下降，如图 6-9 中曲线 3、4 所示。

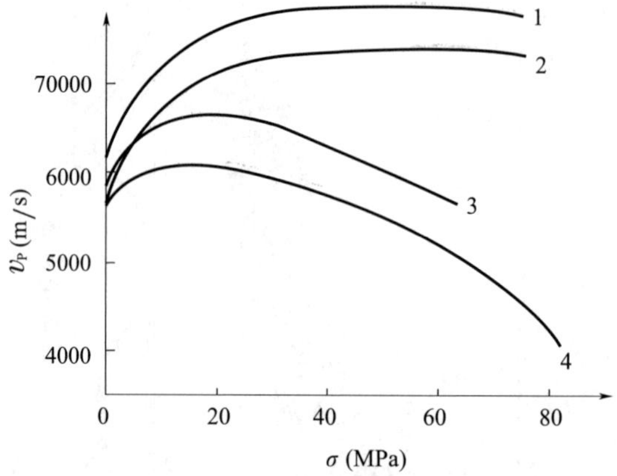

图 6-9　石灰岩单轴加载下 σ - v_P 关系

1、2—沿加载方向；3、4—垂直于加载方向

三维应力状态下，应力与波速的关系表现为，在体应变增加阶段，随应力增加，波速增大；在体应变减小阶段，随应力增加，波速则逐渐减小。

在岩体弹性变形范围内，进行应力解除试验，结果显示，应力解除后各种岩石的波速都有不同程度的下降。如某水文队在壁槽内试验时，测得垂直槽走向测线波速降低 20%，平行槽走向测线波速降低 10%。

5. 岩体结构面对声速的影响

岩体存在的层理、节理、裂隙、断层等各种不连续面，使岩体表现出明显的各向异性，因而声波在岩体中传播时，也具有各向异性的性质。当声波的传播方向与结构面方向一致时，结构面对声波产生“制导”，纵波和横波会产生某种程度的波型转换，且波速较高。当声波的传播方向与结构面的方向垂直时，结构面会使波产生反射、折射、绕射和能量吸收等，因而造成很大的振幅衰减与波速降低。能量吸收和波速降低的程度，依其结构面性质、宽度及充填物质而异。裂隙数目越多，夹层厚度越大，波速越低。在工程中，常用平行于结构面方向的波速 $v_{\parallel}$ 与垂直于结构面方向的波速 $v_{\perp}$ 之比（各向异性系数）作为衡量岩体各向异性大小的指标，对岩体进行工程地质评价。表 6-2 列出了一些岩石不同方向的声速测定结果。

表 6-2　岩石不同方向上的声速测定结果

岩性	波速		波速各向异性系数
	垂直层理 $v_{\perp}$ (m/s)	平行层理 $v_{\parallel}$ (m/s)	$v_{\parallel}/v_{\perp}$
石灰岩	3620	5540～6060	1.53～1.67
中粒砂岩	1550～1830	2400～2540	1.39～1.55
石英砂岩	3660	4420	1.21
黏土岩	3000～3400	3500～3800	1.12～1.3

6.3　声波探测仪与换能器

6.3.1　声波探测仪的类型和特点

用来进行岩石、混凝土等介质声学参数测试的专用仪器称为岩石声波参数测定仪。按仪器发射振源的不同，可把声波探测仪分为锤击式、电火花式和压电式 3 种类型；按仪器的显示方式不同，又可分为数字显示型和数字示波结合型。下面按显示方式不同分别介绍各类仪器的特点。

1. 数字显示型

数字显示型只能测量纵波的传播时间 t_P，测井专用声波仪可直接显示两个换能器所测的时间差 Δt_P。该类型仪器的优点是测试时操作人员只须考虑测试过程是否正常，就可直接记录（也可用数字打印机自动记录），它可加快测试速度，减少人为的读数误差。另外，数字显示型无示波器，因而无高压电路，易于实现防爆要求，且电路设计简单、结构小巧、耗电量小、携带方便。目前在煤矿井下巷道中测量围岩应力及松动范围等广泛应用的即属这种类型。但它的缺点是关门电平难以控制，过高会使关门滞后，过低则较大的噪声及干扰都将会产生误关门，影响测试精度。

2. 数字示波结合型

数字示波结合型是将接收到的声波信号经放大后在示波器上将波形显示出来，波前走时由操作人员转动仪器“标刻”，使“游标”对准被测波前沿（即初至点），游标脉冲信号作为关门信号，这时，数码管即显示出声波走时。可见，该类型仪器不仅可以测声时，还可以观测波形，研究声波传播过程中波谱及能量的变化。它提供的信息量大，是目前声波测试中使用最多、用途最广泛的仪器类型。

6.3.2　声波探测仪的基本原理

目前，国内外研制的声波探测仪种类很多，性能各异，但基本原理却大同小异。一般均由发射系统、接收系统、显示系统和电声—声电转换系统组成（图 6-10）。其基本原理是，发射系统电子线路产生电脉冲信号，加到发射换能器上，由发射换能器把电脉冲信号转换成一定频率的机械振动（即声波），经被测介质传播后，由接收换能器将携带有被测介质信息的声波转换为电脉冲，接收系统对这一微弱的电信号进行放大等处理后由显示系统显示出声波经被测介质传播的波形及走时。为了进一步说明声波探测仪的基本原理，下面以常用的SYC-2型岩石声波参数测定仪为例介绍仪器的组成及性能指标。

图6-10　声波测试基本原理

1. 发射机

发射机是由矩形脉冲触发电路、电流放大、脉冲放大等电路组成，发射脉冲幅度分为两档，连续可调80～1000V，脉冲宽度5～100μs，它是一个以单稳为核心，外加两极放大构成的电路。其特点是输出功率大，测距远。这对现场测试辨认横波、纵波波形有重要意义。发射机工作靠接收机同步输出插孔来“同步信号”触发“单稳”输出一个宽度可调的矩形脉冲，经射极跟随器的电流放大，加到功率放大器BG上，于是BG导通，这时已被高压充电的电容器C_1和换能器静态电容C_0开始放电，因而产生一个矩形冲脉，加在换能器晶体上，使压电晶体振动。同步信号过后，BG截止，又开始C_1和C_0的充电过程，如此周而复始，就会在压电晶体上产生一系列的机械振动（图6-11）。

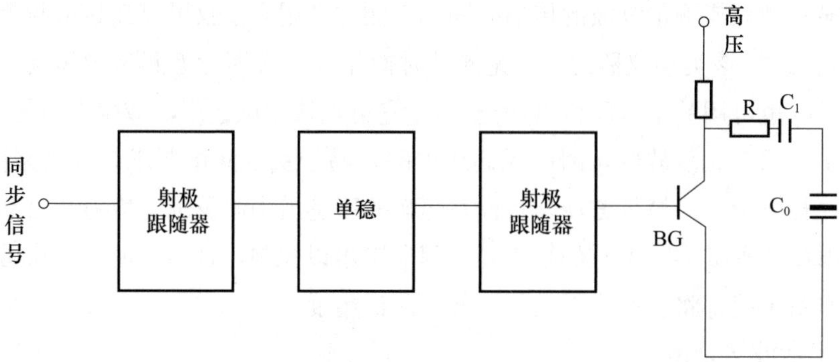

图6-11　发射机工作原理

2. 接收机

接收机由多谐振荡器、双线触发延时、发射延时、扫描延时、扫描电路、计数器、标刻电路、接收放大器等组成。全机由多谐振荡器控制工作，每个周期有一触发信号输出，称为“双线触发信号”，它同时控制“发射延时”和“扫描延时”工作。发射延时将双线触发信号延时一段时间后输出给发射机，让发射机工作。同时计数器开始计数，这样便于观测声波的传播时间。扫描延时是将锯齿波扫描经适当延时，以保证在大距离声波穿透时等待声波到达接收点再进行扫描，以增加接收机的测量范围。扫描的作用是每当同步信号加到示波管水平偏转板上时，电子束做水平方向扫描。标刻单稳电路由多圈电位器调节，使单稳宽度变化2ms，标刻信号经放大后呈现在荧光屏上为一正尖脉冲，它在荧光屏上出现位置的时刻，即是计数器的关门时刻。也就是说，计数器上显示的读数是从发射时刻到标刻关门时刻的时间。接收放大器是宽频带放大器，其作用是把接收换能器送来的微弱电信号进行放大，然后加在示波管偏转板上，这样与扫描电路相配合，可在示波管上展示接收的电信号波形。图 6-12 所示为 SYC-2 型声波参数测定仪接收机工作原理框图。

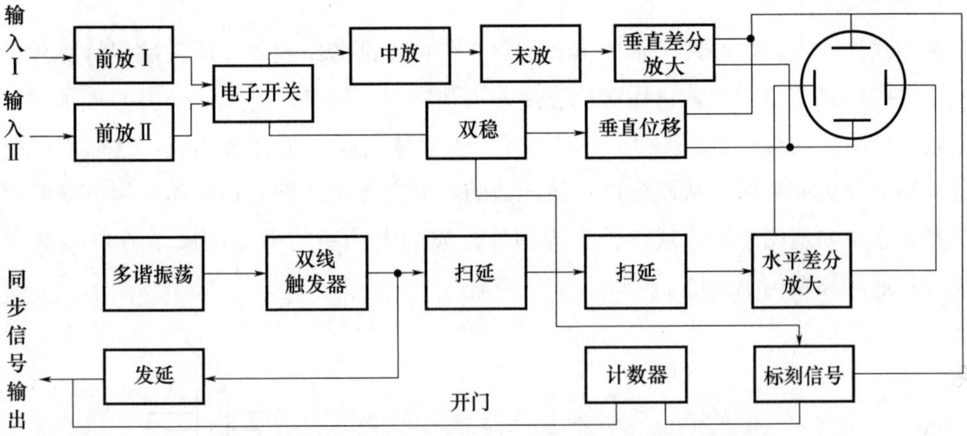

图 6-12　SYC-2 型声波参数测定仪接收机工作原理图

SYC-2 型声波岩石参数测定仪有内同步、外触发两种工作方式。内同步工作方式是指发射由同步信号控制，以发射探头为声波振源；外触发工作方式则是以外加触发信号作为声波振源，如锤击等。在外触发工作状态下，发射机的选择开关应放在无输出位置，并将发射换能器接入“外触发”的插孔内，发射换能器起拾取外触发信号的作用。外触发的触发点应在发射换能器与接收换能器的延长线上。

6.3.3　声波换能器

声波换能器是能将电能转换成声能，或将声能转换成电能的一种声电能量转换器（俗称探头）。把电能转换成声能的转换器称为发射换能器；把声能转换为电信号的换能器称为接收换能器，它是声波测试仪器必不可少的部件。

根据工作原理的不同，可把换能器分为压电式、磁致伸缩式等。目前岩体声波测试中多采用压电式。因此，下面简要介绍压电式换能器的原理、种类及结构特点。

压电式换能器的最基本元件是压电元件，它是用具有压电效应的材料制成。压电材料一般有压电晶体和压电陶瓷两大类，声波测试中几乎全部采用压电陶瓷。

压电陶瓷是一种铁磁体，具有压电效应。在施加一个较小的交变电场时，能随交变电场方向的变化产生伸长和缩短，即引起机械振动。另外，压电陶瓷还具有逆压电效应，也就是说，当外力以某一频率作用其上时，将在压电材料两极产生电场，电场变化频率与应力作用频率相一致，这即是发射和接收换能器的工作原理。

压电式换能器结构形式多种多样，在非金属材料声波测试中常用的有如下几种。

1. 弯曲式换能器

弯曲式换能器是由一片黏结在辐射体（外壳）上的压电晶片组成，其结构如图 6-13 所示。振荡电流激发晶片在厚度方向上产生弯曲振动，向介质发出声波。它的特点是结构简单、轻便，在低频（15～20kHz）时体积小，灵敏度高，但由于晶片系直接粘贴，故强度较低，不能作大功率发射使用。一般适用于岩体或岩石试件的平面测试。

2. 夹心式换能器

夹心式换能器是由晶片、辐射体及配重 3 个主要部分组成，先用粘贴剂将晶片与电极片、辐射体黏结在一起，再用螺栓连接并加预应力，使其结合成一个夹心振子，能够承受较大功率。配重一般是由 45 号钢制成；辐射体由硬质铝合金制成，这样使声能大部分向辐射体方向辐射，从而提高了换能器的可靠性和稳定性。辐射体可制成喇叭形或圆柱形。它主要适用于岩体或混凝土等固体介质的大功率的平面测试。图 6-14 为喇叭形夹心式换能器结构示意图。

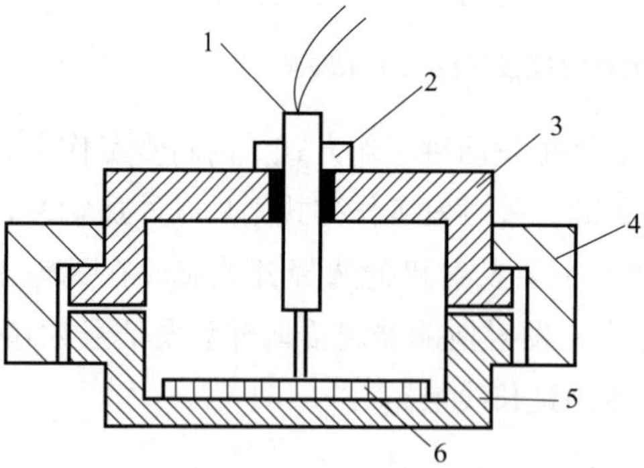

图 6-13　弯曲式换能器结构示意图

1—电缆；2—插座；3—上盖屏蔽罩；4—索环；5—辐射体；6—晶片

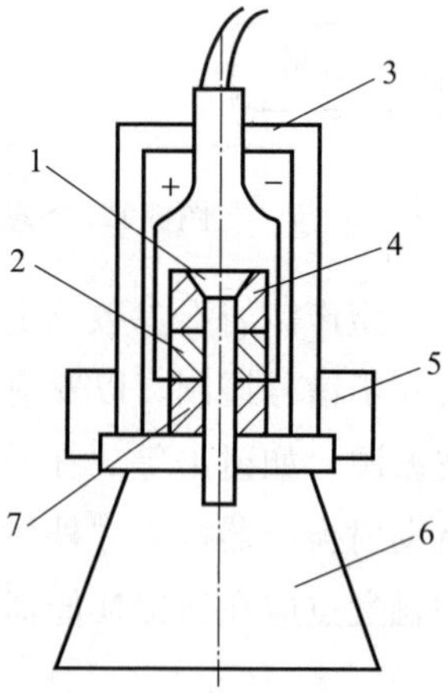

图 6-14　喇叭形夹心式换能器结构示意图

1—螺栓；2—电极片；3—屏蔽罩；4—配重；5—锁环；6—辐射体；7—晶片

3. 高频换能器

频率大于 100kHz 的换能器称为高预换能器，它采用锆钛酸铅压电晶片，外壳用铝合金材料制成，压电晶片后部充填有吸声材料，可使声波余能很快吸收，从而实现减小余振，缩小脉冲宽度，提高波形质量的目的。它主要用于小岩石试件的声学参数测试，结构如图 6-15 所示。

4. 横波换能器

它是将一种特殊的压电晶片装在铝合金外壳内制成的。这种特殊的压电晶片在交变电场的作用下，可以产生切向振动，因而可得到横波。目前横波换能器主要用于室内岩石试件的横波测试。由于液体和半液体耦合剂不能抵抗剪切力，所以横波换能器在使用时应用石蜡、水氧酸苯脂等可在常温下固化的物质作耦合剂。

5. 单孔换能器

单孔换能器是把发射和接收组合成一体的孔中测试专用换能器。有一发单收和一发双收两种。目前广泛使用的是一发双收单孔换能器。它主要用于测量井巷围岩松动范围及地质测井等。图 6-16 为一发双收单孔换能器结构图。发射和接收换能器均由环状陶瓷晶片制成，外层用玻璃钢及环氧树脂密封，换能器之间用尼龙管加工成隔声管连接。它具有功率大、接收灵敏度高、径向振幅均匀、组装方便等优点。

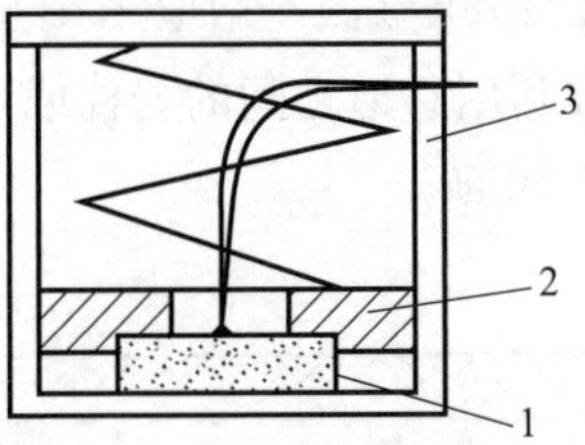

图 6-15 高频换能器结构示意图

1—晶片；2—吸声材料；3—外壳

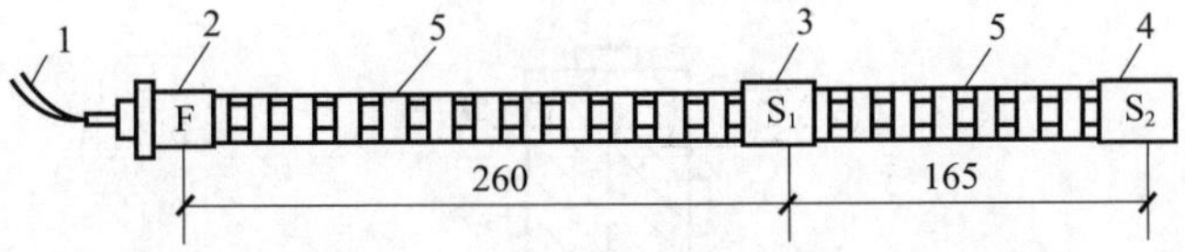

图 6-16 一发双收单孔换能器结构示意图（单位：mm）

1—电缆；2—发射换能器；3—接收换能器 1；4—接收换能器 2；5—尼龙隔声连管

除了上面介绍的几种常用换能器之外，还有用于承压试验的压力换能器；用于测定结构物厚度的测厚换能器；以及在特殊测试过程中应用的双孔换能器等。在实际工程测试中，应根据测试目的、要求、被测结构物形式、大小、材料性质等合理选配换能器种类及频率等，以取得良好的测试效果。

6.4 声波探测的基本方法

6.4.1 声波探测的工作方式

根据换能器与岩体的接触方式不同，可分为表面测试和孔中测试，根据发射和接收换能器的配制数量不同，可分为一发单收和一发多收；根据声波在介质中的传播方式不同又可分为直达波法、反射波法和折射波法 3 种。

1. 直达波法

直达波法是由接收换能器接收经介质直接传递，未经折射、反射转换的声波的测试方法，又称透射法。该方法能充分反映被测介质内部的情况，声波传递效率高，穿透能力强，传播距离大，可获得较反射波和折射波大几倍的能量，且波形单纯，干扰小，起跳清晰，各类波形易于视别。因此，在条件允许时，应优先考虑采用这种方式。直达波法又分表面直达波法和孔中直达波法两种。

（1）表面直达波法

发、收换能器布置在被测物表面的直达波测试法。当收发换能器布置在同一平面内时称为平透直达波法。平透直达波法测试时，收发射换能器之间的距离应小于折射波首波盲区半径，如图 6-17 所示。当换能器不在同一平面内设置时称为直透直达波法。室内岩石试件的声学参数测试不论加载与否，均应采用直透直达波法，如图 6-18 所示。在野外或井下工程测试中，一般利用巷道之间的岩柱或工程的某些突出部位在非同一平面相对设置收发换能器，如图 6-19 所示。

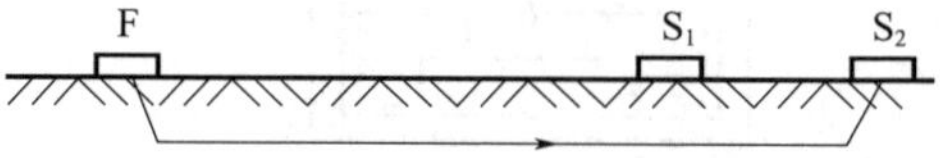

图 6-17　平透直达波法测试示意图

F—发射换能器；S—接收换能器

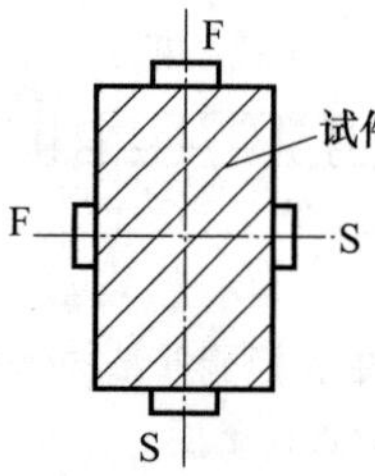

图 6-18　岩石试件直透直达波测试示意图

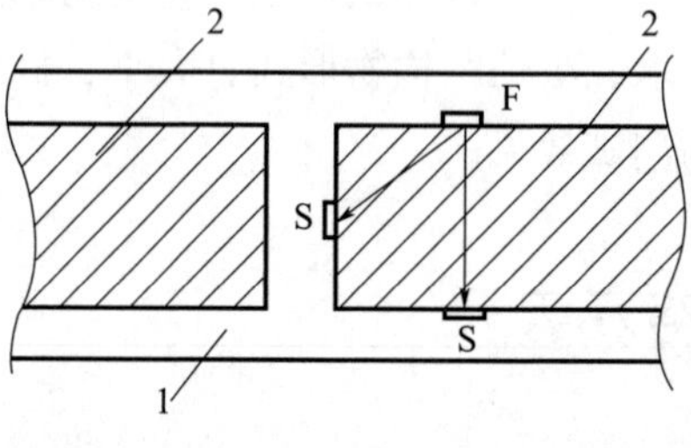

图 6-19　工程岩体直达波测试示意图

1—巷道；2—岩体；F—发射换能器；S—接收换能器

（2）孔中直达波法

将发射和接收换能器分别置于两个或两个以上钻孔中进行直达波测试的方法称为孔中直达波法。当被测物（如井巷岩壁）仅有一个自由面，且需要了解被测物内部声波参数变化情况时，可采用这种方法。在被测的结构物上打两个或两个以上的相互平行的钻孔，分别布置发射和接收换能器，如图 6-20 所示。观测时发收换能器从孔底（或孔口）每隔一定距离（10～20cm）同步移动，即可测出两换能器之间岩体不同剖面的波速与振幅的相对变化情况。

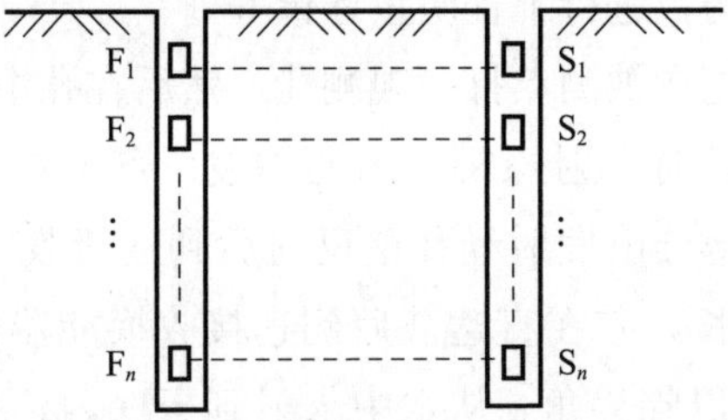

图 6-20　工程岩体直达波测试示意图

F_1，F_2，…，F_n—发射换能器的第 1、2、…，n 个测试位置；S_1、S_2，…，S_n—接收换能器第 1、2、…，n 个测试位置

测试用钻孔直径一般应比换能器直径大 8～15mm，钻孔深度根据测试目的不同而不同。测试围岩破碎松动范围时，钻孔深度一般以 2～3m 为宜。两钻孔之间的距离 1m 左右为宜。钻孔数目可根据测试目的、工程的重要程度等确定。钻孔布置可采用直线形布置，亦可采用圆环形、三角形等方式布置。

采用孔中直达波测试法时钻孔工作量大，特别是当钻孔深度大时，费工费时。另外，由于受钻孔设备及工艺水平的限制，很难保证两钻孔之间的平行，造成测距误差，影响测量精度。

2. 反射波法

反射波法是利用声波在介质中传播时遇到波阻抗面会发生反射的现象研究喷射混凝土厚度、岩层厚度以及围岩内部结构等的观测方法。反射波法测试时，被测结构往往只有一个自由面，换能器的布置应采用并置方式，如图 6-21 所示，换能器之间的距离应根据被测层厚度及波阻抗面的形状而定。测定反射波初至时，首先要确定反射波与直达波的干涉点。根据直达波与反射波的传播路线可知，反射波必然是在相应的直达波后到达接收点。从整个波序看，反射波是直达波的续至波，反射波的起波点是反射波波前与直达波波尾的干涉点。在实际测试过程中，由于介质的不均匀、节理裂隙的绕射、反射界面凹凸不平造成的波前散射等，往往使反射波的干涉点难以辨认。因此，反射波法测试的技术关键是反射波初至的视别。

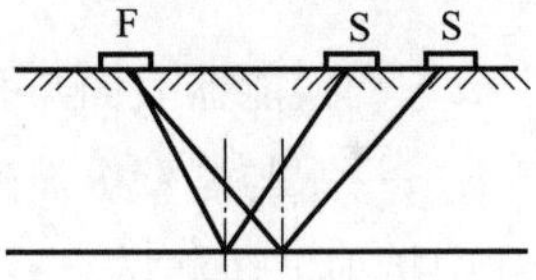

图 6-21　反射波测试法示意图

3. 折射波法

声波由观测界面到达高速介质并沿该介质传播适当距离后又折返回观测界面时称为折射波。折射波法是接收以首波形式出现的折射波的测试方法。它可分为平透折射波法和孔中折射波法。平透折射波法探头布置方式与平透直达波法相同，但接收换能器应布置在折射波首波盲区之外。这种测试方法常用来测试回采工作面超前支承压力影响范围等。孔中折射波法又称单孔测试法，它是将特制的单孔换能器放入钻孔中，接收通过岩壁的折射波，并沿钻孔延深方向逐段观测声波参数的变化，从而确定所通过地层的层

位、构造、破碎情况以及岩石的物理力学性质等。这种方法在工程中常用来测定井巷围岩破碎范围，查明围岩结构，进行工程质量评价等。

单孔折射波测试法首先在被测点打一观测孔，然后在孔中注满清水，以水作为探头与岩体之间的耦合剂，测试时发射探头发出的声波一部分沿钻孔中水传播至接收换能器，这部分为直达波；一部分由发射经孔壁反射后到达接收换能器，这部分为反射波，反射波传播路程较直达波长，它在直达波后到达接收换能器；另一部分是由于水和岩壁的波速差而产生的一束以临界角 α_i从水中入射到岩壁内传播的滑行波，在接收端又以 α_i角进入孔中的接收换能器，如图 6-22 所示。由于滑行波在途中是沿岩体传播的(深入岩体深度约 3λ)，波速与通过的岩层性质有关。若适当选择发射和接收换能器之间的距离（该距离称为源距），可使滑行波在直达波之前最先到达接收换能器成为首波。

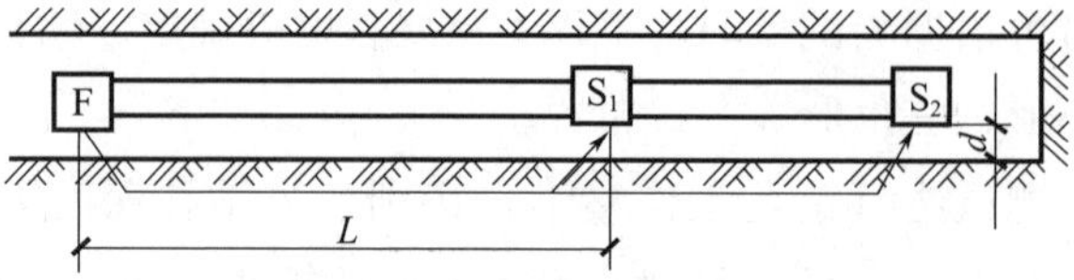

图 6-22　孔中折射波法示意图

保证折射波成为首波的最小源距 L_{min}可用下式计算。

$$L_{min}=2d\frac{1+K}{\sqrt{1-K}} \tag{6-37}$$

式中　d——换能器表面与孔壁的距离；

K——水与岩壁纵波速度之比，即 $K=v_{P水}/v_{P岩}$。

孔中折射波法测试有一发单收和一发双收两种，采用一发单收由于受耦合等因素的影响，计算声速相当麻烦。因此，目前单孔测试多采用一发双收。测试时首先读出接收一声（第一通道）时 t_{S_1} 及接收二声（第二通道）时 t_{S_2}，然后由下式计算波速 v_P。

$$v_P=\frac{l}{t_{S_1}-t_{S_2}} \tag{6-38}$$

式中　l——接收换能器 S_1与接收换能器 S_2之间的距离。

实践证明，在单孔测试中，纵波振幅对岩层的破碎情况及物理力学特性的变化反应较声速更灵敏。所以测定波速 v_P的同时，应观测振幅值的大小，这样，综合利用声速、振幅资料将会获得更准确的结果。

6.4.2　声波波形图的视别

声波测试中，波形图上包含了被测介质的全部信息，但由于介质条件的复杂性，声波仪器及分析手段还没有达到自动将全部信息提取、加工、处理的阶段。所以，视别和分析声波波形，正确测定各类波的初至、振幅、相位等在声波测试技术中就显得尤为重要。

波形的视别与分析是在测试工作一开始就应考虑的问题，且贯穿测试工作始终。如在选用换能器和确定换能器安放位置时，就应考虑突出有效波（即被测波）的振相，尽可能地抑制干扰波。其次，还要了解各类波的振相特点及其对比特性，从而保证测试结果的正确性。

1. 突出有效波的常用方法

（1）详细了解并掌握声波仪的性能，充分利用仪器的某些特殊设计。如改变脉冲宽度、输出电压及增益的大小等。

（2）熟悉换能器的声波指向性及其他特性。根据研究目的，适当选择发收换能器的类型，合理的安放位置、倾斜角度、组合方式等。如图 6-23 所示，P 波是压缩波，S 波是剪切波，所以图 6-23（a）中 P 波最强，图 6-23（b）中凸出了 S 波。

（3）适当选择发射及接收换能器的频率。由图 6-24 波形图发现，接收换能器的频率略低于发射换能器的频率时，收到的波形好一些。其原因是自然界的一切材料都有滤波性，发出的波经介质传播后，高频部分会被过滤掉，这时若仍用与发射同频的换能器接收，其频率响应就较差。因此，测试时应使接收换能器的频率略低于发射换能器的频率为宜。

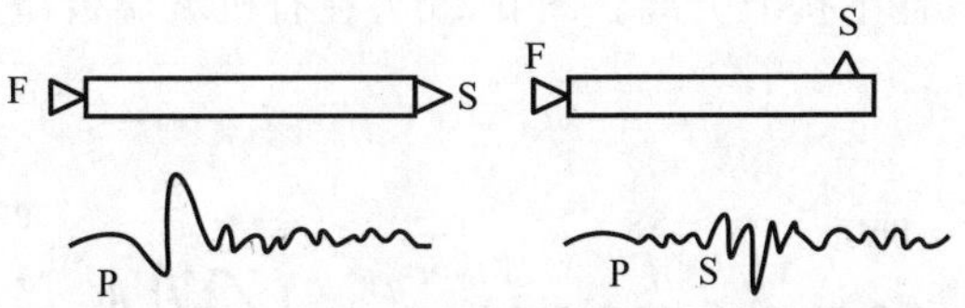

(a) 高频发射，高频接收；　(b) 高频发射，低频接收

图 6-23　不同换能器布置方式的波形图

图 6-24　不同接收频率时的波形特点

（4）改善探头与介质的耦合状况，提高换能器的声一电、电一声转换效率。

2. 纵波、横波波形震相识别及初至时间的测定

（1）纵波与横波的区别

① 波速大于横波的波速。在各向同性介质中有 $v_P=\sqrt{3}v_S$，因此，在波形图上，纵波总是在整个波序的最前列。

② 波的振幅 A_P 小于横波的振幅 A_S。其振幅比为 $A_P/A_S<5$，因而在波形图上明显可见横波振幅高于纵波振幅的现象。

③ 一般说，纵波的周期小于横波的周期。或者说，纵波的频率大于横波的频率。

（2）初至时刻的视别

① 纵波初至时刻的视别

在高频干扰不大时，适当放大增益和调节扫描宽度，即可使波形起跳干净、清晰、易于辨认；当纵波起跳点有高频成分时，可压缩扫描宽度，然后以高频包络线的中线与基准线的交点作为初至时刻；若波形起跳不明显时，可采取稍微移动探头位置、改变耦合条件的办法。

② 横波初至时刻的视别

a. 尽量减小放大器增益，使纵波几乎压缩到与水平基线重合的程度，这时，在波形图上就只能见到横波的振幅了，于是可大体确定横波的初动范围。然后逐步加大增益，观察动点与不动点的交点，一般情况下，可在横波的大振幅前找到周期、振幅、相位与纵波不同的点，该点即为横波振相的初至。

b. 抑制纵波延续时间，减少发射脉冲宽度和适当加大测试距离，使接收波形的余振短，纵横波能清晰地分辨。

c. 尽可能利用横波换能器进行横波测定。

3. 反射波初至时刻的视别

（1）合理选择发收换能器之间的距离。试验表明，反射波的强度不仅与反射界面性质等有关，而且与测试时发收换能器之间的距离有关，合理选择发收换能器之间的距离，可以使反射波与其他干扰波分离。图 6-25 为在有机玻璃板模型上发收距离 10cm 时实测的波形图。

(a) 空气反射波形　　(b) 铝板反射波形

图 6-25　实测反射波形图

PP—纵波入射，纵波反射的反射波初至；PS—纵波入射，横波反射的反射波初至；

SS—横波入射，横波反射的反射波初至

由图 6-25 可以看出，由于发收换能器之间的距离选择适当，PP 反射波在横波能量衰减后到达，这样，根据纵横波的速度特性就很容易辨认出 PP 反射区，同时，根据纵横波的频率以及波干涉特性即可确定出 PP 波初至。PS、SS 波初至也可根据同样方法视别。若发射和接收之间的距离选择不当，反射波出现在直达波的续至区内，辨认振相和初至将十分困难。

在实际工程测试中，要想把波形分离到图 6-25 所示的清晰程度是很困难的，但若发射接收距离选择适当，并缓慢移动发射或接收换能器，则可以使反射波有足够的强度与直达波的续至波干涉。图 6-26 所示为在 20cm 厚的混凝土板上，发收间距 10cm 时的实测波形图。模拟试验证明，当混凝土厚度在 20cm 左右时，发收之间的距离以 10cm 左右为宜。若距离过大，在高速的岩石界面反射情况下，可能出现滑行波干扰反射波的现象。

（2）使用多通道接收的声波仪，用同相轴相位追踪法辨认反射波初至。

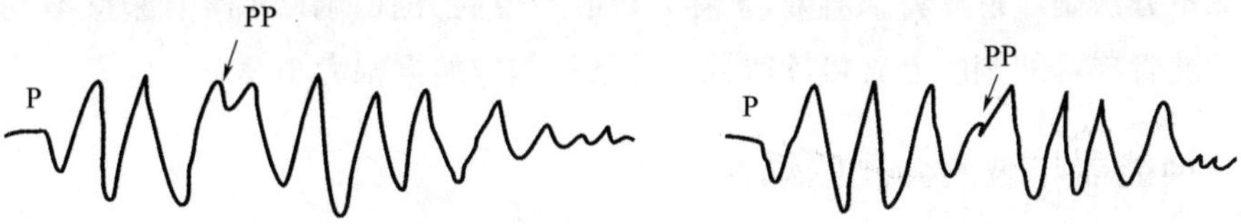

图 6-26 反射波与直达波的干涉

6.4.3 声速与振幅的测量

1. 声速测量

由于仪器线路、换能器外壳及耦合厚度等的影响，当标刻移至被测波起波点时，数码管显示的读数并非是全部通过被测物的走时，而是包括了上述各种影响造成的滞后延时（称为初读数 t_0）。因此，在做声速计算时，声波走时必须事先校正，以扣除 t_0 的影响。其方法如下：

（1）当采用直透直达波法测量时，可将发射和接收换能器对接以测出 t_0，如图 6-27（a）所示。

（2）当采用平透直达波法和孔中直达波法测量时，可分别按图 6-27（b）、图 6-27（c）所示方法，做时距曲线求出 t_0。

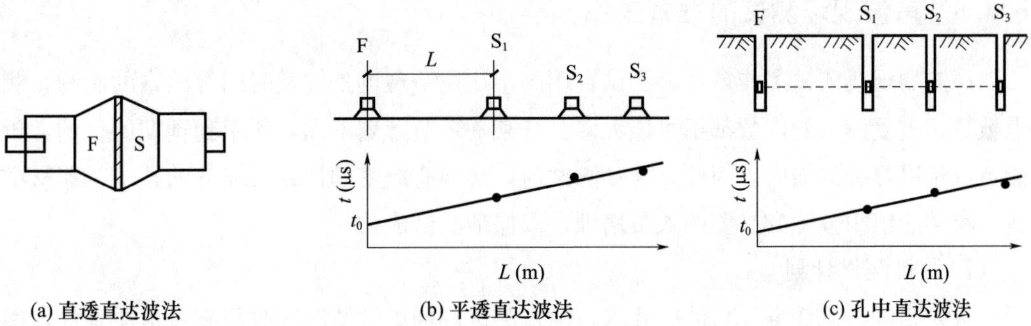

图 6-27 初读数 t_0 的确定方法

初读数 t_0 求出后，相应的波速计算可按式（6-39）进行。

$$v=\frac{L}{t-t_0} \tag{6-39}$$

式中 v——波速，m/s；

L——发射与接收换能器之间的距离，m；

t——声波走时，μs。

2. 振幅测量

岩体对声波能量的吸收与岩体特性有关，岩性不同振幅衰减程度也不同。因此，测量和研究振幅的变化，对研究岩体特性具有重要价值。测量振幅应建立在视别纵横波的基础上。目前多限于研究纵波振幅，但当横波波形稳定，且干扰不大时也可研究横波振幅。其测量方法是，首先将仪器增益调整到适当位置并在测试过程中保持不变。测试时，从示波管屏幕的刻度上直接读取预定的某一相位的振幅大小。

6.4.4 换能器与被测介质的耦合

为了提高电-声、声-电的转换效率，减少声能损失，应使换能器与被测界面保持良好的接触。常用的方法是把测点处打磨光滑，测试时，在换能器与被测介质之间涂一层耦合剂，以充填两者之间未能接触到的空间。测试目的、测试方法及换能器种类不同，所用耦合剂与耦合方式也不同。

纵波的表面测量一般多用黄油作耦合剂，室内试件或模拟试验也可用凡士林、真空脂作耦合剂，其中以真空脂效果最好，但价格较高。横波测量要求耦合介质能够传递剪切波，故常用金铂、水氧酸苯酯、石脂等作耦合剂。金铂在使用时将其夹在换能器与被测介质之间并适当加压；水氧酸苯酯和石脂的用法是首先用烙铁将其在测点处熔化并及时放上换能器，待凝固后即可进行测量。孔中测量常以水作耦合剂，且孔口加封孔器连续注水，以免水从裂隙中渗出后影响耦合效果。

另外，为使声学参数测量准确，须保证每次测试耦合条件一致，耦合厚度相同、均匀、有同等的耦合力。

6.4.5 声波现场测试的准备工作

声波的现场测试工作量大，测试费用高，往往受现场条件及时间等因素的制约，测点数目、重复测试的次数都不可能太多。若某一环节筹划不周，达不到预期的目的，可能造成难以弥补的损失。因此，现场测试前，必须有周密的计划，充分的技术、器材准备，科学的组织分工和必要的人员培训，以保证测试成功。

1. 制订测试计划

首先明确测试任务、目的、要求，深入测试现场了解情况，收集有关地质条件，埋藏深度、工程结构、工程材料及施工情况等技术资料，了解该地区是否有干扰波，干扰波的来源、种类、激发条件、振幅大小，掌握有效波和干扰波在频率上有多大差别，寻找排除办法。经周密的调查研究之后，即可制订测试计划。

测试计划的内容主要应包括测试目的、任务、测试工程状况，测试方案，仪器材料的准备，组织分工，日程安排和经费计划等。测试工作应遵循由简单到复杂及保持单一因素改变的原则，尽可能以最简单可靠的方法完成测试任务。测点选择应具有一定的代表性，特别应注意好坏典型地段的检测工作。

2. 实验室准备工作

实验室准备工作是沟通理论和现场的桥梁，必须认真做好。其主要工作是根据现场情况，对一些主要方案及其中有关的主要技术问题做必要的模拟试验，以保证现场测试建立在科学、可靠的基础上。对所使用的仪器设备进行认真的检查和调整，准备好易损部件的备件，在特殊条件下，对所需的专用附件要事先进行设计和制作。做好必要工具、材料、声波记录表格等的准备。

3. 现场准备工作

对测试人员进行明确分工，并设专人组织指挥和联络。尽可能地保证声波仪操作人员的相对稳定性，减少系统误差。

根据测点布置图，在工程的被测部位准确地标出测点位置及编号，对有特殊情况不能按原设计布置的测点，应重新确定位置并把实际测点位置补标在原设计图上。

仪器的安装位置应选在安全、振动小、无淋水又便于和测点联络的地方。测试记录人员应对测试过程中发生的问题，遇到的异常现象做详细记录，以便数据处理时参考。

当进行混凝土强度测定时，应采集施工过程中预留的试块或从工程结构中适当部位取出的试件，为标定声速-强度曲线做准备。

6.5 声波测试在岩土工程中的应用

6.5.1 岩体弹性参数测定

岩体弹性参数测定有两种方法，一种是静态法，另一种是动态法（声波法）。与静态法相比，采用动态法确定岩体弹性参量具有简便、快速、经济、无破损、可大批量进行，且能反映大范围岩体特性等优点。因此，若能建立动静态弹性参量之间的函数关系，则可方便地把动弹性参量换算成静弹性参量，为工程设计、施工及围岩稳定性分析提供科学依据。

动态法的作用力小，作用时间短，岩体的变形是弹性的。相反，静态法的外载大，作用时间长，岩体变形往往包含有非弹性变形的部分。因此，动态法比静态法做出的弹性参量高。据国内外大量对比资料统计，动静弹模比在1～20倍之间，其中1～10倍的占85％以上。出现上述结果的原因除测试方法本身的因素外，主要还有岩体的完整性、风化及破碎程度的影响等。

研究表明，岩体的完整性系数 K_v [$K_v=(v_{PM}/v_{PR})^2$，其中 v_{PM} 为岩体纵波波速，v_{PR} 为岩块纵波波速]，K_v 与动静弹模比之间存在着一定的统计规律，即随完整性系数的降低动静弹模比增大。当 K_v 从1.0降到0.6时动静弹模比从1倍上升到10倍；当 $K_v<0.65$ 后，动静弹模比值多维持在5～10。由此可见，对于不能进行大量现场岩体静弹模试验的中小型工程，可通过声波法的测试估算设计用的岩体静弹模，其公式如下：

$$E_{sm}=jE_{dm} \tag{6-40}$$

式中　j——折减系数，可根据 K_v 的大小确定，K_v 与 j 关系见表6-3；

E_{sm}——岩体静弹性模量；

E_{dm}——岩体动弹性模量。

表 6-3　岩体完整性系数与折减系数关系

岩体完整性系数 $(v_{PM}/v_{PR})^2$	1.0～0.9	0.9～0.8	0.8～0.7	0.7～0.65	<0.65
折减系数 j	1.0～0.75	0.75～0.45	0.40～0.25	0.25～0.2	0.2～0.1

上述仅是岩体动静弹模对比的大致趋势。因此，对于大型重要工程，在现阶段仍以进行实际对比测试的结果来选用。

6.5.2　声波参数的围岩分类

围岩分类是岩土地下工程建设的基础工作，正确划分围岩的工程类别是决定有关工程主要结构尺寸，合理选择施工方法、支护形式以及制订生产计划的依据。

围岩分类是对工程围岩的变形性质、强度性质、完整性、坚固性、稳定性等进行综合评价，定量分级。

1. 围岩分类因素与声波参数的关系

为利用声波参数进行围岩分类，下面首先讨论影响围岩分类的几个主要因素与声波参数的关系。

(1) 岩体的完整性

大量研究表明，完整岩石试件的波速与现场岩体的波速之比能很好地反映岩体的完整性质。常用的经验公式如下：

① 完整性系数（龟裂系数）K_v

$$K_v=(v_{PM}/v_{PR})^2 \tag{6-41}$$

或

$$K_v=E_{dm}/E_{dr} \tag{6-42}$$

② 裂隙系数 K_J

$$K_J=(v_{PR}^2-v_{PM}^2)/v_{RP}^2 \tag{6-43}$$

或

$$K_J=(E_{dr}-E_{dm})/E_{dr} \tag{6-44}$$

式中　E_{dr}——岩石试件的动弹性模量。

(2) 岩体的风化程度

岩体的风化可使岩体的结构遭受破坏和削弱，最终影响岩体强度。声波波速与岩体风化程度的关系可用风化系数 K_w 表示。

$$K_w=\frac{v_0-v_w}{v_0} \tag{6-45}$$

式中　K_w——岩体风化程度系数；

v_0——新鲜岩体波速；

v_w——风化岩体波速。

根据大量试验得出风化程度与 K_w 有如表 6-4 所示关系。

表 6-4　风化程度与 K_w 关系表

风化程度系数 K_w	0	0～0.2	0.2～0.4	0.4～0.6	0.6～1.0
岩体风化程度	新鲜	微风化	中等风化	强风化	极强风化

（3）岩体的强度

岩体强度用岩块强度与岩体声波参数表示，其表达式如下：

$$R_q = K_v R_{fD} = R_{fD} \cdot v_{PM}^2 / v_{PR}^2 \tag{6-46}$$

式中　R_q——准岩体抗压（或抗拉）强度；

R_{fD}——新鲜岩块试件的抗压（或抗拉）强度；

K_v——岩体的完整性系数，且有 $K_v = (v_{PM}/v_{PR})^2$。

2. 声波参数的围岩分类法

声波参数在围岩分类中的应用有两种情况，一种是直接应用声波参数进行围岩分类；另一种是把声波参数作为若干个分类指标中的一个指标。目前这两种情况都在不断的探索和发展之中。下面介绍两种有代表性的分类方法。

（1）波速分类法

波速分类法是直接利用围岩波速 v_{PM} 和完整性系数 K_v 进行围岩分类的方法。该方法简单易行，因此，已被列入《铁路隧道设计规范》（TB 10003—2016），见表 6-5。

表 6-5　波速围岩分类表

围岩类别	Ⅵ	Ⅴ	Ⅳ	Ⅲ	Ⅱ	Ⅰ
波速（km/s）	>4.5	4.0～5.0（硬），3.5～4.0（软）	3.0～4.0（硬），2.5～3.5（软）	2.0～3.0（硬），1.5～2.5（软），1.5～2.0（土）	1.0～2.0	<1.0
完整性系数 K_v	>0.6	0.75～0.9（硬），≥0.9（软）	0.5～0.75（硬），0.75～0.9（软）	0.25～0.5（硬），0.5～0.75（软）	<0.25（硬），<0.5（软）	

（2）综合指标 Z_w 分类法

该方法是中科院地质所在大量现场调查的基础上提出来的，综合指标 Z_w 能够很好地反映围岩的工程地质性质。Z_w 计算表达式如下：

$$Z_w = \frac{v_{PM} v_{PR} K_v f(S)}{1000} \tag{6-47}$$

$$f(S)=\frac{\frac{1}{S}}{2} \tag{6-48}$$

式中 S——岩体中纵波速度低于1500m/s的测点占全段总测点的百分比，它表示影响岩体强度的含泥物质的程度。

各类岩体 Z_w 值分类如表6-6所示。

表6-6 综合指标 Z_w 矿分类表

序号	岩体结构	Z_w	$\lg Z_w$	备注
1	块状岩体	7000～50000	3.8～4.7	裂隙块状岩体 Z_w<10000
2	层状岩体	1000～10000	3～4	层状块状岩体 Z_w≈10000
3	破碎岩体	70～2000	1.8～3.3	镶嵌结构岩体 Z_w≈2000
4	松散岩体	<100	<2	破碎结构岩体 Z_w≈100

6.5.3 井巷围岩松动范围测定

矿山井巷由于开挖过程的扰动，引起围岩应力重新分布，巷道周边出现应力集中，当应力超过岩体的强度极限后，围岩体开始破碎松动，即从井巷周边向岩体深部扩展到某一范围。这一范围内的岩体表现出节理裂隙增多，完整性下降，强度降低，被称为围岩松动范围。松动范围的大小是评价井巷稳定性和决定工程措施的重要依据，对确定井巷支护形式及支护参数都具有重要意义。

由声波的传播特性可知，随着围岩破碎程度的增加和岩体的弱化，声波的波速和振幅相应减小。因此，通过测定围岩的声波参数，可以判断围岩松动范围的大小。下面介绍围岩松动范围的测试方法和步骤。

1. 测试方法

围岩松动范围的测试方法主要有单孔测试法和双孔测试法两种。

单孔测试法即单孔折射波法，它一般采用一发双收单孔换能器。测试时，首先在被测物上打孔，然后将换能器置于孔中，用封孔器封孔，注入清水。测试时，从孔底（或孔口）开始，每隔150mm测读1次声波走时，每隔150mm或300mm测读1次振幅值，直至孔口（或孔底）。为保证数据的可靠，一般应复测1～2次。振幅的测读应与声时测读分开进行，以免由于在声时测读过程中调节增益而造成振幅的人为测量误差。单孔测试可以了解沿钻孔轴向的岩性及应力变化情况，特别是对岩体的裂隙反应较灵敏。

双孔测试法，即孔中直达波法，该方法主要用于了解孔间岩体的岩性特征、应力分布及它们沿钻孔轴向的变化情况。

2. 测孔布置

在需测试的井巷围岩中，根据测试目的选择有代表性的地段布置观测站和相应的观测断面。对于水平和倾斜巷道，每个测站应布置 2～3 个断面，每个断面布置的测孔数应由断面大小及形状等确定，一般为 3～5 个测孔。在立井中，由于打眼及观测工作都较困难，因此，测站及观测断面的测孔数可相应减少。测孔深度以 2.0～3.0m 为宜。

3. 测试结果的整理与分析

由于围岩的非均质性，即便是同一岩层也很难用统一的波速与振幅指标作为划定松动范围边界的尺度。因此，目前多是根据同一测孔声速与振幅沿钻孔轴向相对变化来判定松动范围的大小。具体方法步骤是：

（1）按测孔整理测试数据

首先按测站或观测顺序将每个测孔各次测读的声时换算成声速 v_P，然后，以孔壁至孔底的距离 L 为横坐标，以声速 v_P、振幅 A 为纵坐标，绘制 v_P—L、A—L 曲线图。为便于比较，v_P、A 应使用同一横坐标。

（2）围岩松动范围的确定

确定围岩松动范围的实质是 v_P（A）—L 曲线图的判读。根据现场实测、模拟试验等的研究成果，可将 v_P（A）—L 曲线归纳为如下 3 种典型情况，如图 6-28 所示。

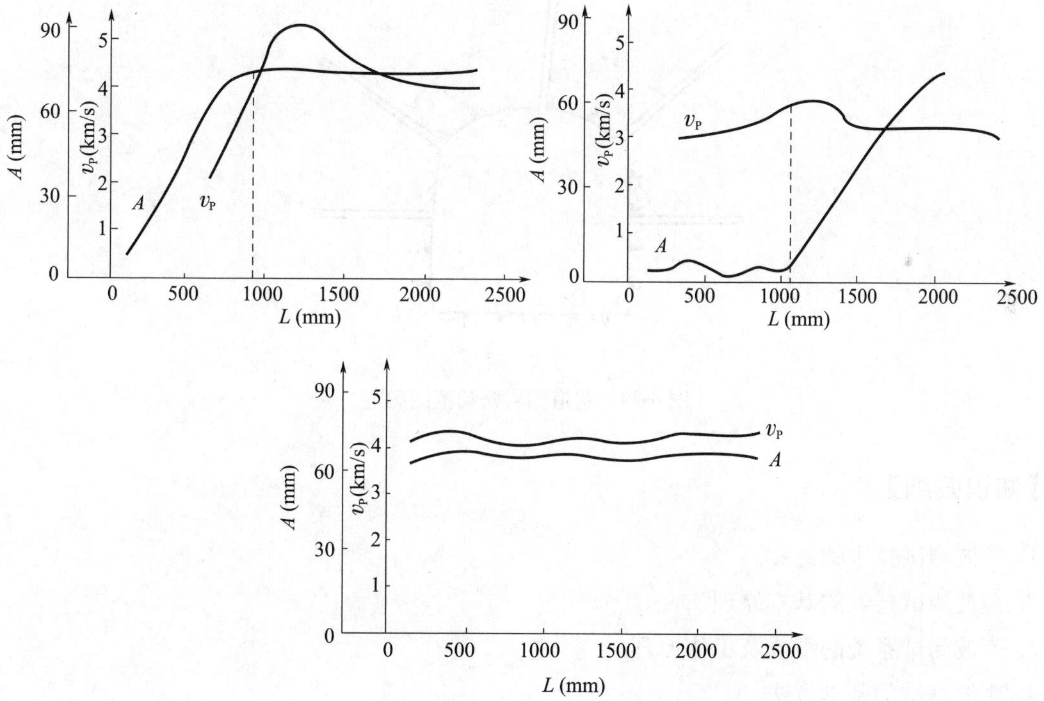

图 6-28　三种 v_P（A）—L 典型曲线图

① 图 6-28（a）所示，在井（巷）壁附近，声波衰减强烈，v_P、A 均很低，有时 v_P 甚至无法测读，但随深度的增加，v_P、A 逐渐增高，到达某一范围后，声速 v_P、振幅 A 都稳定在一定值。这种现象表明，在井（巷）壁附近的松动范围内，岩体破碎，应力降低，而随深度增加，岩体完整性逐渐增强，应力相应升高，波速及振幅随之恢复。这种

类型应以两曲线 v_P（A）—L 的拐点作为松动范围的边界。

② 图 6-28（b）所示，在井（巷）壁附近，声速 v_P 变化不明显，而振幅 A 相对衰减强烈。这类曲线说明，在靠近井壁附近，岩体节理、裂隙发育，但张开宽度小，因而对声速影响不大，但振幅却对节理、裂隙的反应敏感。这一结论已被室内模拟试验证实。松动范围边界以 A-L 曲线上升的拐点划定。

③ 如图 6-28（c）所示，声速 v_P 和振幅 A 在全段（即随深度）变化不明显。出现这种情况主要是围岩坚硬，基本不受开挖爆破和应力重新分布等的影响，故可认为围岩无松动破碎范围。

除上述 3 种典型曲线外，当遇到特殊情况时，可结合具体测段的地质及岩性条件进行分析，做出正确的判断。

（3）绘制围岩松动范围变化曲线

为直观了解某断面围岩松动范围的变化情况，可将该断面每个测孔的围岩松动范围值的大小标在巷道断面图中并用圆滑的虚线连接起来，如图 6-29 所示。

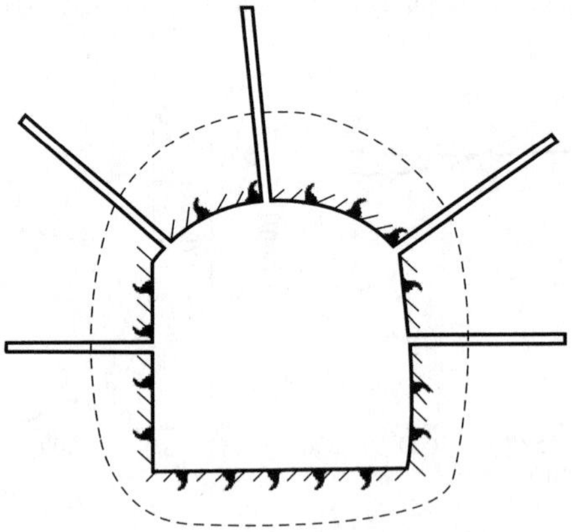

图 6-29　巷道围岩松动范围确定

【知识归纳】

1. 声波测试技术的意义。
2. 声波测试技术的基本原理。
3. 声波测试系统的组成及工作原理。
4. 声波测试的基本方法。
5. 声波测试技术在岩土工程中的应用。

【独立思考】

1. 声波测试的基本原理是什么？
2. 声波在岩体或混凝土介质中传播有哪些特性？

3. 声波测试系统的组成及各自工作原理是什么？
4. 声波测试有哪些基本方法？
5. 如何根据声波参数进行围岩分类？
6. 如何采用声波测试技术进行围岩松动圈测定？

【参考文献】

[1] 马英明，程锡禄．工程测试技术［M］．北京：煤炭工业出版社，1988.
[2] 夏才初，李永盛．地下工程测试理论与监测技术［M］．上海：同济大学出版社，1999.
[3] 和心顺，杨俊杰，庞俊勇，等．矿业工程测试技术［M］．北京：煤炭工业出版社，1995.
[4] 刘尧军，于跃勋，赵玉成．地下工程测试技术［M］．成都：西南交通大学出版社，2009.
[5] 任建喜．岩土工程测试技术［M］．武汉：武汉理工大学出版社，2009.

7　工程结构混凝土的强度检测

【内容提要】

本章主要内容包括混凝土强度的回弹法检测、超声波法检测、超声回弹综合法检测和钻芯法检测，其中，回弹法、超声波法和超声回弹综合法属于混凝土强度的无损检测方法，而钻芯法属于混凝土强度的半破损检测方法。本章的教学难点为混凝土强度的超声波法检测和超声回弹综合法检测。

【能力要求】

通过本章的学习，学生应掌握混凝土强度检测的回弹法、超声波法、超声回弹综合法和钻芯法，了解检测中常用的仪器设备，并具有检测数据处理的能力。

7.1　混凝土强度的回弹法检测

7.1.1　回弹法基本原理及回弹仪

回弹法现场检测混凝土强度的方法是1948年瑞士工程师斯密特发明了回弹仪后发展起来的。我国从20世纪70年代后期开始，在大量研究工作的基础上，提出了具有我国特色的回弹仪标准状态和考虑混凝土碳化因素的测强曲线，编制了相应的技术规程，使得回弹性测定混凝土质量在我国得到了全面推广。

回弹法检测是指利用回弹仪在结构或构件混凝土上测得回弹值和碳化深度来评定结构或构件混凝土强度的方法。通常，是在对混凝土质量有疑问时，作为混凝土强度检测的依据之一。采用回弹法检测不会对结构和构件的力学性质和承载能力产生不利影响，因而被广泛应用于工程验收的质量检测。

回弹法是用一个弹簧驱动的重锤，通过弹击杆弹击混凝土表面，并测出重锤被反弹回来的距离，以回弹（反弹距离与弹簧初始长度之比）作为与强度相关的指标，来推定混凝土强度的一种方法。由于测量在混凝土表面进行，所以它属于表面硬度法的一种。回弹仪的具体结构如图7-1所示。

图7-1为常用的指针直读式混凝土回弹仪，其工作原理为：将弹击杆1顶住混凝土的表面，轻压仪器，使按钮6松开，弹击杆徐徐伸出，并使挂钩13挂上了弹击锤14。

使回弹仪对混凝土表面缓慢均匀施压，待弹击锤脱钩，冲击锤击杆后，弹击锤即带动指针向后移动直至到达一定位置时，指针块的刻度线即在刻度尺 5 上指示某一回弹值。使回弹仪继续顶住混凝土表面，进行读数并记录回弹值，如条件不利于读数，可按下按钮，锁住机芯，将回弹仪移至他处读数。逐渐对回弹仪减压，使弹击杆自机壳 3 内伸出，挂钩挂上弹击锤，待下一次使用。

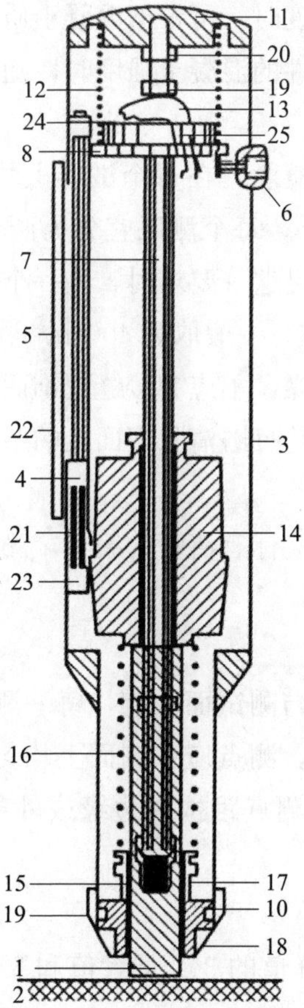

图 7-1　回弹仪构造示意图

1—弹击杆；2—混凝土构件试面；3—外壳；4—指针滑块；5—刻度尺；6—按钮；7—中心导杆；8—导向法兰；9—盖帽；10—卡环；11—尾盖；12—压力拉簧；13—挂钩；14—弹击锤；15—缓冲弹簧；16—弹击拉簧；17—拉簧座；18—密封毡圈；19—调零螺钉；20—紧固螺钉；21—指针片；22—指针轴；23—固定块；24—挂钩弹簧；25—销钉

回弹仪必须经过有关检定单位检定，获得检定合格证后在检定有效期内使用。

每次现场测试前后，回弹仪须在洛氏硬度 $HRC=60\pm2$ 的标准钢砧上率定。率定时，钢砧应稳固平放在刚度大的混凝土地坪上，回弹仪向下弹击，弹击杆分 4 次旋转，每次旋转 90°，弹击 3 次取平均回弹值。每旋转一次率定的回弹平均值应在 80 ± 2 范围内，否则须送检定单位重新检定。累计弹击次数超过 6000 次，或回弹仪的主要零件被更换后，应送检定单位重新检定。

7.1.2 回弹值和碳化深度的量测

1. 回弹值的测量

（1）试样、测区、测面和测点

被测试构件和测试部位应具有代表性，根据相关规程规定，试样的抽取原则为：当推定单个结构或构件的混凝土强度时，可根据混凝土质量的实际情况确定测定数量；当用抽样法推定整个结构或成批构件的混凝土强度时，随机抽取的试样数量不少于结构或构件总数的30%。

测点布置采用测区和测面的概念，在每个试样上均匀布置测区，测区数不少于10个，相邻测区的间距不宜大于2m。每个测区宜分为两个测面，通常布置在结构或构件的两相对浇筑侧面上，若不能满足这一要求时，则一个测区只允许有一个测面，测区的大小以能容纳16个回弹测点为宜，一般取为400cm^2。

测面表面应清洁、平整、干燥，不应有接缝、饰面层、粉刷层、浮浆、油垢等，以及蜂窝、麻面，必要时，可用砂轮打磨清除表面上的杂物和不平整处，测面上不应有残留的粉末或碎屑。

结构或构件的试样、测区均应标有清晰的编号，测区在试样上的位置和外观质量情况均应有描述。

（2）回弹值测读

测试时，应使回弹仪的轴向与测试面垂直，每一测区弹击16点。当一个测区有两个测面时，则每一测面弹击8点。测点应在测面上均匀分布，避开外露的石子和气孔，相邻测点间距一般不小于3cm。测点距构件边缘或外露钢筋、铁件的距离一般不小于5cm，同一测点只允许弹击一次。

（3）回弹值的数据整理

分别剔除测区16个测点回弹值的3个最大值和3个最小值，按下式计算测区平均回弹值：

$$\bar{N}=\left(\sum_{i=1}^{10} N_i\right)/10 \tag{7-1}$$

式中 $\bar{N}$——测区平均回弹值，精确到0.1；

N_i——第i个测点的回弹值。

当回弹仪非水平方向测试混凝土表面时，根据回弹仪轴线与水平方向的角度，应将测区平均回弹值加上角度修正值ΔN_a，再按下列公式换算为水平方向测试时的测区平均回弹值：

$$\bar{N}=\bar{N}_\alpha+\Delta N_\alpha \tag{7-2}$$

式中 $\bar{N}_\alpha$——回弹仪与水平方向成α角测试时测区的平均回弹值，按式（7-2）计算；

ΔN_α——按表7-1查出的不同测试角度的回弹值修正量。

表 7-1 不同测试角度的回弹修正值

$\bar{N}_\alpha$	测试角度 α							
	+90°	+60°	+45°	+30°	−30°	−45°	−60°	−90°
20	−6.0	−5.0	−4.0	−3.0	+2.5	+3.0	+3.5	+4.0
30	−5.0	−4.0	−3.5	−2.5	+2.0	+2.5	+3.0	+3.5
40	−4.0	−3.5	−3.0	−2.0	+1.5	+2.0	+2.5	+3.0
50	−3.5	−3.0	−2.5	−1.5	+1.0	+1.5	+2.0	+2.5

注：表中 $\bar{N}_\alpha$ 小于 20 或大于 50 时可以按等于 20 或 50 查表；表中未列入相应 $\bar{N}_\alpha$ 的修正值 ΔN_α，可按内插法求得，精确值 0.1。

水平方向检测混凝土浇筑表面或浇筑底面时，测区的平均回弹值应按下列公式修正：

$$\bar{N}^{t}=\bar{N}_\alpha^{t}+\Delta N_\alpha^{t} \tag{7-3}$$

$$\bar{N}^{b}=\bar{N}_\alpha^{b}+\Delta N_\alpha^{b} \tag{7-4}$$

式中 $\bar{N}_\alpha^{t}$、$\bar{N}_\alpha^{b}$——回弹仪水平方向测试时混凝土浇筑表面、底面的平均回弹值，按式（7-3）、式（7-4）计算；

ΔN_α^{t}、ΔN_α^{b}——按表 7-2 查出的混凝土浇筑表面、底面回弹值的修正值。

表 7-2 混凝土浇筑表面、底面回弹值的修正值

$\bar{N}_\alpha^{t}$ 或 $\bar{N}_\alpha^{b}$	表面修正	底面修正	$\bar{N}_\alpha^{t}$ 或 $\bar{N}_\alpha^{b}$	表面修正	底面修正
20	+2.5	−3.0	40	+0.5	−1.0
25	+2	−2.5	45	0	−0.5
30	+1.5	−2.0	50	0	0
35	+1.0	−1.5	—	—	—

注：表中 $\bar{N}_\alpha^{t}$ 或 $\bar{N}_\alpha^{b}$ 小于 20 或大于 50 时可以按等于 20 或 50 查表；表中未列入相应 $\bar{N}_\alpha$ 的修正值 ΔN_α^{t} 或 ΔN_α^{b}，可按内插法求得，精确值 0.1。

2. 碳化深度的测量

回弹值测量完毕后，应在有代表性的测区上测量碳化深度值，测点数不应少于构件测区数的 30%，应取其平均值作为该构件每个测区的碳化深度值，当碳化深度值极差大于 2.0mm 时，应在每一测区分别测量碳化深度值。碳化深度值的测量应符合下列规定：

（1）应采用工具在测区表面形成直径约 15mm 的孔洞，其深度应大于混凝土的碳化深度；

（2）应清除孔洞中的粉末和碎屑，且不得用水擦洗；

（3）应采用浓度为 1%～2%的酚酞酒精溶液滴在孔洞内壁的边缘处，当已碳化与未碳化界线清晰时，应采用碳化深度测量仪测量已碳化与未碳化混凝土交界面到混凝土表面的垂直距离，即已呈紫红色部分的垂直深度 $\bar{L}$，并应测量 3 次，每次读数应精确至 0.25mm；

（4）应取三次测量的平均值作为检测结果，并应精确至 0.5mm。

$$\bar{L}=\left(\sum_{i=1}^{10}L_i\right)/n \tag{7-5}$$

式中　L_i——第 i 次测量的碳化深度值。

7.1.3　混凝土强度评定

1. 测强基准曲线与测区混凝土强度值

回弹值与混凝土抗压强度的相关关系称为测强基准曲线，为了使用方便，通常以测区混凝土强度值换算表的形式给出，即按测区平均回弹值 $\bar{N}$ 及平均碳化深度 $\bar{L}$ 查换算表得出测区混凝土强度值 R_{ni}，国家标准给出的全国通用测强曲线为：

$$R_{ni}=0.0025\bar{N}^{2.0108}\times 10^{-0.035\bar{L}} \tag{7-6}$$

式（7-6）中，$\bar{N}$ 和 $\bar{L}$ 按式（7-1）和式（7-5）计算。

按式（7-6）制成的换算表如表 7-3 所示。根据测区的平均回弹值和平均碳化深度，可由表查得测区混凝土强度值 R_{ni}。

表 7-3　测区混凝土强度值换算表

平均回弹值	测区混凝土强度值 R_{ni}（MPa）												
	平均碳化深度（mm）												
	0.0	0.5	1.0	1.5	2.0	2.5	3.0	3.5	4.0	4.5	5.0	5.5	≥6.0
20.0	10.3	10.1											
20.2	10.5	10.3	10.0										
20.4	10.7	10.5	10.2										
20.6	11.0	10.7	10.4	10.1									
20.8	11.2	10.9	10.6	10.3									
21.0	11.4	11.1	10.8	10.5	10.0								
21.2	11.6	11.4	11.0	10.7	10.2								
21.4	11.8	11.6	11.2	10.9	10.4	10.0							
21.6	12.1	11.8	11.4	11.1	10.6	10.2							
21.8	12.3	12.0	11.7	11.3	10.8	10.3	10.1						
22.0	12.5	12.2	11.9	11.5	10.9	10.5	10.3						
22.2	12.7	12.4	12.2	11.7	11.1	10.6	10.5	10.0					
22.4	13.0	12.7	12.4	11.9	11.3	10.8	10.7	10.3	10.0				
22.6	13.2	12.9	12.6	12.1	11.5	11.0	10.9	10.4	10.2				
22.8	13.4	13.1	12.8	12.3	11.7	11.2	11.1	10.6	10.3				
23.0	13.7	13.3	13.0	12.6	11.9	11.4	11.2	10.8	10.5	10.1			
23.2	13.9	13.6	13.2	12.8	12.1	11.6	11.4	11.0	10.7	10.3	10.0		
23.4	14.2	13.8	13.5	13.1	12.4	11.8	11.6	11.2	10.9	10.4	10.2		
23.6	14.4	14.0	13.7	13.3	12.6	12.0	11.8	11.4	11.1	10.7	10.3	10.1	
23.8	14.7	14.3	13.9	13.5	12.8	12.4	12.0	11.5	11.2	10.8	10.5	10.3	

续表

平均回弹值	测区混凝土强度值 R_{ni}（MPa）												
	平均碳化深度（mm）												
	0.0	0.5	1.0	1.5	2.0	2.5	3.0	3.5	4.0	4.5	5.0	5.5	≥6.0
24.0	14.9	14.5	14.2	13.7	13.1	12.6	12.2	11.6	11.5	11.0	10.7	10.5	10.1
24.2	15.2	14.8	14.5	13.9	13.3	12.8	12.4	11.8	11.7	11.2	10.8	10.6	10.2
24.4	15.4	15.0	14.7	14.2	13.5	13.0	12.6	12.0	11.9	11.4	11.1	10.8	10.4
24.6	15.7	15.2	14.9	14.4	13.7	13.2	12.8	12.3	12.0	11.5	11.2	11.0	10.6
24.8	15.9	15.5	15.2	14.6	14.0	13.4	13.0	12.6	12.2	11.8	11.4	11.1	10.7
25.0	16.2	15.7	15.4	14.9	14.2	13.6	13.3	12.8	12.5	12.0	11.7	11.3	10.9
25.2	16.4	16.0	15.7	15.2	14.4	13.8	13.5	13.0	12.7	12.1	11.9	11.5	11.0
25.4	16.7	16.2	15.9	15.4	14.6	14.1	13.7	13.2	12.9	12.4	12.1	11.7	11.2
25.6	17.0	16.5	16.2	15.6	14.8	14.3	13.9	13.4	13.1	12.5	12.2	11.8	11.3
25.8	17.2	16.8	16.4	15.9	15.1	14.5	14.1	13.6	13.3	12.7	12.4	12.0	11.5
26.0	17.5	17.0	16.6	16.1	15.3	14.7	14.4	13.8	13.5	13.0	12.6	12.2	11.6
26.2	17.8	17.3	16.9	16.4	15.5	14.9	14.7	14.0	13.7	13.2	12.8	12.4	11.8
26.4	18.1	17.5	17.2	16.6	15.8	15.2	14.9	14.2	13.9	13.3	13.0	12.6	11.9
26.6	18.3	17.8	17.4	16.8	16.1	15.4	15.1	14.4	14.1	13.5	13.2	12.8	12.1
26.8	18.6	18.1	17.7	17.1	16.4	15.6	15.3	14.6	14.3	13.8	13.4	12.9	12.3
27.0	18.9	18.3	18.0	17.4	16.6	16.1	15.5	14.8	14.6	14.0	13.6	13.1	12.4
27.2	19.2	18.6	18.2	17.6	16.8	16.4	15.8	15.0	14.8	14.1	13.8	13.3	12.6
27.4	19.5	18.9	18.4	17.8	17.0	16.6	16.0	15.2	15.0	14.3	14.0	13.4	12.7
27.6	19.7	19.2	18.7	18.0	17.2	16.8	16.2	15.4	15.1	14.5	14.1	13.6	12.9
27.8	20.0	19.4	19.0	18.2	17.4	17.1	16.4	15.6	15.3	14.7	14.2	13.7	13.0
28.0	20.3	19.7	19.2	18.4	17.6	17.3	16.5	15.8	15.4	14.8	14.4	13.9	13.2
28.2	20.6	20.0	19.5	18.6	17.8	17.2	16.7	16.0	15.6	15.0	14.6	14.1	13.3
28.4	20.9	20.3	19.7	18.8	18.0	17.4	16.9	16.2	15.8	15.2	14.8	14.2	13.5
28.6	21.2	20.6	20.0	19.1	18.2	17.6	17.1	16.4	16.0	15.4	15.0	14.3	13.6
28.8	21.5	20.9	20.2	19.4	18.5	17.9	17.4	16.6	16.2	15.6	15.2	14.5	13.8
29.0	21.8	21.1	20.5	19.6	18.7	18.1	17.5	16.8	16.4	15.8	15.4	14.6	13.9
29.2	22.1	21.4	20.8	19.9	18.9	18.4	17.8	17.0	16.6	16.0	15.6	14.8	14.1
29.4	22.4	21.7	21.1	20.2	19.2	18.6	18.0	17.2	16.8	16.2	15.8	15.0	14.2
29.6	22.7	22.0	21.4	20.4	19.4	18.9	18.2	17.4	17.0	16.4	16.0	15.1	14.4
29.8	23.0	22.3	21.6	20.7	19.7	19.1	18.5	17.7	17.2	16.6	16.2	15.3	14.5
30.0	23.3	22.6	21.9	21.0	20.0	19.3	18.6	17.9	17.4	16.8	16.4	15.4	14.7
30.2	23.7	22.9	22.2	21.3	20.3	19.5	18.9	18.2	17.6	17.1	16.6	15.6	14.9
30.4	24.0	23.2	22.5	21.5	20.6	19.8	19.1	18.4	17.8	17.3	16.8	15.8	15.1
30.6	24.3	23.5	22.8	21.8	20.9	20.1	19.4	18.7	18.0	17.5	17.0	16.0	15.2
30.8	24.6	23.8	23.1	22.1	21.1	20.3	19.6	18.9	18.2	17.7	17.2	16.2	15.4

续表

平均回弹值	测区混凝土强度值 R_{ni}（MPa）												
	平均碳化深度（mm）												
	0.0	0.5	1.0	1.5	2.0	2.5	3.0	3.5	4.0	4.5	5.0	5.5	≥6.0
31.0	24.9	24.1	23.4	22.4	21.4	20.7	19.9	19.2	18.4	17.9	17.4	16.4	15.5
31.2	25.3	24.5	23.7	22.7	21.7	20.9	20.2	19.4	18.6	18.2	17.6	16.6	15.7
31.4	25.6	24.8	24.0	23.0	22.0	21.2	20.5	19.7	18.8	18.4	17.8	16.8	15.8
31.6	25.9	25.1	24.3	23.3	22.3	21.5	20.7	19.9	19.1	18.6	18.0	17.0	16.0
31.8	26.2	25.4	24.6	23.6	22.5	21.8	21.0	20.2	19.3	18.9	18.2	17.2	16.2
32.0	26.6	25.7	24.9	23.9	22.8	22.0	21.2	20.4	19.6	19.1	18.4	17.5	16.4
32.2	26.9	26.0	25.2	24.1	23.1	22.3	21.4	20.7	19.8	19.3	18.6	17.7	16.6
32.4	27.2	26.4	25.5	24.4	23.4	22.6	21.7	21.0	20.1	19.6	18.8	17.9	16.8
32.6	27.6	26.7	25.9	24.7	23.7	22.9	22.0	21.2	20.4	19.8	19.0	18.1	17.0
32.8	27.9	27.0	26.2	25.0	24.0	23.1	22.2	21.5	20.6	20.0	19.2	18.3	17.2
33.0	28.3	27.4	26.5	25.4	24.3	23.4	22.6	21.7	20.9	20.3	19.4	18.5	17.4
33.2	28.6	27.7	26.8	25.7	24.6	23.7	22.9	22.0	21.1	20.5	19.6	18.7	17.6
33.4	29.0	28.0	27.1	26.0	24.9	24.0	23.1	22.2	21.4	20.8	19.9	18.9	17.9
33.6	29.3	28.4	27.4	26.3	25.2	24.2	23.3	22.5	21.6	20.9	20.0	19.1	18.1
33.8	29.7	28.7	27.7	26.6	25.4	24.4	23.5	22.8	21.9	21.1	20.2	19.3	18.2
34.0	30.0	29.0	28.0	26.8	25.6	24.6	23.7	23.0	22.1	21.3	20.4	19.5	18.3
34.2	30.4	29.4	28.3	27.0	25.8	24.8	23.9	22.9	22.3	21.5	20.6	19.7	18.5
34.4	30.7	29.7	28.6	27.2	26.0	25.0	24.1	23.2	22.5	21.7	20.8	19.8	18.6
34.6	31.1	30.1	28.9	27.4	26.2	25.2	24.4	23.5	22.7	21.9	21.0	20.0	18.8
34.8	31.5	30.4	29.2	27.6	26.4	25.5	24.7	23.7	22.9	22.1	21.2	20.2	19.0
35.0	31.8	30.8	29.6	28.0	26.7	25.8	24.8	24.0	23.2	22.3	21.4	20.4	19.2
35.2	32.2	31.1	29.9	28.2	27.0	26.1	25.1	24.3	23.4	22.6	21.6	20.6	19.4
35.4	32.6	31.5	30.2	28.6	27.3	26.4	25.4	24.6	23.7	22.9	21.9	20.8	19.6
35.6	32.9	31.9	30.6	29.0	27.6	26.7	25.7	24.8	24.0	23.0	22.0	21.0	19.8
35.8	33.3	32.3	31.0	29.3	27.9	27.0	26.0	25.0	24.2	23.3	22.2	21.2	20.0
36.0	33.7	32.6	31.2	29.6	28.2	27.2	26.2	25.2	24.5	23.5	22.4	21.4	20.2
36.2	34.1	33.0	31.6	30.0	28.5	27.5	26.5	25.5	24.8	23.8	22.7	21.6	20.4
36.4	34.4	33.4	32.0	30.3	28.8	27.9	26.8	25.8	25.0	24.1	22.9	21.8	20.6
36.6	34.8	33.7	32.3	30.7	29.1	28.2	27.1	26.1	25.3	24.4	23.0	22.0	20.9
36.8	35.2	34.1	32.7	31.0	29.5	28.5	27.4	26.3	25.6	24.6	23.2	22.2	21.1
37.0	35.6	34.5	33.0	31.2	29.8	28.8	27.7	26.6	25.9	24.8	23.4	22.4	21.3
37.2	36.0	34.9	33.4	31.6	30.1	29.1	28.0	26.9	26.2	25.1	23.6	22.7	21.5
37.4	36.4	35.2	33.7	31.9	30.5	29.4	28.4	27.2	26.4	25.4	24.0	22.9	21.8
37.6	36.8	35.6	34.1	32.3	30.8	29.7	28.7	27.5	26.8	25.7	24.2	23.2	22.0
37.8	37.2	36.0	34.5	32.6	31.1	30.1	28.9	27.8	27.1	26.0	24.5	23.4	22.2

续表

平均回弹值	测区混凝土强度值 R_{ni}（MPa）												
	平均碳化深度（mm）												
	0.0	0.5	1.0	1.5	2.0	2.5	3.0	3.5	4.0	4.5	5.0	5.5	≥6.0
38.0	37.5	36.4	34.9	33.0	31.5	30.3	29.1	28.1	27.4	26.2	24.8	23.6	22.5
38.2	37.9	36.8	35.2	33.4	31.8	30.6	29.4	28.4	27.7	26.5	25.0	23.9	22.7
38.4	38.3	37.2	35.6	33.8	32.1	30.9	29.7	28.7	28.0	26.8	25.2	24.1	22.9
38.6	38.7	37.5	36.0	34.1	32.4	31.2	30.0	29.0	28.3	27.0	25.5	24.4	23.2
38.8	39.2	37.9	36.4	34.5	32.7	31.5	30.3	29.3	28.5	27.2	25.8	24.6	23.4
39.0	39.6	38.2	36.7	34.7	33.0	31.8	30.6	29.6	28.8	27.4	26.0	24.8	23.7
39.2	40.0	38.5	37.0	35.0	33.3	32.2	30.8	29.8	29.0	27.6	26.2	25.0	23.9
39.4	40.4	38.8	37.3	35.3	33.6	32.5	31.0	30.0	29.2	27.8	26.4	25.2	24.2
39.6	40.8	39.1	37.6	35.6	33.9	32.8	31.2	30.2	29.4	28.0	26.6	25.4	24.5
39.8	41.2	39.5	38.0	35.9	34.2	33.2	31.5	30.5	29.7	28.2	26.8	25.6	24.7
40.0	41.6	39.9	38.3	36.2	34.5	33.3	31.7	30.8	30.0	28.4	27.0	25.8	25.0
40.2	42.0	40.3	38.6	36.5	34.8	33.7	32.0	31.1	30.3	28.7	27.3	26.0	25.2
40.4	42.5	40.7	39.0	36.9	35.1	34.0	32.3	31.4	30.6	28.9	27.6	26.3	25.4
40.6	42.9	41.1	39.4	37.3	35.4	34.4	32.6	31.7	30.9	29.1	27.9	26.5	25.7
40.8	43.3	41.5	39.8	37.7	35.7	34.7	32.9	32.0	31.2	29.4	28.2	26.8	26.0
41.0	43.7	41.9	40.2	38.0	36.0	34.8	33.2	32.3	31.5	29.7	28.4	27.1	26.2
41.2	44.2	42.3	40.6	38.3	36.3	35.1	33.6	32.6	31.8	30.0	28.7	27.4	26.4
41.4	44.6	42.7	41.0	38.7	36.6	35.5	33.8	32.9	32.0	30.3	29.0	27.6	26.7
41.6	45.0	43.2	41.4	39.1	36.9	35.8	34.2	33.3	32.3	30.6	29.2	27.9	27.0
41.8	45.5	43.6	41.8	39.5	37.2	36.2	34.5	33.6	32.6	30.9	29.5	28.2	27.2
42.0	45.9	44.0	42.2	39.9	37.6	36.3	34.9	33.9	33.0	31.2	29.8	28.5	27.5
42.2	46.4	44.4	42.6	40.3	38.0	36.7	35.2	34.3	33.3	31.5	30.1	28.8	27.8
42.4	46.8	44.9	43.0	40.7	38.3	37.1	35.5	34.6	33.6	31.8	30.4	29.0	28.1
42.6	47.2	45.3	43.4	41.1	38.7	37.4	35.9	34.9	33.9	32.1	30.7	29.3	28.3
42.8	47.7	45.7	43.8	41.4	39.0	37.8	36.2	35.3	34.2	32.4	31.0	29.5	28.6
43.0	48.1	46.1	44.2	41.8	39.4	38.0	36.6	35.6	34.6	32.7	31.3	29.8	28.9
43.2	48.6	46.6	44.6	42.2	39.8	38.3	37.0	35.9	34.9	33.0	31.6	30.1	29.2
43.4	49.0	47.0	45.0	42.6	40.1	38.7	37.3	36.3	35.2	33.3	31.9	30.4	29.4
43.6	49.5	47.4	45.5	43.0	40.5	39.1	37.5	36.6	35.6	33.6	32.2	30.6	29.6
43.8	50.0	47.9	45.9	43.4	40.9	39.4	37.8	37.0	35.9	34.0	32.5	30.9	29.9
44.0	50.4	48.3	46.3	43.8	41.3	39.8	38.3	37.3	36.3	34.3	32.8	31.2	30.2
44.2	50.8	48.8	46.7	44.2	41.7	40.1	38.6	37.7	36.6	34.6	33.0	31.5	30.5
44.4	51.3	49.2	47.2	44.6	42.1	40.5	38.9	38.0	36.9	34.9	33.3	31.8	30.8
44.6	51.7	49.7	47.6	45.0	42.4	40.9	39.3	38.3	37.2	35.2	33.6	32.1	31.0
44.8	52.2	50.1	48.0	45.4	42.8	41.2	39.7	38.6	37.6	35.5	33.9	32.4	31.3

续表

平均回弹值	测区混凝土强度值 R_{ni}（MPa）												
	平均碳化深度（mm）												
	0.0	0.5	1.0	1.5	2.0	2.5	3.0	3.5	4.0	4.5	5.0	5.5	≥6.0
45.0	52.6	50.6	48.5	45.8	43.2	41.6	40.1	39.0	37.9	35.8	34.3	32.7	31.6
45.2	53.1	51.0	48.9	46.3	43.6	42.0	40.5	39.3	38.3	36.1	34.6	33.0	31.9
45.4	53.6	51.5	49.3	46.7	44.0	42.4	40.9	39.7	38.6	36.5	34.9	33.3	32.2
45.6	54.1	51.9	49.8	47.1	44.4	42.8	41.1	40.1	39.0	36.8	35.2	33.6	32.5
45.8	54.6	52.4	50.2	47.5	44.8	43.2	41.5	40.4	39.3	37.1	35.5	33.9	32.8
46.0	55.0	52.9	50.6	47.9	45.2	43.5	41.9	40.8	39.7	37.5	35.8	34.2	33.1
46.2	55.5	53.3	51.0	48.3	45.5	43.9	42.3	41.1	40.0	37.8	36.1	34.4	33.3
46.4	56.0	53.8	51.5	48.7	45.9	44.3	42.7	41.5	40.3	38.1	36.4	34.7	33.6
46.6	56.5	54.3	52.0	49.1	46.3	44.7	42.9	41.9	40.7	38.4	36.7	35.0	33.9
46.8	57.0	54.7	52.5	49.6	46.7	45.1	43.3	42.2	41.0	38.8	37.0	35.3	34.2
47.0	57.5	55.2	52.9	50.0	47.1	45.2	43.7	42.6	41.4	39.1	37.4	35.6	34.5
47.2	58.0	55.7	53.4	50.5	47.5	45.6	44.1	43.0	41.8	39.4	37.7	35.9	34.8
47.4	58.5	56.1	53.8	50.9	47.9	46.0	44.5	43.4	42.1	39.7	38.0	36.2	35.1
47.6	59.0	56.6	54.3	51.3	48.4	46.4	44.9	43.7	42.5	40.1	38.4	36.5	35.4
47.8	59.5	57.1	54.7	51.8	48.8	46.8	45.3	44.0	42.8	40.4	38.7	36.8	35.7
48.0	60.0	57.6	55.2	52.2	49.2	47.4	45.6	44.4	43.2	40.8	39.0	37.2	36.0
48.2		58.1	55.6	52.7	49.6	47.8	46.0	44.8	43.6	41.1	39.3	37.5	36.3
48.4		58.6	56.1	53.1	50.0	48.2	46.4	45.2	43.9	41.5	39.6	37.8	36.6
48.6		59.0	56.6	53.6	50.4	48.6	46.7	45.5	44.3	41.8	40.0	38.1	36.9
48.8		59.5	57.1	54.0	50.8	49.1	47.1	45.9	44.6	42.2	40.3	38.5	37.2
49.0		60.0	57.5	54.4	51.3	49.4	47.5	46.2	45.0	42.5	40.6	38.8	37.5
49.2			58.0	54.8	51.7	49.8	47.9	46.6	45.4	42.8	41.0	39.1	37.8
49.4			58.5	55.3	52.2	50.2	48.3	47.0	45.8	43.2	41.3	39.4	38.1
49.6			58.9	55.7	52.6	50.6	48.7	47.4	46.2	43.5	41.7	39.7	38.5
49.8			59.4	56.2	53.0	51.1	49.1	47.8	46.6	43.9	42.0	40.1	38.8
50.0			59.9	56.7	53.4	51.4	49.5	48.2	46.9	44.3	42.3	40.4	39.1
50.2			60.0	57.1	53.8	51.8	49.9	48.6	47.3	44.6	42.6	40.7	39.4
50.4				57.6	54.3	52.3	50.3	49.0	47.7	45.0	43.0	41.0	39.7
50.6				58.1	54.7	52.7	50.7	49.4	48.1	45.4	43.4	41.4	40.1
50.8				58.5	55.2	53.1	51.2	49.8	48.5	45.7	43.7	41.7	40.4
51.0				59.0	55.6	53.5	51.5	50.1	48.8	46.1	44.1	42.0	40.7
51.2				59.4	56.0	53.9	51.9	50.5	49.2	46.5	44.4	42.3	41.0
51.4				59.9	56.4	54.3	52.3	50.9	49.6	46.8	44.8	42.6	41.3
51.6				60.0	56.8	54.8	52.7	51.3	50.0	47.2	45.1	43.0	41.6
51.8					57.3	55.2	53.2	51.7	50.3	47.5	45.5	43.3	41.8

续表

平均回弹值	测区混凝土强度值 R_{ni}（MPa）												
	平均碳化深度（mm）												
	0.0	0.5	1.0	1.5	2.0	2.5	3.0	3.5	4.0	4.5	5.0	5.5	≥6.0
52.0					57.8	55.7	53.6	52.1	50.7	47.9	45.8	43.7	42.3
52.2					58.2	56.1	54.0	52.5	51.1	48.3	46.2	44.0	42.6
52.4					28.7	56.6	54.4	52.9	51.5	48.7	46.6	44.4	43.0
52.6					59.1	57.0	54.8	53.4	51.9	49.0	47.0	44.7	43.3
52.8					56.9	57.4	55.2	53.8	52.3	49.4	47.3	45.1	43.6
53.0					60.0	57.8	55.6	54.2	52.7	49.8	47.6	45.4	43.9
53.2						58.3	56.0	54.6	53.1	50.2	48.0	45.7	44.2
53.4						58.7	56.4	55.0	53.5	50.5	48.3	46.1	44.6
53.6						59.2	56.9	55.5	53.9	50.9	48.7	46.4	44.9
53.8						59.6	57.3	55.9	54.3	51.3	49.0	46.8	45.3
54.0						60.0	57.8	56.3	54.7	51.7	49.4	47.1	45.6
54.2							58.2	56.7	55.1	52.1	49.7	47.4	46.0
54.4							58.6	57.1	55.6	52.5	50.1	47.8	46.3
54.6							59.1	57.5	56.0	52.8	50.5	48.2	46.6
54.8							59.5	57.9	56.4	53.2	50.9	48.5	47.0
55.0							59.9	58.4	56.8	53.6	51.3	48.9	47.3
55.2							60.0	58.8	57.2	54.1	51.7	49.3	47.6
55.4								59.2	57.6	54.5	52.1	49.6	48.0
55.6								59.7	58.1	54.9	52.4	50.0	48.4
55.8								60.0	58.5	55.3	52.8	50.3	48.7
56.0									58.9	55.7	53.2	50.7	49.1
56.2									59.3	56.0	53.5	51.0	49.5
56.4									59.7	56.4	53.9	51.4	49.8
56.6									60.0	56.8	54.3	51.8	50.1
56.8										57.2	54.7	52.2	50.5
57.0										57.6	55.1	52.5	50.8
57.2										58.0	55.5	52.9	51.2
57.4										58.4	55.9	53.2	51.6
57.6										58.9	56.3	53.6	51.9
57.8										59.3	56.7	54.0	52.3
58.0										59.7	57.0	54.4	52.7
58.2										60.0	57.4	54.8	53.0
58.4											57.8	55.2	53.4
58.6											58.2	55.6	53.8
58.8											58.6	55.9	54.1

续表

平均回弹值	测区混凝土强度值 R_{ni}（MPa）												
	平均碳化深度（mm）												
	0.0	0.5	1.0	1.5	2.0	2.5	3.0	3.5	4.0	4.5	5.0	5.5	≥6.0
59.0											59.0	56.3	54.5
59.2											59.4	56.7	54.9
59.4											59.8	57.1	55.2
59.6											60.0	57.5	55.6
59.8												57.9	56.0
60.0												58.3	56.4

注：表中未列入的相应于 $\bar{N}$ 的 R_{ni} 值可用内插法求得，精确至 0.1MPa。

2. 试样混凝土强度评定

试样混凝土强度平均值按下式计算：

$$\bar{R}_n=\left(\sum_{i=1}^{n}R_{ni}\right)/n \tag{7-7}$$

式中 R_{ni}——第 i 测区的混凝土强度值；

n——测区数，对于单个评定的结构或构件，取一个试样的测区数，对于抽样评定的结构和构件，取各抽检试样测区之和。

试样混凝土强度第一条件值和第二条件值，按以下公式计算：

$$R_{n1}=1.18\ (\bar{R}-K\cdot S_n) \tag{7-8}$$

$$R_{n2}=1.18\ (R_{ni})_{\min} \tag{7-9}$$

式中 $(R_{ni})_{\min}$——各测区混凝土强度值中的最小值；

K——合格判定系数值，按表 7-4 取值；

S_n——试样混凝土强度标准差，按下式计算（精确至两位小数）。

$$S_n=\sqrt{\frac{\sum_{i=1}^{n}(R_{ni})^2-n(\bar{R}_n)^2}{n-1}} \tag{7-10}$$

式中 $\bar{R}_n$——试样混凝土强度平均值，按式（7-7）计算。

表 7-4 合格判定系数值 K 与测区数 n 的对应关系

测区数 n	10～14	15～24	≥25
合格判定系数值 K	1.70	1.65	1.60

结构或构件混凝土强度的评定应按以下规定：

（1）对于单个评定的结构或构件，取第一条件值［式（7-8）］和第二条件值［式（7-9）］中的较低值。

（2）对于抽样评定的结构或构件，在各抽检试样中取式（7-8）和式（7-9）中的较低值。

7.1.4　回弹法检测工程实例

某煤矿中央风井井筒设计强度为C23，于1995年停建，到2005年近20年时间需要继续建设，井筒恢复后需进行井筒壁后注浆，井筒到底后还需进行永久装备安装。由于当初两井筒施工时，涌水量较大，对井壁混凝土施工质量产生了一定的影响，而井壁质量的好坏，又将直接影响到矿井安全生产和壁后注浆参数的选择。为了确保井筒恢复施工的安全性和合理性，需对井壁混凝土质量进行检测，获得其实际强度大小，为下一步工作提供决策依据。为此，采用了回弹法检测混凝土质量。

该风井的混凝土质量检测工作分为5个水平进行式如图7-2所示，在每个水平布置11个测区，由于是单面测试，每个测区内布置16个测点，同时钻孔取芯一次（分三组），测区及取芯位置如图7-3所示。

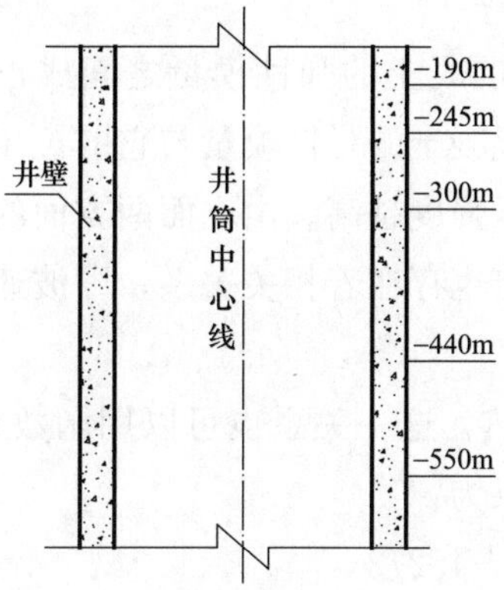

图7-2　测试水平分层示意图

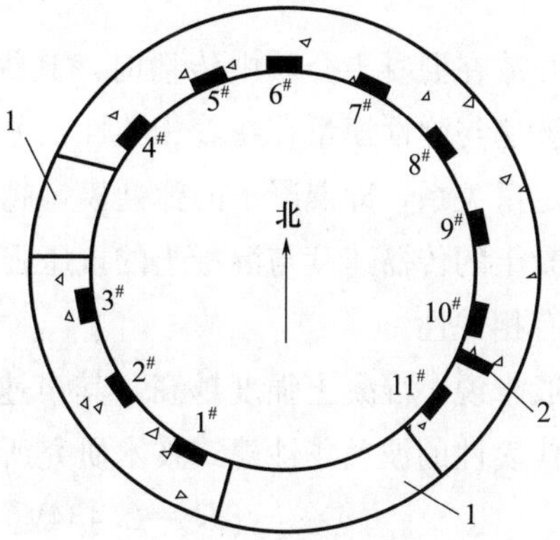

图7-3　－300m水平测区布置示意图

1—井壁破坏段；2—取芯处

－300m水平的11个测区的16个测点的回弹值见表7-5。碳化深度值实测均为0。

表7-5　－300m水平回弹值原始数据

测点编号	1	2	3	4	5	6	7	8	9	10	11	12	13	14	15	16
测区1	33	42	39	28	39	38	28	38	22	26	37	33	24	30	30	28
测区2	38	30	32	38	26	37	28	27	32	30	32	36	40	38	32	30
测区3	24	26	20	28	36	32	32	35	27	33	31	35	30	26	25	30
测区4	36	36	28	34	40	37	40	39	36	22	26	37	36	30	20	33
测区5	36	40	32	34	35	36	38	38	36	37	28	34	29	30	42	40
测区6	40	34	36	33	42	34	38	27	34	30	44	44	37	34	38	36
测区7	38	35	33	28	25	34	24	25	32	34	22	31	34	35	33	28
测区8	26	20	26	34	30	34	30	27	36	28	30	34	29	20	27	33
测区9	40	26	26	39	34	35	30	26	34	20	38	24	36	34	26	28
测区10	34	40	36	32	34	35	28	34	39	32	42	32	36	31	23	34
测区11	30	28	26	20	34	36	26	32	28	20	37	24	30	21	35	26

选取测区混凝土强度值中最小值作为混凝土强度评定值，该层位混凝土强度评定值见表7-6。

表7-6　−300m水平混凝土强度评定值

层位（m）	各测区混凝土强度（MPa）											混凝土强度评定值（MPa）
	1	2	3	4	5	6	7	8	9	10	11	
−300	27.1	29.3	23	28.6	32.9	35.2	23	22.6	26.5	27.4	21.4	21.4

7.2　混凝土强度的超声波法检测

7.2.1　超声波法基本原理

超声波在混凝土介质中传播时，其纵波速度与混凝土的弹性模量之间成正比例关系，即波速与弹性模量存在着相关性；另一方面，混凝土的弹性模量与它的抗压强度也存在着定量关系，即混凝土的弹性模量越大，其抗压强度越高。由上面两方面的关系可知，混凝土的传播速度与混凝土的抗压强度之间一定也存在着相关关系，即波速与抗压强度具有相关性。

一般来说，混凝土强度越高，其声速越快。当然，这一关系也可以用函数式表示，比较有代表性的波兰华沙建筑技术研究所的研究成果为：

$$R_c = 2.434V_P^2 - 7.195V_P + 4.273 \tag{7-11}$$

式中　V_P——混凝土的纵波速度；

R_c——混凝土的抗压强度。

所以，在已知 $R_c = f(V_P)$ 情况下，通过测定混凝土的纵波速度就可推算出混凝土的抗压强度。

但由于受水泥强度等级、骨料质量、配合比、施工工艺及养护条件等因素的影响，无法寻找统一的定量的函数关系。因此在一定条件建立的 $R_c = f(V_P)$ 关系式，只适用于这种特定条件或与之相近的条件，于是，超声波检测结构混凝土强度的首要任务就是要解决 R_c-V_P 相关关系式。

通常可采用两种方法来确定 R_c—V_P 关系式：

（1）利用同条件的混凝土试件建立 R_c—V_P 相关关系

对于一些大型的重要工程结构物，可在施工过程中预留一定数量的混凝土试件用于专门建立 R_c—V_P 相关曲线。若预留试件不足或没有预留，也可重新制作。但制作的混凝土试件应与被测工程结构混凝土具有同种技术条件。为了获得 R_c—V_P 关系曲线，试件的强度、波速应有较大的变化范围，通常可采用改变水灰比的方法。

当每组试件达到养护龄期后，先测定它们的声速，再进行单轴抗压强度试验，以获得声速与单轴抗压强度的对应关系。然后以声速 V_P 作横坐标，以强度 R_c 为纵坐标作散点图，以散点图中点的分布特征选择适当的函数作为回归方程。

（2）修正现有的 R_c—V_P 关系式

这种方法在施工过程中没有提供足够数量的混凝土试件以建立 R_c—V_P 相关曲线时或测试时间要求较紧时采用，首先了解被测结构物混凝土的强度等级、骨料情况，配合比及养护方式等，然后选用与待测工程条件相近的相关方程，可选用各省的地区性曲线，也可以考虑相关规程推荐公式和曲线。

然后在实测的施工现场结构物上采用混凝土取芯机钻取混凝土芯样，带回实验室加工后做声速和强度试验，并把测出的声速值代入已选定的 R_c—V_P 相关方程中，求出计算的抗压强度值，然后求出强度修正系数，修正后的强度即为最终的工程检测强度值。

7.2.2　超声波检测设备

超声波检测系统包括超声波检测仪和换能器（探头）及耦合剂，如图 7-4 所示。工程中常用的检测仪为汕头超声波仪器厂生产的 CTS-25 型非金属超声波测试仪，声时范围 0.5～9999μs，测读精度为 0.1μs，电压为 220V，换能器频率 50～100kHz，常用耦合剂为黄油。

在进行超声波测试前应了解设计及施工情况，包括构件尺寸配筋、混凝土组成材料、施工方法和龄期等。选择探头频率，如采用 500KC 探头并将仪器置“自振”工作频率一挡，已能满足要求。测试应选择在配筋少、表面干燥、平整及有代表性的部位上，将发射与接收探头测点互相对应画在构件两侧，编号并涂黄油，即可测试。测试时，要注意零读数和掌握超声波传播时间精确读法。测定超声波在混凝土内的传播时间时，将仪器中“增益”调节到最大，容易取得较精确的时间读数。另外，还需在平时凭借衰减器，熟悉不同振幅下第一个接收波信号起点的位置，这样在测定低强度等级或厚度较大的混凝土时，就能对振幅小的波形读出较精确的读数。

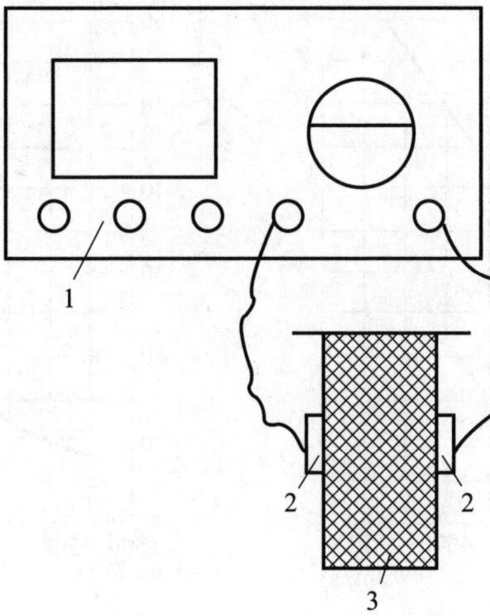

图 7-4　超声波检测系统

1—超声波检测仪；2—换能器；3—检测构件

7.2.3 超声传播时间测量

超声波法检测的现场准备及测区布置与回弹法基本相同，为了使构件混凝土测试条件和方法尽可能与确定曲线时的条件、方法一致，在每个测区相对的两侧面应布置 3 对超声波测点。对测时，要求两换能器的中心同置于一条轴线上，在换能器与混凝土表面之间涂上耦合剂，目的是保证两者之间具有可靠的声耦合。测试前，应将检测仪预热 10min，并调节首波幅度至 30～40mm 后测读声时值作为初读数。实测中，应将换能器置于测点并压紧，将接收信号中的初读数扣除后，即为各测点的实际声时值。

7.2.4 测区声速值计算

取各测区 3 个声时值的平均值，作为测区声时值 t_m（μs），由构件的超声测试厚度即可求得测区声速值：

$$V = \frac{1}{3}\sum_{i=1}^{3} \frac{l_i}{t_i - t_0} \tag{7-12}$$

式中 V——试件混凝土中声速值，km/s，精确至 0.01km/s；

l_i——第 i 个测点超声测距，mm，精确至 1mm；

t_i——第 i 个测点混凝土中声时读数，μs，精确至 0.1μs；

t_0——声时初读数，μs。

7.2.5 超声波法混凝土强度评定

根据各测区超声声速检测值，按率定的回归方程计算或查取 $f—v_s$ 标定曲线，可得到对应测区的混凝土强度值，进而推定结构或构件的混凝土强度。图 7-5 和图 7-6 分别为碎石混凝土和卵石混凝土的 $f—v_s$ 标定曲线，可以供实际检测中参考采用。

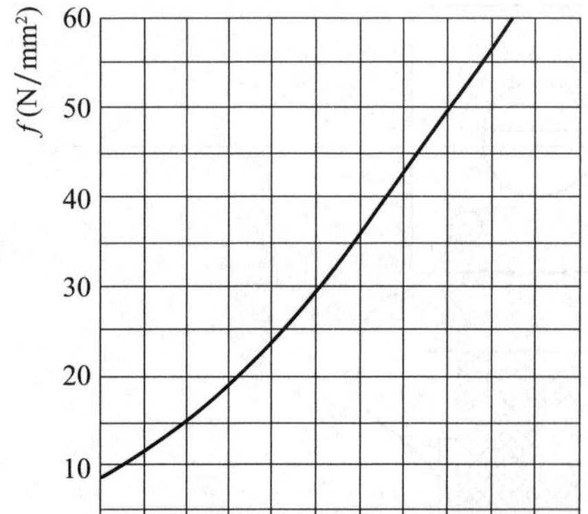

图 7-5 碎石混凝土的 $f—v_s$ 标定曲线

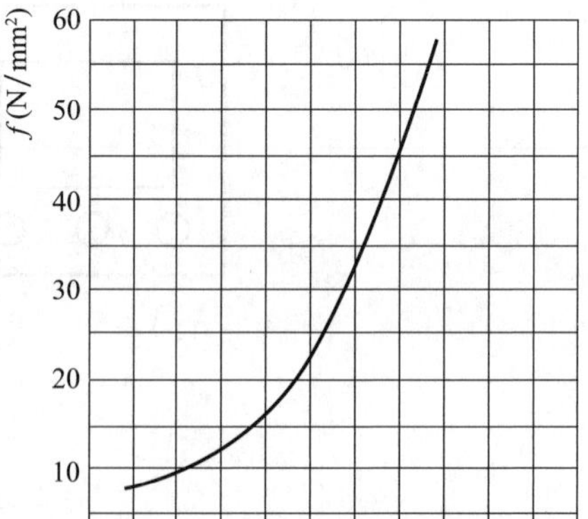

图 7-6 卵石混凝土的 $f—v_s$ 标定曲线

标定曲线的制作是一项十分重要但又相当繁重的工作，需要通过对大量不同配合比和不同龄期混凝土试块进行超声波测试和抗压试验，由数理统计方法对测试数据进行回归、整理和分析后才能得出。由于受到材料性质离散的影响，标定曲线具有一定的误差，同时还受到检测仪器种类的限制。实际检测时，应尽可能参照与检测对象和条件较为一致的标定曲线，同时还应结合其他的检测手段，如试块强度测试、回弹法检测等综合判定。

7.2.6 超声波法检测工程实例

某工程结构墙体厚度250mm，设计混凝土强度等级C50，为了解工程质量，现采用超声波法检测其混凝土强度，测区划分为5个，其5个测区均匀分布于墙体各个部位。每个超声检测区面积为40cm×40cm。测区内布置5个测点，按梅花状布置，测试后可得5个超声波速度值，取其平均值为该测区的超声速度，通过超声传播速度与混凝土抗压强度之间的标定曲线（图7-5），可以得到该测区混凝土的强度值。表7-7为超声波测试混凝土结构强度计算表。

表7-7 超声波测试混凝土结构强度计算表

<table>
<tr><td rowspan="2">项目</td><td colspan="5">测区号</td></tr>
<tr><td>1</td><td>2</td><td>3</td><td>4</td><td>5</td></tr>
<tr><td>墙体厚度（m）</td><td>0.25</td><td>0.25</td><td>0.25</td><td>0.25</td><td>0.25</td></tr>
<tr><td>声波平均速度（m/s）</td><td>4503</td><td>5406</td><td>4521</td><td>5408</td><td>5122</td></tr>
<tr><td>查得强度值（MPa）</td><td>51</td><td>55</td><td>51</td><td>55</td><td>53</td></tr>
<tr><td rowspan="2">强度计算（MPa）</td><td colspan="3">$R_n=53$</td><td colspan="2">$S_n=2.0$</td></tr>
<tr><td colspan="3">$R_{n1}=58$</td><td colspan="2">$R_{n2}=60$</td></tr>
<tr><td>强度评定值（MPa）</td><td colspan="5">58</td></tr>
</table>

超声波法检测结果表明，所检测的5个测区混凝土强度均达到和超过设计要求，其中最大值为55MPa，最小值为51MPa，5个测区的强度平均值为53MPa，第一强度条件值R_{n1}为58MPa，第二强度条件值R_{n2}为60MPa，根据规程规定，应取混凝土强度评定值R_N为58MPa。

7.3 混凝土强度的超声回弹综合法检测

从大量工程实例检测结果表明，同一结构采用回弹法检测和超声法检测所得到的混凝土强度值有时相差较大。究其原因，研究结果表明回弹法检测结果反映的主要为构件表面或浅层的强度状况，回弹值受构件表面影响较大。超声法检测反映的为构件内部的强度状况，但声波速度值受骨料粒径、砂浆等影响较大。由此可见，基于这两种检测方法的综合分析，建立在超声波传播速度和回弹值综合反映混凝土抗压强度的方法，对于反映材料强度更为全面和真实，同时具有更高的检测精度。与单一方法相比，超声回弹综合法的优点是精度高，适应范围广，对混凝土工程无任何破坏，故在我国工程质量管理中已被广泛使用，并已正式颁布了相关超声回弹综合法检测混凝土强度的技术规程。

7.3.1 测试仪器

超声回弹综合法检测混凝土质量的测试仪器及现场准备分别与超声法和回弹法的要求相同。超声测点布置在回弹测试的同一测区内，先进行回弹测量，后进行超声测量。测区数量及抽样的要求与回弹法相同。

7.3.2 回弹值的测量与计算

在测区内的回弹值的测量、计算及其修正均与回弹法相同。

7.3.3 超声值的测量与计算

测区声时值的测量及计算方法与超声法基本相同。当结构或构件被测部位只有两个相邻表面可供检测时，可采用角测方法测量混凝土中声速，每个测区布置 3 个测点，如图 7-7 所示。

布置超声波角测点时，换能器中心与构件边缘的距离 l_1、l_2 不宜小于 200mm。角测时超声测距应按下列公式计算：

$$l_i=\sqrt{l_{1i}^2+l_{2i}^2} \tag{7-13}$$

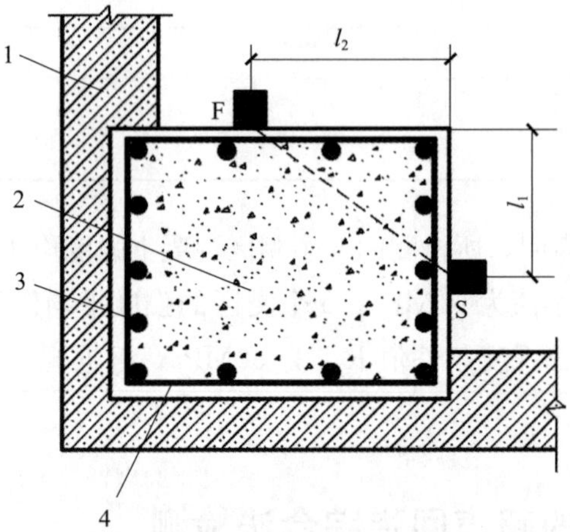

图 7-7 超声波角测示意图

1—墙；2—柱子；3—主筋；4—箍筋

当结构或构件被测部位只有一个表面可供检测时，可采用平测方法测量混凝土中声速。每个测区布置 3 个测点，换能器布置如图 7-8 所示。

布置超声平测点时，宜使发射和接收换能器的连线与附近钢筋轴线成 40°～50°，超声测距 L 宜采用 350～450mm。宜采用同一构件的对测声速 v_d 与平测声速 v_p 之比求得修正系数 λ（$\lambda=v_d/v_p$），对平测声速进行修正。当被测结构或构件不具备对测与平测的对比条件时，宜选取有代表性的部位，以测距 $L=200$mm、250mm、300mm、350mm、400mm、450mm、500mm 等，逐点测读相应声时值 t，用回归分析方法求出直线方程 $L=a+bt$。以回归系数 b 代替对测声速 v_d，对各平测声速进行修正，修正后的混凝土中声速代表值应按下列公式计算：

$$v_a=\frac{\lambda}{3}\sum_{i=1}^{3}\frac{l_i}{t_i-t_0} \tag{7-14}$$

式中　v_a——混凝土试件中修正后的声速值，km/s，精确至 0.01km/s；

l_i——第 i 个测点超声测距，mm，精确至 1mm；

t_i——第 i 个测点混凝土中声时读数，μs，精确至 0.1μs；

λ——修正系数。

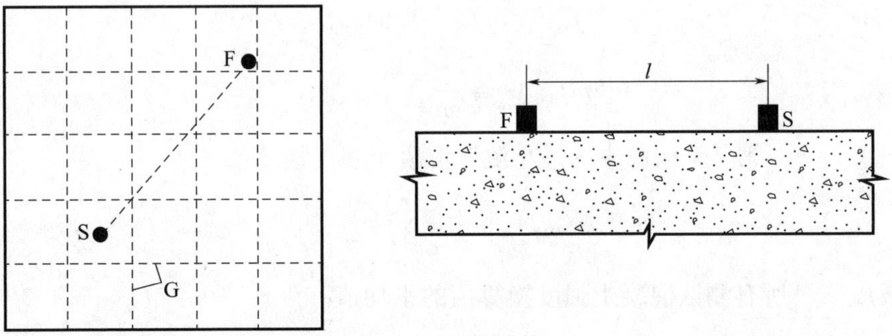

(a) 平面图　　(b) 立面图

图 7-8　超声波平测示意图

F—发射换能器；S—接收换能器；G—钢筋

当在混凝土浇筑的顶面和底面测试时，对测、斜测测区声速值应按下列公式修正：

$$v_a=\beta v \tag{7-15}$$

式中　v——测区声速值，km/s；

v_a——修正后的测区声速值，km/s；

β——超声测试面修正系数，在混凝土浇筑顶面和底面测试时，$\beta=1.034$。

当在混凝土浇筑的顶面和底面测试时，平测测区声速值应按下列公式修正：

$$v=\frac{\lambda\beta}{3}\sum_{i=1}^{3}\frac{l_i}{t_i-t_0} \tag{7-16}$$

式中　v——修正后的测区声速值，km/s；

β——超声测试面修正系数，顶面平测 $\beta=1.05$，底面平测 $\beta=0.95$。

7.3.4　测区混凝土强度换算值

根据测区的回弹值 R_{ai}（回弹法中用 N 表示）及测区声速值 v_{ai}，优先采用专用或地区的综合法测强曲线推定测区混凝土强度换算值。当无该类测强曲线时，可按以下公式计算：

$$f_{cu,i}^{c}=0.0056\,(v_{ai})^{1.439}(R_{ai})^{1.769}\ \text{（粗骨料为卵石）} \tag{7-17}$$

$$f^{c}_{cu,i}=0.0162\,(v_{ai})^{1.656}\,(R_{ai})^{1.41}\quad（粗骨料为碎石）\tag{7-18}$$

式中 $f^{c}_{cu,i}$——第 i 个测区混凝土强度换算值，MPa；

v_{ai}——第 i 个测区修正后的超声波声速值，km/s；

R_{ai}——第 i 个测区修正后的回弹值。

7.3.5 结构或构件的混凝土强度推定值

（1）当按单个构件检测时，取该构件各测区中最小的混凝土强度换算值作为构件混凝土强度推定值 $f_{cu,e}$；

（2）当按批抽样检测时，该批构件的混凝土强度推定值按下式计算：取两者中较大值为该批构件的混凝土强度推定值。

$$f_{cu,e}=mf^{c}_{cu}-1.645sf^{c}_{cu}\tag{7-19}$$

$$mf^{c}_{c,u_{min}}=\frac{1}{m}\sum_{j=1}^{m}f^{c}_{cu,min,j}\tag{7-20}$$

式中 $f^{c}_{cu,min,j}$——第 j 个构件中的最小测区混凝土强度换算值。

$$mf^{c}_{c,u}=\frac{1}{n}\sum_{i=1}^{n}f^{c}_{cu,i}\tag{7-21}$$

式中 mf^{c}_{cu}——所有测区混凝土强度换算值的平均值。

$$sf^{c}_{cu}=\sqrt{\frac{\sum_{i=1}^{n}(f^{c}_{cu,i})^{2}-n\,(mf^{c}_{cu})^{2}}{n-1}}\tag{7-22}$$

式中 sf^{c}_{cu}——所有测区混凝土强度换算值的标准差；

n——抽取构件的测区总数；

m——抽取的构件数。

7.3.6 超声回弹综合法检测工程实例

表 7-8 为某工程墙体结构按超声回弹综合法分析所得的混凝土强度计算表，采用综合法测强换算值按式（7-18）求得。

表 7-8 超声回弹综合法检测混凝土结构强度计算表

项目	测区号				
	1	2	3	4	5
修正后回弹值	42	42	42	46	40
修正后波速值（km/s）	4.50	5.41	4.52	5.41	5.12
求得强度值（MPa）	38.0	51.5	38.3	58.6	43.9
强度计算（MPa）	R_n=46.1			S_n=8.9	
	R_{n1}=36.5			R_{n2}=44.8	
强度评定值（MPa）	36.5				

超声回弹综合法测试结果表明，混凝土强度最大值为 58.6MPa，最小值为 38MPa，5 个测区的算术平均值为 46.1MPa，第一强度条件值 R_{n1} 为 36.5MPa，第二强度条件值 R_{n2} 为 44.8MPa，根据规范规定，应取混凝土强度评定值 R_n 为 36.5MPa。

7.4　混凝土强度的钻芯法检测

7.4.1　钻芯法

钻芯法检测混凝土质量是用钻机直接在待测结构混凝土上钻取芯样，然后进行抗压试验，并以芯样抗压强度值换算成立方体抗压强度值。钻芯法的测定值就是圆柱状芯样的抗压强度，即参考强度或现场强度。它与立方体试件抗压强度之间，除了需进行必要的形状修正外，无须进行某种物理量与强度之间的换算。因此，普遍认为这是一种较为直观、可靠的检测方法。

虽然钻芯法与其他方法比较，更为直观和可靠，但它毕竟是一种半破损的方法，对工程结构产生一定的影响，因此，应在结构不重要部位取芯，且试验费用也相对较高，一般不宜把钻芯法作为经常性的检测手段。通常把钻芯法与其他非破损方法结合使用，一方面利用非破损方法来减少钻芯的数量，另一方面又利用钻芯法来提高非破损方法的可靠性。

我国规定以 ϕ100mm 及 ϕ150mm 芯样作为抗压强度试验的标准芯样试件，允许使用高径比为 0.95～2.05 的芯样进行抗压试验，并以高径比为 1.0 的芯样作为标准芯样。芯样的抗压强度可按下式计算：

$$R=\frac{4Pa}{\pi \cdot d^2} \tag{7-23}$$

式中　R——芯样在试验龄期时的抗压强度；

P——芯样破坏荷载；

d——芯样直径；

a——高径比修正系数，高径比为 1 时，试验强度值的修正系数 a 为 1，当高径比为其他值时，应按相关规定查表获取相应尺寸的修正系数 a。

7.4.2　钻芯法应用实例

对于前面采用回弹法检测的某矿中央风井井壁结构，由于其混凝土龄期超过 1000d，根据规程要求，需要进行在井壁上钻取混凝土芯样，测定混凝土芯样的抗压强度，对井壁混凝土“回弹法”的测区混凝土强度换算值进行修正。钻取混凝土芯样、芯样的加工、芯样的强度测定均依照相关规程进行。芯样加工后尺寸为 ϕ100mm×100mm，如图 7-9 所示，－300m 水平井壁各芯样抗压强度结果见表 7-9。

由表 7-9 可以看出，井壁结构中各芯样的混凝土强度离散性较大，这说明部分混凝土的均质性较差，如 2 号混凝土芯样（图 7-9）出现较大的蜂窝情况。由此可以说明井壁混凝土的密实度不够，会造成局部的混凝土强度偏低。

图 7-9 －300m 水平井壁混凝土钻取的芯样情况

表 7-9 －300m 水平井壁混凝土芯样抗压强度

层位（m）	芯样抗压强度试验值（MPa）			评定值（MPa）
	试件 1	试件 2	试件 3	
－300	36.4	27.3	39.5	27.3

【知识归纳】

1. 混凝土强度常用的检测方法有回弹法、超声波法、超声回弹综合法和钻芯法，其中，回弹法、超声波法和超声回弹综合法属于混凝土强度的无损检测方法，而钻芯法属于混凝土强度的半破损检测方法。
2. 混凝土强度的回弹法检测中，仪器为回弹仪，检测物理量为回弹值和碳化深度值。
3. 混凝土强度的超声波法检测中，仪器为超声波仪，检测物理量为声波在混凝土中的传播速度。
4. 混凝土强度的钻芯法检测中，仪器为钻芯取样机。

【独立思考】

1. 简述混凝土强度的回弹检测方法。
2. 简述混凝土强度的超声波检测方法。
3. 简述混凝土强度的超声回弹综合检测方法。
4. 简述混凝土强度的回弹法检测中回弹仪的工作原理。
5. 简述混凝土强度的回弹法检测中回弹值的修正方法。

【参考文献】

[1] 夏才初，李永盛．地下工程测试理论与监测技术［M］．上海：同济大学出版社，1999.
[2] 吴新璇．混凝土无损检测技术手册［M］．北京：人民交通出版社，2003.

8　桩基础检测技术

【内容提要】

本章主要介绍桩基础的检测技术，其中包括桩基础的概述、灌注桩的成孔质量检测、桩基静载检测、动力检测技术和基桩钻芯法检测等；重点讲述了成孔孔径和偏斜检测、桩基础静载检测过程和判定、反射波法检测方法与分析等。

【能力要求】

通过本章的学习，学生应掌握桩基静载检测的判定方法，了解桩基检测技术的发展，熟悉主要桩基检测技术和方法。

8.1　桩基础概述

8.1.1　桩基础的发展

桩基础由基桩和连接于桩顶的承台共同组成。若桩身全部埋于土中，承台底面与土体接触，则称为低承台桩基；若桩身上部露出地面而承台底位于地面以上，则称为高承台桩基。建筑桩基通常为低承台桩基础。高层建筑、高铁、跨海大桥、深海港口等大型项目中，桩基础应用广泛。

桩基础是历史悠久、应用广泛的一种基础形式。在我国高层建筑、重型厂房、桥梁、港口码头、海上采油平台以至核电站等工程中，都有普遍应用。700 年前我国就出现了木桩（如现位于上海的北宋时期的龙华塔）；1820 年以后，出现了铸铁钢板桩修筑围堰和码头；1900 年以后，美国出现了大量钢桩基础；1898 年，俄国提出就地灌注混凝土桩；1901 年美国提出沉管灌注桩，1930 年前后在我国上海应用；1960 年以后，我国研制出预应力钢筋混凝土管桩。自此以后，随着桩基础应用领域的扩宽，机械设备和施工技术不断得到改进与发展，产生了各种新桩型和新工法，为桩在复杂地质条件和环境条件下的应用注入了新活力。

8.1.2　桩基础的分类

桩的种类繁多，施工方法也各不尽相同，下面是一些桩的主要分类方法：

（1）按成桩方法对土层的影响分类

① 挤土桩（打入、压入、沉管灌注桩）；

② 部分挤土桩、微排土桩（I形、H形钢桩、钢板桩、开口式钢管桩和螺旋桩）；

③ 非挤土桩（挖孔、钻孔灌注桩）。

（2）按成桩材料分类

① 木桩；

② 钢桩；

③ 混凝土桩；

④ 组合桩。

（3）按桩的功能分类

① 抗轴向压桩（摩擦桩、端承桩、端承摩擦桩）；

② 抗侧压桩；

③ 抗拔桩。

（4）按成桩方法分类

① 打入桩；

② 就地灌注桩（沉管灌注桩、钻孔灌注桩、人工挖孔灌注桩、夯扩桩、复打桩、支盘桩、树根桩）；

③ 静压桩；

④ 螺旋桩；

⑤ 碎石桩；

⑥ 水泥土搅拌桩（深层搅拌桩、粉喷桩）。

8.1.3 桩基础常见质量问题

桩基础质量问题是指由于勘察、设计、施工和检测工作中存在的问题，或者桩基工程完成后其他环境变异原因，造成桩基础受损或破坏现象。

桩基础出现常见破损、失效等质量问题的原因包括：

1. 工程勘察质量问题

工程勘察报告提供的地质剖面图、钻孔柱状图、土的物理力学性质指标以及桩基建议设计参数不准确，尤其是土层划分错误、持力层选取错误、侧阻端阻取值不当，均会给设计带来误导，产生严重后果。

2. 桩基础设计质量问题

主要有桩基础选型不当、设计参数选取不当等问题。不熟悉工程勘察资料、不了解施工工艺，主观臆断选择桩型，会导致桩基础施工困难，并产生不可避免的质量问题；参数指标选取错误，结果造成成桩质量达不到设计要求或造成很大的浪费。

3. 桩基础施工质量问题

施工质量问题一般是桩基础质量问题的直接原因和主要原因。桩基础施工质量事故原因很多，人员素质、材料质量、施工方法、施工工序、施工质量控制手段、施工质量检验方法等任何方面出现疏忽，都有可能导致施工质量事故。

4. 基桩检测存在问题

基桩检测理论不完善、检测人员素质差、检测方法选用不合适、检测工作不规范等，均有可能对基桩完整性普查、基桩承载力确定，给出错误结论与评价。

5. 环境条件的影响

例如，软土地区，一旦在桩基础施工完成后发生基坑开挖、地面大面积堆载、重型机械行进、相邻工程挤土桩施工等环境条件变化，均有可能造成基桩严重的桩身质量问题，而且常常造成的是大范围的基桩质量事故。

打入式预制桩、钻（冲）孔灌注桩、人工挖孔桩和沉管灌注桩等各种基桩在设计、施工各个环节都会出现各种基桩质量问题，下面重点介绍钻孔灌注桩的常见质量问题。钻孔灌注桩施工包括泥浆护壁、水下成孔、水下下笼、清孔、水下灌注等工序，每道工序都或轻或重会出现一些缺陷。

(1) 钻孔倾斜。在钻进过程中，遇孤石等地下障碍物使得钻杠偏斜，桩倾斜程度不同，对基桩承载力的影响不同，由于该类事故无法通过基桩质量检测手段测定，所以施工中的垂直度检验显得尤其重要，特别是大直径钻孔灌注桩。

(2) 塌孔。易造成断桩、沉渣、孔径突变等缺陷。主要原因有护壁不力；钻进速度过快、操作碰撞、土质自稳性差、承压水头较高等。

(3) 充盈系数过大。一般设计要求混凝土浇灌充盈系数在1.05～1.25之间，但由于成孔的工艺、地质条件等原因，造成充盈系数超过1.3，甚至于达到1.6或更大，这也属于施工不正常现象，它既造成材料的浪费，也造成左右桩刚度不一致的弊病。

(4) 桩身缩径、夹泥、断桩、离析，均为不同程度的桩身质量问题，对基桩承载力有很大影响，一般来说，发生原因有断桩、桩体夹泥、混凝土离析、缩径等。

(5) 孔底沉渣。对端承桩、摩差端承桩来说，孔底沉渣对其承载力有着致命的影响，处理也很困难。采用正循环法施工时，沉渣问题更为突出。

(6) 桩头浮浆。桩顶是承受荷载最大的部位，浮浆造成桩头强度下降。所以施工后要进行上部清桩。

8.1.4　桩基础检测技术的发展

由于桩基础在设计、施工和使用过程中会出现各种质量问题，因此桩基础检测技术得到了广泛的应用。

1. 静载测试技术

桩基静载测试技术是随着桩基础在建筑设计中的使用越来越广泛而发展起来的。中华人民共和国成立以后，桩基静载测试技术就逐步发展起来。传统静载荷试验采用手动加压、人工操作、人工记录的方式进行。到了 20 世纪 80 年代以后，随着改革开放的脚步，基本建设规模的逐年加大，特别是灌注桩在工程上的广泛应用，我国的桩基静载测试技术也进入了一个全新的发展时期。桩基静载试验作为一项方法成立，是理论上无可争议的桩基检测技术。

2. 低应变检测

20 世纪 80 年代，以波动方程为基础的低应变法进入了快速发展期，各种低应变法在基础理论、机理、仪器研发、现场测试和信号处理技术、工程桩和模型桩验证研究、实践经验积累等方面，取得了许多有价值的成果。

3. 高应变检测

我国的高应变动力试桩法研究是起于 20 世纪 80 年代中后期，到 90 年代初期已有相关的软硬件，实际应用效果已不弱于国外，在灌注桩检测桩基动测方面，国产仪器和软件业已达到国际先进水平，有的方面更显示出中国特色。

4. 声波透射法

混凝土灌注桩的声波透射法检测是在结构混凝土声学检测技术基础上发展起来的。到 20 世纪 70 年代，声波透射法开始用于检测混凝土灌注桩的完整性。

5. 钻孔取芯法

20 世纪 80 年代钻孔取芯法主要应用于钻孔灌注桩的检测，同时在技术条件成熟的地区也用在检测地下连续墙的施工质量。钻芯法是一种微破损或局部破损的检测方法，具有科学、直观、实用等特点。

8.2 灌注桩成孔质量检测

灌注桩是建筑物常用的基桩形式之一，它将上部结构的荷载传递到深层稳定的土层或岩层上去，减少基础和建筑物的不均匀沉降。灌注桩的施工分为成孔和成桩两部分，其中成孔是灌注桩施工中的第一个环节。由于成孔作业是在地下、水下完成，质量控制难度大，复杂的地质条件或施工中的失误都有可能产生塌孔、缩径、桩孔偏斜、沉渣过厚等问题。

成孔质量的好坏直接影响到混凝土浇注后的成桩质量：桩孔径偏小则使得成桩的侧摩阻力、桩尖端承力减小，整桩的承载能力降低；桩孔扩径将导致成桩上部侧阻力增大，而下部侧阻力不能完全发挥，同时单桩的混凝土浇注量增加，费用提高；桩孔偏斜在一定程度上改变了桩竖向承载受力特性，削弱了基桩承载力的有效发挥，并且孔斜还易产生吊放钢筋笼困难，塌孔、钢筋保护层厚度不足等问题；桩底沉渣过厚使桩长减小，对于端承桩则直接影响桩尖的端承能力。因此，灌注桩在混凝土浇注前进行成孔质量检测对于控制成桩质量显得尤为重要。

目前，我国桩基检测中的成孔质量检测技术尚未普及，但随着行业管理力度的加大、施工水平的提高、监理制度的推广和完善，成孔质量检测作为桩基工程检测中的一个重要部分，将日益受到重视和加强。

8.2.1 灌注桩孔位检测

混凝土灌注桩的成孔施工分为干作业（如人工挖孔）和湿作业（钻孔、冲孔等）。首先检测桩的实际成孔位置与设计是否一致，即测量实际成桩位置偏离设计位置的差值。由于上部结构作用在基础上的荷载位置是不能变动的，桩偏位后，桩的受力状态发生了改变，即使采取补桩，加大基础底梁或承台等补救措施，也往往难以达到桩的原设计要求。桩偏位后造成的后果导致桩的可靠性降低、工程造价增加与工期延长等。

施工中由于各种因素的影响，测量放线误差、护筒埋设时的偏差、钻机对位不正、孔空段孔斜造成的偏差、钢筋笼下设时的偏差等，都会造成桩位偏离设计位置。因此，要保证桩位的正确性，首先在施工中就应将每一个环节的偏差控制在最小范围内。

施工单位最有条件对孔位进行检测，利用工地上必备的全站仪或经纬仪、测距仪，按设计的桩位坐标测放中心点，再与成孔的孔口中心相校核。桩位应在基桩施工前按设计桩位平面图放样桩的中心位置，施工后对全部桩位进行复测，检查桩中心位置并在复测平面图上标明实际桩位坐标。

8.2.2 灌注桩孔径与偏斜检测

桩孔径、偏斜检测是成孔质量检测中的两项重要内容：目前用于检测的仪器大多可同时测量桩的孔径与偏斜。桩孔径、偏斜检测的方法大致分为检孔器检测、伞形孔径仪检测和声波法检测。

1. 检孔器检测

工程技术人员在多年的灌注桩施工检测中，研究总结出了一些简易的孔径、偏斜的检测方法和手段。它们适合于在没有专用孔径、垂直度仪条件下的成孔质量检测。检测设备为制作简单的器具，如钢筋笼式、圆球式、六边木条铰链式、卡尺式等类型的检孔器。其中钢筋笼式是简易法检测中使用较广泛的一种检孔器具，其设备制作简单，检测方法方便、可行。如图 8-1 所示为钢筋笼式的检孔器和下放过程。

图 8-1　钢筋笼检孔器和下放过程

钢筋笼检孔器的尺寸根据检测桩的设计桩径大小设计，外径可参照表 8-1 设计（检孔器外径不大于钻头直径），长度 L 为 3.0～5.0m（桩径较大时 L 取大值，可适当加长）。孔径器采用钢筋制作，有一定的刚度，防止在使用过程中发生变形；同时孔径器必须规则，减少周壁突出，防止在检孔过程中对孔壁造成破坏。

表 8-1　检孔器外径尺寸表（单位：cm）

设计桩径	100	120	150	200	250	280	300
检孔器外径	98	118	148	197	246	276	296

在钻孔成孔后，当孔深、清孔泥浆指标合格后，钻机移位，利用钻孔三角架或吊车、龙门架等设备将孔径器放入孔内，孔径器进入孔内后，利用在护筒顶放样十字线，通过吊绳进行孔径器对中，如图 8-1 所示。孔径器对中后，上吊点（吊车、三角架、龙门架下落钢丝绳点）必须位置固定且在整个检孔过程中不能变位，否则重新对中。孔径器在孔内下落时，靠自重下沉，不得借助其他外力。如果孔径器能在自重作用下顺利下至孔底（孔径器系有测绳），则表明孔径能满足设计桩径要求。如果在自重作用下不能下至孔底，则表明孔径小于设计桩径，则应重新扫孔或重钻至设计孔径。

当孔径器在孔顶对中下落后，通过在护筒顶观测吊绳相对于放样中心点偏移情况，可计算成孔后孔的倾斜度。

$$K=\frac{E}{H}\times 100\% \tag{8-1}$$

式中　K——桩孔垂直度，%；

E——桩孔偏心距，m；

H——孔径器下落深度，m。

2. 伞形孔径仪检测

伞形孔径仪是由孔径仪、孔斜仪、沉渣厚度测定仪三部分组成的一个测试系统，由于系统中孔径仪的孔中探测头部分形似伞形，而它也是系统中的主要部分，因此常俗称该系统为伞形孔径仪。它是国内目前采用较多的一种孔径测量仪器。仪器由孔径测头、自动记录仪、电动绞车等组成。仪器通过放入桩孔中的一专用测头测得孔径的大小，通过在测头上安装的电路将孔径值转化为电信号，由电缆将电信号送到地面被仪器接收、记录，根据接收、记录的电信号值或计算或直接绘出孔径。

孔径仪测头前端有四条测腿，测腿可在弹簧和外力的作用下自动张开、合拢，如同一把自动伞。测头放入孔中后，弹簧力使测腿自然张开并以一定的力与孔壁接触，孔径变大则测腿张开角也变大，孔径缩小则孔壁压迫测腿收拢，则测腿的张开角变小，四条测腿成两组正交分别测量两个方向的孔径值，取平均值作为某测点的孔径。当将测腿从孔底提升至孔口，随着孔径的变化，测腿可量出孔中各高程的孔径。

采用自动记录孔径信号，记录仪在绘出孔径大小的同时，通过控制记录仪的走纸系统来实现深度的同步测量。记录纸的走纸是由步进电机带动的，当绞车电缆提升一定长度时，孔口滑轮会随之转过一定的角度（或圈数），连接在井口滑轮上的光电脉冲发生器也同时转过相应的角度（或圈数），从而输出与深度相一致的脉冲数，带动步进电机使记录纸走过相应的长度，记录的“深度比例”就是通过对这些脉冲不同的分频来实现的。如图 8-2 为 JJC-1A 型灌注桩孔径检测系统。

图 8-2　JJC-1A 型灌注桩孔径检测系统

采用伞形孔径仪测试系统中配套的专用测斜仪，在孔内不同深度连续多点测量其顶角和方位角，根据所测得的顶角、方位角可计算孔的倾斜度。

测斜仪的顶角测量利用铅垂原理，测量系统由顶角电阻（电阻值已知）、顶角测量杆组成。顶角测量杆上装有一重块并可自由摆动，且使重块始终垂直于水平面，当钻孔斜时，顶角电阻和测量杆间就有一角度，仪器内部机构使得测量杆和顶角电阻接触，短路了一部分电阻，剩下的电阻值就是被测点的顶角。方位角测量依靠磁定向机构系统完成，系统中有定位电阻、接触片等，接触片始终保持指北状态，方位角变化时，接触片短路了一部分电阻，剩下的电阻值就是被测点的方位角。

由于桩孔垂直度主要取决于桩孔在垂直方向上的偏移量，因此实际工程检测中，一般以测量桩孔的顶角参数值为主，通过顶角值计算得到桩孔的垂直度。桩孔偏心距计算由公式（8-2）得到：

$$E=\sum_{i=1}^{n}E_i=\sum_{i=1}^{n}(H_i-H_{i-1})\sin\left(\frac{\theta_i-\theta_{i-1}}{2}\right) \tag{8-2}$$

式中　E——桩孔总偏移量，m；

H——桩孔深度，m；

i——第 i 个测点；

n——测点总数；

H_i——测头在第 i 点的读尺深度，m；

E_i——桩孔在读尺深度 H_{i-1} 至 H_i 的偏移量，m；

θ_{i-1}——测点的顶角值，(°)。

孔斜仪一般外加扶正器放入孔中测量，如果要求更准确的测量，可在成孔刚结束而钻杆尚未提起时，将专用高精度测斜仪放入钻杆内分点测斜，并将各点数值在坐标纸上描点作图，得到桩孔偏斜情况。

3. 声波法检测

声波法检测是目前灌注桩孔径、垂直度检测中使用较多的一种方法，国外、国内已有较为成熟的声波孔壁测定仪。它主要包含主机和绞车两个部分。现场检测时，利用绞车将探头放入孔内，依靠自重保持测试探头处于铅垂位置。测试时，超声振荡器产生一定频率的电脉冲，经放大后由发射换能器转换为声波，通过泥浆向孔壁方向传播，由于泥浆与孔壁的声阻抗有较大差异，声波到达孔壁后绝大部分被反射回来，经接收换能器接收。声波从发送到接收的时间，即为声波在孔内泥浆中的传播时间。由于超声波在泥浆介质中传播速度 v 是恒定的，假设超声波的探头至孔壁的距离为 L，实测声波发射至接收的时间差为 t，则按距离 $L=v\cdot t/2$。

声波探头中的四组换能器一般十字交叉布置，故可以探测孔内某高程测点两个方向相反的探头与孔壁之间的距离，进行连续测试，即可得到该钻孔两个方向孔壁的剖面变化图。如此改变测点高度，就可获得整个钻孔在该断面测点剖面变化图。当绞车在测试时始终保持吊点不变且钢丝绳垂直，即可通过钻孔孔壁剖面图得到钻孔的垂直度。实际钻孔孔深减去实测孔深值即得到沉淀厚度。超声波测试原理图如图 8-3 所示。检测仪器如图 8-4、图 8-5 所示。

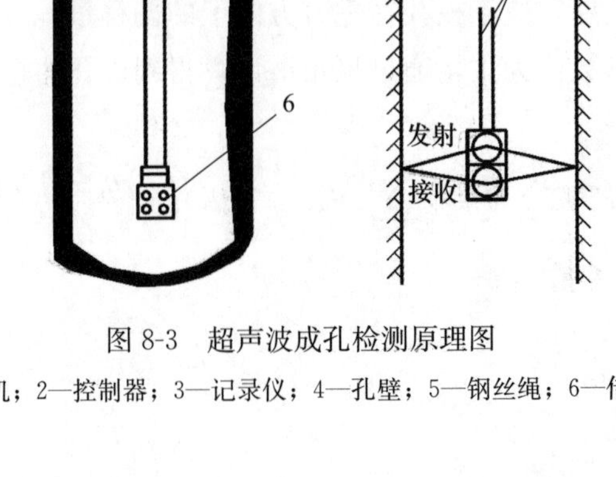

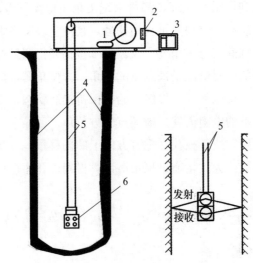

图 8-3　超声波成孔检测原理图

1—电机；2—控制器；3—记录仪；4—孔壁；5—钢丝绳；6—传感器

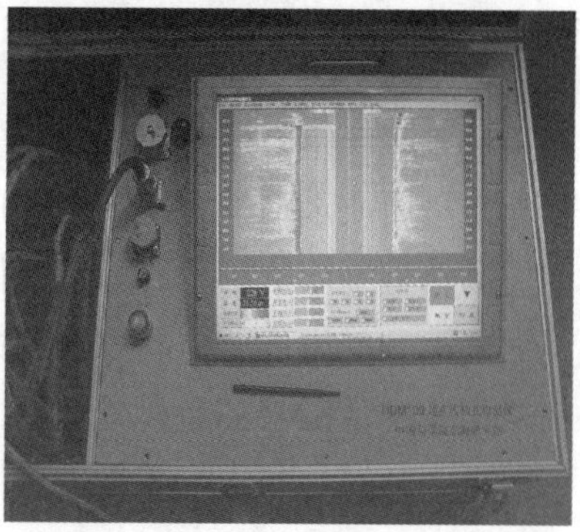

图 8-4　超声波成孔检测仪（主机）

图 8-5　超声波成孔检测仪（绞车）

超声波测孔是个复杂的过程，其测量精度受介质条件、仪器性能参数、测量方法等多种因素影响。介质条件影响主要表现在泥浆参数变化引起超声波的衰减。泥浆温度 W、密度 E、压力 P 变化引起声速 C 变化，泥浆湍度升高声速增高，泥浆比重增大，声速变慢。波速影响公式 $C=a_1W+a_2E+a_3P$（其中，a_1、a_2、a_3 为影响因子系数）。

仪器性能参数的影响因素有发射频率、电压、发射角及接收波前沿误差等。测量方法影响主要有仪器对中、测量方位、孔径校正和记录灵敏度增益控制等误差。但归纳起来，泥浆比重的控制、距离校正的好坏以及测量方法的调整是最主要的影响因素，它直接决定着测量结果的精度。另外，如果孔顶护筒已严重变形或桩孔进行多次扫孔，容易导致灌注桩成孔截面变成非圆形，若仍然按照前述公式进行计算，可能会产生严重的计算偏差，这点需特别注意。

桩孔施工时，机械难免会刮碰孔壁。如果遇地层松散或泥浆孔壁不好，容易导致塌孔，使得泥浆中悬浮颗粒增多，泥浆比重较大，再加上机械设备旋转而产生的气泡，会对超声波能量造成严重的散射和衰减。当泥浆比重超过某一限度后，尽管测试仪器增益已经调试很大，但由于回波信号太弱而不能接收到，无法显示孔壁图形。但泥浆比重也不能太低，因为钻孔随深度增加，周围土体的应力将进行重新调整，一旦最大主压应力和最小主压应力及垂直主应力达到某一比例关系时即超过土体的抗剪强度容易造成塌孔，这不仅对成孔的质量产生影响，而且会导致仪器探头因塌孔而埋入孔底，造成较大的经济损失。大量现场试验表明泥浆密度控制在 1.18～1.22kg/L 比较好。

孔径校正是以孔口附近某平面作为参考平面，对孔壁反射波加以校正，使得参考平面直径与实测孔径相等。这是保证桩孔检测成败的关键。如果孔口距离校正不准确，实测孔径就不准确。严重时记录曲线还会发生畸变。实际上，由于孔壁或护筒不规则，距离校正为零是不可能的。一般可以根据护筒顶的实测直径进行校正，而一般的超声波成孔检测仪均有孔径修正功能。

8.3 桩基静载测试

桩基静载试验是在桩顶部逐级施加竖向压力、竖向上拔力或水平推力，观测桩顶部随时间产生的沉降、上拔位移或水平位移，以确定相应的单桩竖向抗压承载力、单桩竖向抗拔承载力或单桩水平承载力的试验方法。因此根据基桩的受力情况，静力载荷试验可分为单桩竖向抗压静载荷试验、单桩竖向抗拔静载荷试验和单桩水平静载荷试验。

桩基静载试验为基础工程提供承载力的设计依据，是一种对桩基施工质量进行检测评定的方法，也是目前进行桩基承载力和变形特性评价的最可靠的方法，是其他方法（如基桩动力检测）与之进行比对的标准。它为基桩的合理形式和最佳工艺选择提供数据支持，确保施工和主体工程的安全。

8.3.1 桩基静载测试设备

静载试验由加载反力装置、荷载测量装置、变形测量装置三部分组成。

加载反力装置由加载稳压设备和反力装置组成，保证提供足够的反力通过加载设备将荷载传到桩的预定部位。

无论是竖向抗压、抗拔或水平推力静载试验，还是试验加载稳压设备均宜采用油压千斤顶加载。当采用两台及两台以上千斤顶加载时应并联同步工作。为此，采用的千斤顶型号、规格应相同，同时须保证在进行竖向承载力试验时千斤顶的合力中心应与桩轴线重合，在进行水平承载力试验时作用力合力应水平通过桩身轴线。

单桩竖向抗压静载试验的反力装置可选择锚桩横梁反力装置、压重平台反力装置或锚桩压重联合反力装置等，如图 8-6、图 8-7 所示。

图 8-6　锚桩横梁反力装置

图 8-7 压重平台反力装置

单桩竖向抗拔静载试验可采用反力桩（或工程桩）或天然地基提供支座反力。单桩水平推力静载试验水平推力的反力可由相邻桩或专门设置的反力结构提供。

荷载测量装置可采用以下两种形式：一种是通过用放置在千斤顶上的荷重传感器直接测定，另一种是通过并联于千斤顶油路的压力表或压力传感器测定油压，根据千斤顶率定曲线换算荷载。采用自动化静载试验设备进行试验，实现加卸荷与稳压自动化控制，不仅应对压力传感器进行校准，而且应对千斤顶进行校准，或者对压力传感器和千斤顶整个测力系统进行校准。

变形测量置包括基准梁、基准桩和百分表或位移传感器。通过对变形的量测结果进行分析，得出单桩的极限变形荷载值。

基准梁要有足够的刚度（工字钢作基准梁，高跨比不宜小于1/40），必要时可将两根基准梁连接或者焊接成网架结构。基准梁越长，越容易受外界因素的影响，有时这种影响较难采取有效措施来预防。基准梁的一端应固定在基准桩上，另一端应简支于基准桩上，以减少温度变化引起的基准梁挠曲变形。在满足规范规定的条件下，基准梁不宜过长，并应采取有效遮挡措施，以减少温度变化和刮风下雨、振动及其他外界因素的影响，尤其在昼夜温差较大且白天有阳光照射时更应注意。一般情况下，温度对沉降的影响为1～2mm。

《建筑地基基础设计规范》(GB 50007—2011）要求试桩、锚桩（压重平台支墩边）和基准桩之间的中心距离大于4倍试桩和锚桩的设计直径且大于2.0m。《建筑基桩检测技术规范》(JGJ 106—2014）对锚桩与试桩间距的规定具体见表8-2。

表8-2　试桩、锚桩（或压重平台支墩边）和基准桩之间的中心距离

反力装置	试桩中心与锚桩中心（或压重平台支墩边）	试桩中心与基准桩中心	基准桩中心与锚桩中心（或压重平台支墩边）
锚桩横梁	≥4（3）D且>2.0m	≥4（3）D且>2.0m	≥4（3）D且>2.0m
压重平台	≥4D且>2.0m	≥4（3）D且>2.0m	≥4D且>2.0m
地锚装置	≥4D且>2.0m	≥4（3）D且>2.0m	≥4D且>2.0m

注：1. D为试桩、锚桩或地锚的设计直径或边宽，取其较大者。

2. 括号内数值可用于工程桩验收检测时，多排设计桩中心距离小于4D或压重平台支墩下2～3倍宽影响范围内的地基土已进行加固处理的情况。

8.3.2　桩基静载测试技术方法

1. 单桩竖向静载试验

测试方法包括慢速维持荷载法和快速维持荷载法。当设计有要求或满足下列条件之一时，施工前应采用静载试验确定单桩竖向抗压承载力特征值：

（1）设计等级为甲级、乙级的桩基；

（2）地质条件复杂、桩施工质量可靠性低；

（3）本地区采用的新桩型或新工艺。

检测数量在同一条件下不应少于3根，且不宜少于总桩数的1%；当工程桩总数在50根以内时，不应少于2根。

单桩承载力和桩身完整性验收抽样检测的受检桩选择宜符合下列规定：

（1）施工质量有疑问的桩；

（2）设计方认为重要的桩；

（3）局部地质条件出现异常的桩；

（4）施工工艺不同的桩；

（5）承载力验收检测时适量选择完整性检测中判定的Ⅲ类桩；

（6）除上述规定外，同类型桩宜均匀随机分布。

由于成桩过程中，对地基土体产生了扰动使土体提供的阻力明显降低，不同土性的土体强度恢复所需要的时间不尽相同；对于现场浇筑的混凝土桩，尚需要桩身混凝土达到设计强度。

单桩竖向抗压静载试验的两种典型的试验装置结构示意图如图 8-8、图 8-9 所示。

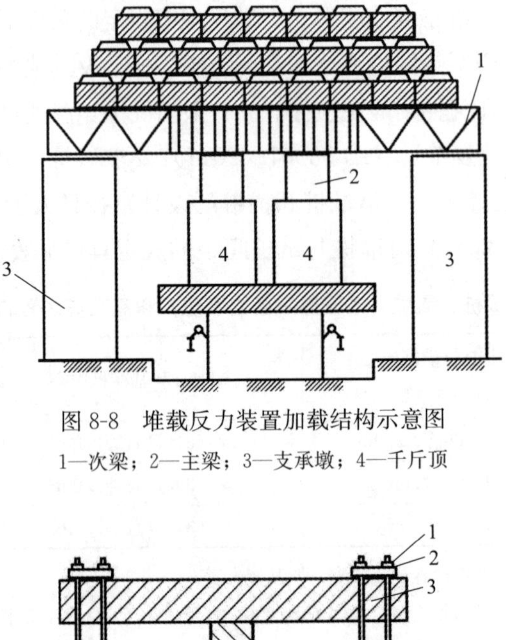

图 8-8　堆载反力装置加载结构示意图

1—次梁；2—主梁；3—支承墩；4—千斤顶

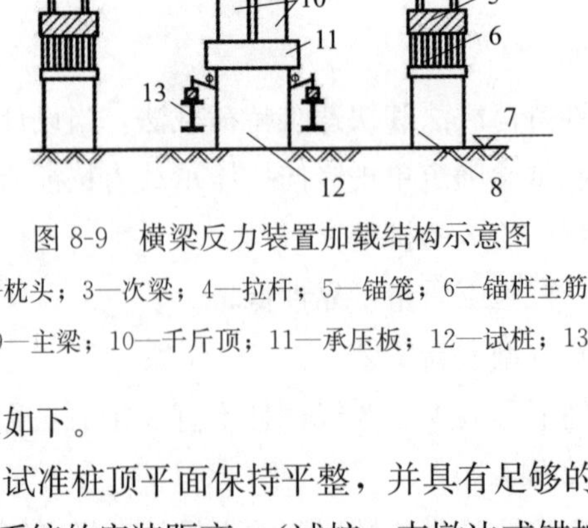

图 8-9　横梁反力装置加载结构示意图

1—垫块；2—枕头；3—次梁；4—拉杆；5—锚笼；6—锚桩主筋；7—地标；8—锚桩；9—主梁；10—千斤顶；11—承压板；12—试桩；13—基准梁

测试过程的现场要求如下。

（1）试桩桩顶处理：试准桩顶平面保持平整，并具有足够的强度。

（2）试验的沉降测量系统的安装距离：（试桩、支墩边或锚桩、基准桩）是否符合相应标准的要求，在有关标准中无具体要求的以《建筑基桩检测技术规范》(JGJ 106—2014）为准，并对基准梁给予应有的保护。

（3）试验荷载（堆载反力平台），荷载应一次堆上，保持荷载的平衡，确保荷载重心穿过试桩中心，荷载总量不得少于预定最大加载的 1.2 倍（支墩的荷载在无相应连接措施情况下不应计入总荷载量）。对于锚桩反力平台，应验算锚桩提供的有效反力（验算钢筋截面、焊接强度、试验装置的偏心及单桩抗拔承载力）大于最大加载的 1.2 倍。

（4）加载测力装置中，千斤顶的出力中心应与桩中心重叠，与主梁的受力中心重叠，确保反力能高效传递到桩顶。

（5）慢速维持荷载法技术过程主要是预压、加载分级、测读时间、判稳标准、荷载的维持、终止加载条件。现场试验时应按试验依据的标准给予控制。快速维持荷载法现场测量要求每级荷载施加后按第 5min、15min、30min 测读桩顶沉降量，以后每隔 15min 测读一次；试桩沉降相对稳定标准：加载时每级荷载维持时间不少于一小时，最后 15min 时间间隔的桩顶沉降增量小于相邻 15min 时间间隔的桩顶沉降增量；当桩顶沉降速率达到相对稳定标准时，再施加下一级荷载；卸载时，每级荷载维持 15min，按第 5min、15min 测读桩顶沉降量；卸载至零后，应测读桩顶残余沉降量，维持时间为 2h，测读时间为第 5min、10min、15min、30min，以后每隔 30min 测读一次。

2. 单桩抗拔静载试验

试验方法包括慢速维持荷载法和多循环加、卸载方法。检测数量与单桩抗压静载试验要求相同。

单桩竖向抗拔静载试验的两种典型的试验装置结构示意图如图 8-10 所示。由主梁、次梁（适用时）、反力桩或反力支承墩等反力装置，千斤顶、油泵加载装置，压力表、压力传感器或荷重传感器等荷载测量装置，百分表或位移传感器等位移测量装置组成。

测试过程的现场要求如下。

（1）采用反力桩（或工程桩）提供支座反力时，反力桩顶面应平整并具有一定的强度，为保证反力梁的稳定性，应注意反力桩顶面直径（或边长）不宜小于反力梁的梁宽；否则，应加垫钢板以确保试验设备安装稳定性。采用天然地基提供反力时，两边支座处的地基强度应相近，且两边支座与地面的接触面积宜相同，施加于地基的压应力不宜超过地基承载力特征值的 1.5 倍，避免加载过程中两边沉降不均造成试桩偏心受拉，反力梁的支点重心应与支座中心重合。

（2）千斤顶的安装有两种方式。一种是千斤顶放在试验桩的上方的上面，如图 8-11（a）所示；另一种是将两个千斤顶分别放在反力桩或支承墩的上面、主梁的下面，千斤顶顶主梁，如图 8-11（b）所示。

（3）其他要求同抗压静载试验。

3. 单桩水平静载试验

试验方法包括单向多循环加载法和慢速维持荷载法。试验数量应根据设计要求及工程地质条件确定，不应小于总桩数的 1%，且不少于 3 根。

单桩水平静载试验的两种典型的试验装置结构示意图如图 8-10、图 8-11 所示。

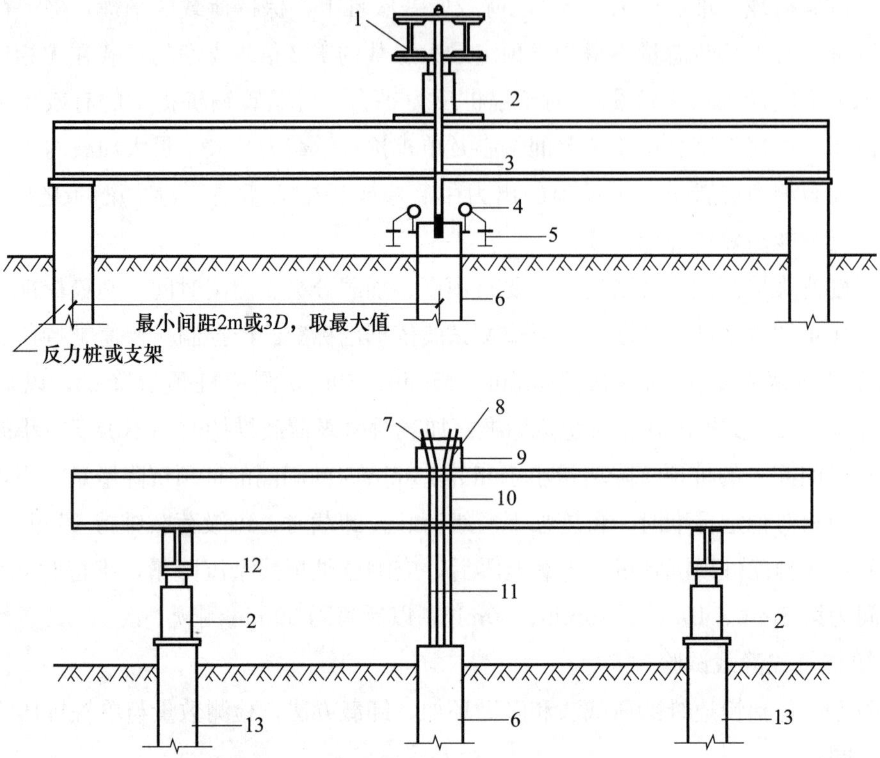

图 8-10　单桩竖向抗拔静载装置结构示意图

1—反力梁；2—千斤顶；3—拉杆；4—百分表；5—基准梁；6—试验桩；7—钢帽；8—钢楔；9—垫箱；10—次梁；11—钢筋；12—主梁；13—反力桩

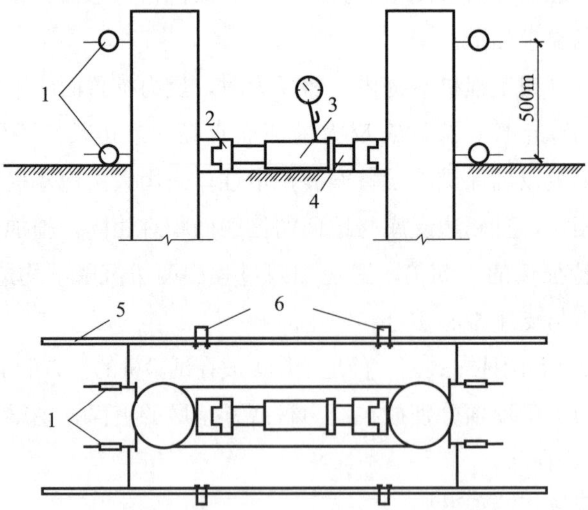

图 8-11　水平静载试验反力梁装置结构示意图（单位：mm）

1—百分表；2—球铰；3—千斤顶；4—垫块；5—基准梁；6—基准桩

测试过程的现场要求有：

（1）水平推力加载装置宜采用油压千斤顶（卧式），加载能力不得小于最大试验荷载的1.2倍。水平力作用点宜与实际工程的桩基承台底面标高一致，如果高于承台底标高，试验时在相对承台底面处会产生附加弯矩，会影响测试结果，也不利于将试验成果根据桩顶的约束予以修正。千斤顶与试桩接触处需安置一球形支座，使水平作用力方向始终水平和通过桩身轴线，不随桩的倾斜和扭转而改变，同时可以保证千斤顶对试桩的施力点位置在试验过程中保持不变。试验时，为防止力作用点受局部挤压破坏，千斤顶与试桩的接触处宜适当补强。

（2）固定位移计的基准点宜设置在试验影响范围之外，与作用力方向垂直且与位移方向相反的试桩侧面，基准点与试桩净距不小于1倍桩径。在陆上试桩可用入土1.5m的钢钎或型钢作为基准点，在港口码头工程设置基准点时，因水深较大，可采用专门设置的桩作为基准点，同组试桩的基准点一般不少于2个。搁置在基准点上的基准梁要有一定的刚度，以减少晃动，整个基准装置系统应保持相对独立。为减少温度对测量的影响，基准梁应采取简支的形式，顶上有篷布遮阳。

（3）各测试断面的测量传感器应沿受力方向对称布置在远离中性轴的受拉和受压主筋上，埋设传感器的纵剖面与受力方向之间的夹角不得大于10°，以保证各测试断面的应力最大值及相应弯矩的量测精度（桩身弯矩并不能直接测到，只能通过桩身应变值进行推算）。对承受水平荷载的中长桩，浅层土对限制桩的变形起到重要作用，而弯矩在此范围里变化也最大，为找出最大弯矩及其位置，应加密测试断面。《建筑基桩检测技术规范》（JGJ 106—2014）规定，在地面下10倍桩径（桩宽）的主要受力部分，应加密测试断面，但断面间距不宜超过1倍桩径；超过此深度，测试断面间距可适当加大。

（4）单向多循环加载法的分级荷载应小于预估水平极限承载力或最大试验荷载的1/10，每级荷载施加后，恒载4min后可测读水平位移，然后卸载为零，停2min测读残余水平位移。至此完成一个加、卸载循环，如此循环5次，完成一级荷载的位移观测。试验不得中间停顿。

慢速维持荷载法的加卸、载分级、试验方法及稳定标准应按8.3.2节的相关规定进行。测量桩身应力或应变时，测试数据的测读宜与水平位移测量同步。

（5）当出现下列情况之一时，可终止加载：①身折断。对长桩和中长桩，水平承载力作用下的破坏特征是桩身弯曲破坏，即桩发生折断，此时试验自然终止；②水平位移超过30～40mm（软土取40mm）；③水平位移达到设计要求的水平位移允许值。本条主要针对水平承载力验收检测。

8.3.3 桩基静载测试结果判定

1. 单桩竖向抗压极限承载力确定

根据单桩竖向抗压静载试验结果，绘制荷载—沉降曲线（Q—S曲线）或沉降—时间对数曲线（S—lg$t$ 曲线），并按下述原则判定单桩竖向抗压极限承载力。

（1）根据沉降随荷载变化的特征确定：对陡降型的 Q—S 曲线，取其发生明显陡降的起始点对应的荷载值。

（2）根据沉降随时间变化的特征确定：取 S—lg$t$ 曲线尾部出现明显向下弯曲的前一级荷载值。

（3）某级荷载作用下，桩顶沉降量大于前一级荷载作用下沉降的 2 倍，且经 24h 尚未达到相对稳定标准，则取前一级荷载值。

（4）对于缓变型 Q—S 曲线可根据沉降量确定，宜取 S＝40mm 对应的荷载值；当桩长大于 40m 时，宜考虑桩身弹性压缩量；对于直径不小于 800mm 的桩，可取 S＝0.05D（D 为桩端直径）对应的荷载值。

（5）当按上述四条判定桩的竖向抗压承载力未达到极限时，桩的竖向抗压极限承载力应取最大试验荷载值。

2. 单桩竖向抗拔极限承载力的确定

根据单桩竖向抗拔静载试验结果，绘制上拔荷载-桩顶上拔量曲线（U—δ 曲线）或桩顶上拔量-时间对数曲线（δ—lg$t$ 曲线），并按下述原则判定单桩竖向抗拔极限承载力。

（1）根据上拔量随荷载变化的特征确定：对于陡变型 U—δ 曲线，如图 8-12 所示，取陡升起点对应的荷载值。

（2）根据上拔量随时间变化的特征确定：对于缓变型 U—δ 曲线，根据 δ—lg$t$ 曲线判定，即取 δ—lg$t$ 曲线斜率明显变陡或曲线尾部明显弯曲的前一级荷载值为竖向抗拔极限承载力，如图 8-13 所示。

（3）当在某级荷载下抗拔钢筋断裂时，取其前一级荷载值。

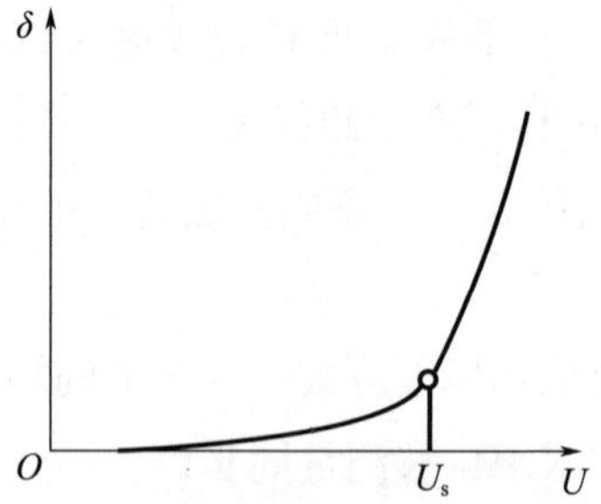

图 8-12　根据 U—δ 曲线确定单桩抗拔极限承载力

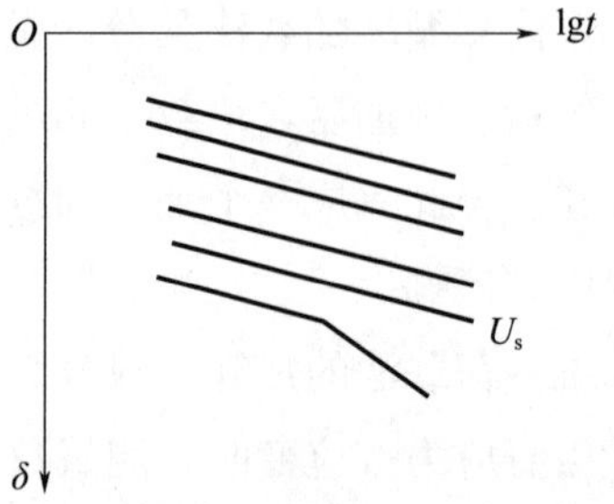

图 8-13　根据 δ—lg$t$ 曲线确定单桩抗拔极限承载力

3. 单桩水平极限承载力的确定

采用单向多循环加载法时应绘制水平力—时间—作用点位移（H—t—Y_0）关系曲线和水平力—位移—梯度（H—ΔY_0—ΔH）关系曲线。

单桩水平临界荷载（桩身受拉区混凝土明显退出工作前的最大荷载），一般按下列方法综合确定：

(1) $H—t—Y_0$ 曲线出现突变点的前一级荷载为水平临界荷载 H_{cr}；

(2) 取 $H—\Delta Y_0—\Delta H$ 曲线第一条直线段的终点所对应的荷载为水平临界荷载，H_{cr}；

(3) 当桩身埋设有钢筋应力计时，取曲线中第一突变点所对应的荷载为水平临界荷载 H_{cr}，如图 8-14 所示。

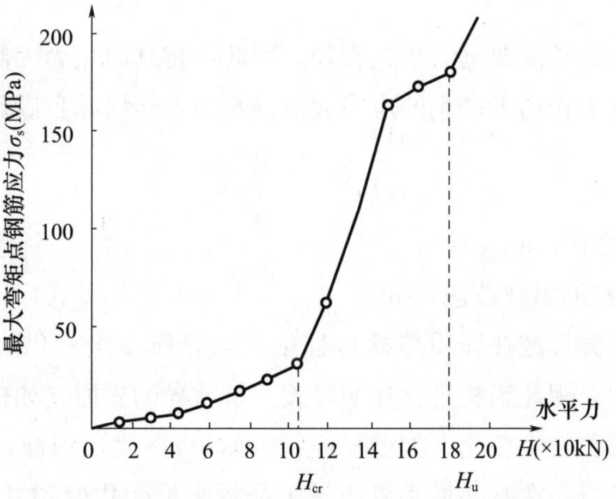

图 8-14　当桩身埋设有钢筋应力计时的水平临界荷载

一般情况下常采用第 (1)、(2) 两种方法确定单桩水平临界荷载，当有钢筋应力计时三种方法均可用来确定单桩水平临界荷载。

单桩水平极限荷载根据下列方法综合确定：

(1) 取 $H—t—Y_0$ 曲线陡降的前一级荷载为极限荷载 H_u；

(2) 取 $H—\Delta Y_0/\Delta H$ 曲线第二条直线段的终点所对应的荷载为极限荷载 H_u；

(3) 取桩身折断或受拉钢筋屈服时的前一段荷载为极限荷载 H_u；

(4) 当试验项目对加载方法或桩顶位移有特殊要求时，可根据相应的方法确定水平极限荷载 H_u。

当作用于桩顶的轴向荷载达到或超过其竖向荷载的 0.2 倍时，单桩水平临界荷载、极限荷载都将有一定程度的提高。因此，当条件许可时，可模拟实际荷载情况，进行桩顶同时施加轴向压力的水平静载试验，以更好地了解桩身的受力情况。

8.4　基桩低应变反射波法动力检测

8.4.1　概述

基桩的低应变反射波动力检测就是通过对桩顶施加激振能量，引起桩身及周围土体的微幅振动，同时用仪表量测和记录桩顶的振动速度和加速度，利用波动理论或机械阻抗理论对记录结果加以分析。从而达到检验桩基施工质量、判断桩身完整性、判定桩身缺陷程度及位置等目的。低应变法具有快速、简便、经济、实用等优点。

低应变反射波法基桩动力检测的方法很多，本节主要介绍在工程中应用比较广泛、效果较好的反射波法。

8.4.2 反射波法基本原理和设备

埋设于地下的桩的长度要远大于其直径，因此可将其简化为无侧限约束的一维弹性杆件，在桩顶初始扰力作用下产生的应力波沿桩身向下传播并且满足一维波动方程：

$$\frac{\partial^2 u}{\partial t^2}=c^2\frac{\partial^2 u}{\partial x^2} \tag{8-3}$$

式中 u——x 方向位移，m；

c——桩身材料的纵波波速，m/s。

根据波动理论，弹性波在介质传播过程中，当介质发生变化时（即波阻抗发生变化）须产生波的反射，因此当桩身存在明显波阻抗差异的界面（如桩底、断桩和严重离析等）或桩身截面面积发生变化（如缩径或扩径），将产生反射波，利用高灵敏高精度的仪器检测出反射信号，在时间域和频率域上分析阻抗变化处和桩底处的反射波特性，确定桩身平均波速，判定桩身完整性，进而确定桩身缺陷位置，并且可以校核桩长，估算桩身混凝土强度。

桩身混凝土的强度等级可依据波速来估计，波速与混凝土抗压强度的换算关系，应通过对混凝土试件的波速测定和抗压强度的对比试验确定。表 8-3 为，通过对 150mm×150mm×150mm 标准试件的对比试验确定的桩身纵波波速与混凝土强度等级关系。

表 8-3 桩身纵波波速与混凝土强度关系

纵波波速（m/s）	混凝土强度等级
>4100	大于 C35
3700～4100	C30
3500～3700	C25
2700～3500	C20
<2700	小于 C20

用于反射波法桩基动测的仪器一般有传感器、放大器、滤波器、数据处理系统以及激振设备和专用附件等。

1. 传感器

传感器是反射波法桩基动测的重要仪器，传感器一般可选用宽频带的速度或加速度传感器。速度传感器的频率范围宜为 10～500Hz，速度灵敏度应高于 300mV/cm/s。加速度传感器的频率范围宜为 1Hz～10kHz，加速度灵敏度应高于 100mV/g。

2. 放大器

放大器的增益应大于 60dB，长期变化量小于 1%，折合输入端的噪声水平应低于

$3\mu V$，频带宽度应宽于1Hz～20kHz，滤波频率可调。模数转换器的位数至少应为8bit，采样时间间隔至少应为50～1000μs，每个通道数据采集暂存器的容量应不小于1kbit多通道采集系统应具有良好的一致性，其振幅偏差应小于3%，相位偏差应小于0.1ms。

3. 激振设备

激振设备应有不同材质、不同质量之分，以便于改变激振频谱和能量，满足不同的检测目的。目前工程中常用的锤头有塑料头锤和尼龙头锤，它们激振的主频分别为2000Hz左右和1000Hz左右；锤柄有塑料柄、尼龙柄、铁柄等，柄长可根据需要而变化。一般说来，柄越短，则由柄本身振动所引起的噪声越小，而且短柄产生的力脉冲宽度小、力谱宽度大。当检测深部缺陷时，应选用柄长、重的尼龙锤来加大冲击能量；当检测浅部缺陷时，可选用柄短、轻的尼龙锤。

8.4.3 反射波法检测的前期要求

1. 检测前的准备工作

检测前必须收集场地工程地质资料、施工原始记录、基础设计图和桩位布置图，明确测试目的和要求。通过现场调查，确定需要检测桩的位置和数量，并对这些桩进行检测前的处理。另外，还要及时对仪器设备进行检查和调试，选定合适的测试方法和仪器参数。

2. 检测数量的确定

桩基的检测数量应根据建（构）筑物的特点、桩的类型、场地工程地质条件、检测目的、施工记录等因素综合考虑决定。对于一柱一桩的建（构）筑物，全部桩基都应进行检测；非一柱一桩时，若检测混凝土灌注桩身完整，则抽测数不得少于该批桩总数的30%，且不得少于10根。如抽测结果不合格的桩数超过抽测数的30%，应加倍抽测；加倍抽测后，不合格的桩数仍超过抽测数30%时，则应全面抽测。

3. 仪器设备及保养

用于基桩低应变动测的仪器设备，其性能应满足各种检测方法的要求。检测仪器应具有防尘、防潮性能，并可在-10～50℃的环境温度下正常工作。

对桩身材料强度进行检测时，如工期较紧，亦可根据桩身混凝土实测纵波波速来推求桩身混凝土的强度。

8.4.4 反射波法检测技术方法和分析

1. 检测技术方法

反射波法检测基桩质量的仪器布置如图8-15所示。

实心桩的激振点应布置在桩顶圆心处；传感器应布置在半径的外2/3R处。空心桩传感器所在轴线应与激振点所在轴线呈90°，如图8-16所示。

激振点与传感器安装的位置应凿成大小合适的平面，平面应平整并基本垂直于桩身轴线。激振点与传感器安装位置应远离钢筋笼的主筋，以减少外露筋对测试信号产生干扰。

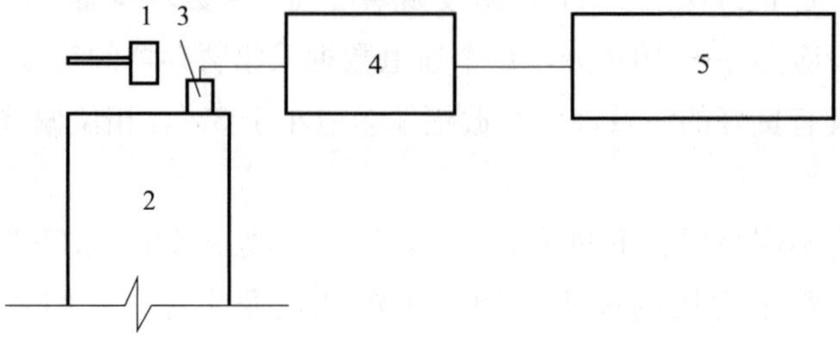

图 8-15　反射波检测基桩质量仪器布置图

1—手锤；2—桩；3—传感器；4—桩基分析仪；5—显示器

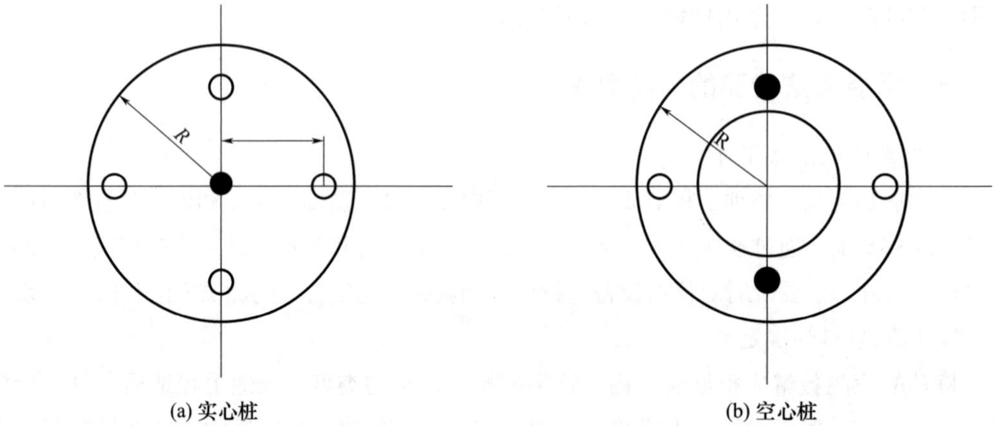

图 8-16　传感器、激振点布置

现场检测工作一般应遵循下面的一些基本程序：

（1）对被测桩头进行处理，凿去浮浆，平整桩头，割除桩外露的过长钢筋。

（2）接通电源，对测试仪器进行预热，进行激振和接收条件的选择性试验，以确定最佳激振方式和接收条件。

（3）对于灌注桩和预制桩，激振点一般选在桩头的中心部位；对于水泥土桩，激振点应选择在 1/4 桩径处；传感器应稳固地安置于桩头上，为了保证传感器与桩头的紧密接触，应在传感器底面涂抹凡士林或黄油；当桩径较大时，可在桩头安放两个或多个传感器。

（4）为了减少随机干扰的影响，可采用信号增强技术进行多次重复激振，以提高信噪比。

（5）为了提高反射波的分辨率，应尽量使用小能量激振并选用截止频率较高的传感器和放大器。

（6）由于面波的干扰，桩身浅部的反射比较紊乱，为了有效地识别桩头附近的浅部缺陷，必要时可采用横向激振水平接收的方式进行辅助判别。

（7）每根试桩应进行 3～5 次重复测试，出现异常波形应立即分析原因，排除影响测试的不良因素后再重复测试，重复测试的波形应与原波形有良好的相似性。

2. 检测分析

对时域内桩基检测结果进行波形的分析和比对是反射波法低应变动载检测中最重要的一环，它直接影响到对桩身完整性的判定和缺陷性质位置的确定。因此，在分析过程中应结合基桩施工记录、地质情况对波形特征进行全面的分析，反复比对，认真研判，以确定基桩缺陷的类型和位置，判定桩身完整性。

以下介绍几种典型的波形特征。

（1）完整桩

完整桩的反射波波型规则，波列清晰，无缺陷反射波存在；桩底反射明显；波速正常。

图 8-17 为防洪工程防浪墙桩基础工程桩的波形。该桩设计桩长 15m，桩径 0.8m，混凝土强度等级为 C20。实测中测得桩长为 15.38m，平均波速为 3300m/s。该桩波形规则，波列清晰，桩底反射波明显，为典型完整桩波形，判定为Ⅰ类桩。

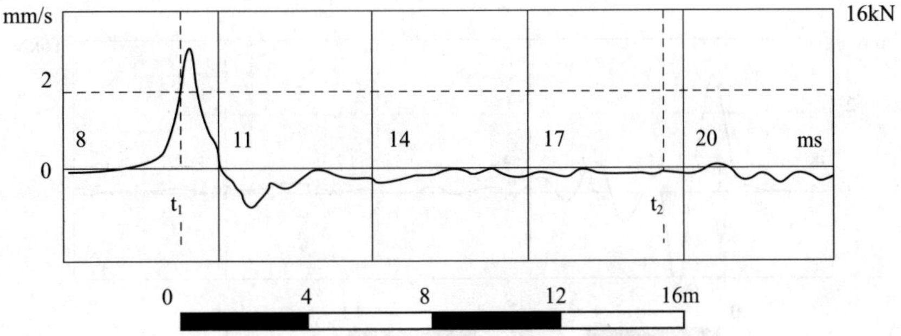

图 8-17　防洪工程防浪墙桩基础工程桩的波形

（2）缩颈桩

缩颈处截面面积变小，波阻抗减小，应力波遇到缩颈会产生与入射波同相的反射，波形比较规则，波速一般正常。一般能看到桩底反射，若缩颈部位较浅，缩颈还会出现几次反射，但若缩颈程度较严重，则难以看到桩底反射。

图 8-18 为哈尔滨市太阳岛公园观景台桩基础工程缩颈桩波形，设计桩长 20m，桩径 0.6m，混凝土强度等级 C20。实测中测得平均波速为 3300m/s。该桩波形比较规则，在距桩顶 5～6m 处存在与入射波同相的反射，波速正常，判定该桩为Ⅱ类桩，在 5～6m 处有轻微缩径，不影响桩承载力。

（3）离析桩

离析产生的主要因素包括混凝土配比不当、搅拌及振捣不匀、灌注时受地下水影响等。表现为混凝土密实性差，或骨料、水泥砂浆相对集中。离析处介质的波速和密度较正常混凝土小，导致波阻抗降低，出现同相反射，这一点与缩颈类相似。但离析处的反射波形不规则，后续反射信号杂乱，计算得到的波速偏小，一般不会掩盖桩身以下部位出现的较大的第二缺陷信号。

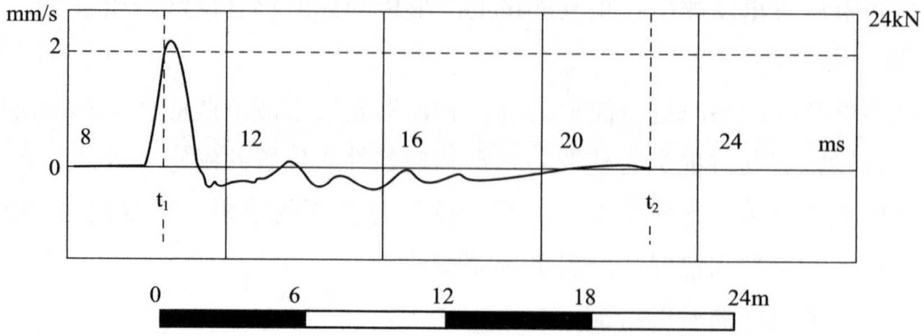

图 8-18　哈尔滨市太阳岛公园观景台桩基础工程缩颈桩波形

图 8-19 为齐齐哈尔市某农道桥离析桩波形，设计桩长 14m，桩径 0.6m，混凝土强度等级 C20。实测中测得平均波速为 2900m/s。该桩波形不规则，在距桩顶 3～5m 处存在与入射波同相的反射，存在明显的桩底反射，波速偏小，故判定该桩为Ⅲ类桩，在 3～4m 处存在混凝土离析带，影响桩承载力。经开挖证明，该桩在距桩顶 3.4～3.7m 处存在混凝土离析。

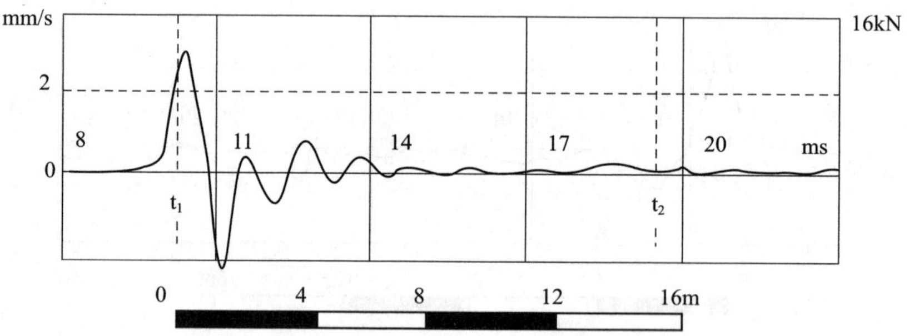

图 8-19　齐齐哈尔市某农道桥离析桩波形

（4）断裂（夹层）桩

断裂一般表现夹杂一层阻抗较低的介质，在波形曲线上形成同相反射，且往往为多次反射，间隔时间相等，表征断裂位置的第一个反射脉冲幅值较高，前沿比较陡峭。由于段桩处声波能量难以下传，一般桩底反射难以辨认，如果是没有夹层裂缝或断层，也可辨认桩底反射。

图 8-20 为龙头桥灌区 5＋431 段公路桥断裂（夹层）桩波形。设计桩长 22m，桩径 0.8m，混凝土强度等级为 C20。该桩在浇注至 6m 左右时发生塌孔，经排水、排沙等处理后继续浇注。实测中测得平均波速为 3300m/s。该桩波形极不规则，在距桩顶 4～6m 处存在明显的反射波，且多次重复反射；波无法向下传播，无桩底反射。故判定该桩在 4～6m 处断裂。经开挖验证，该桩在接近 5m 处存在断层。

（5）扩颈桩

钻孔灌注桩在地下水位附近的松软土层中，经常发生扩颈现象。扩颈后桩身界面积增加，波形曲线上会出现与入射波相位相反的反射波。需要注意的是，如果桩周土较硬，波形曲线上也会出现类似于扩颈的反射波。

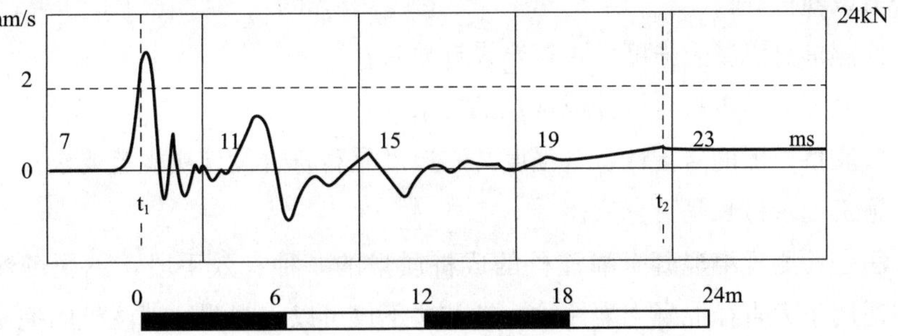

图 8-20 龙头桥灌区 5+431 段公路桥断裂（夹层）桩波形

图 8-21 为汤原县城防亚行工程 0+050 乳品厂桥基础桩，设计桩长 21m，桩径 0.9m，混凝土强度等级为 C20。实测中测得平均波速为 3300m/s，推定其同强度等级为 C20。该桩波形比较规则，在距桩顶 5～6m 处出现与入射波相位相反的反射波，波速正常，判定该桩为Ⅱ类桩，在 5～6m 处有轻微扩径，不影响桩承载力。

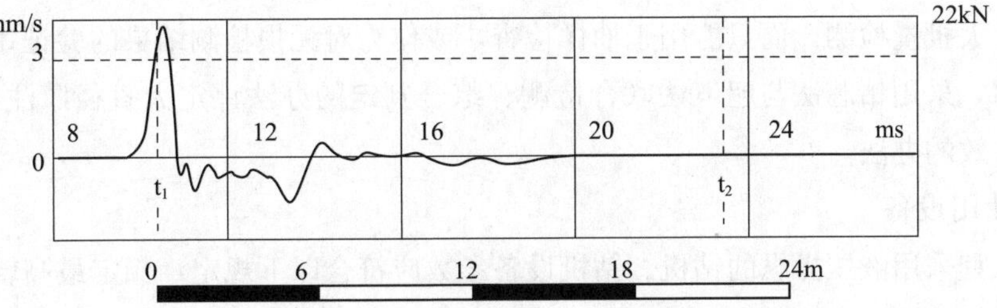

图 8-21 汤原县城防亚行工程 0+050 乳品厂桥基础桩

反射波法低应变桩基础动载检测实验是目前评价桩基础质量的重要手段。与其他方法相比，反射波具有无损、简便、快捷、高效的优点，能够有效地确定桩身混凝土的完整性，并推定缺陷类型及其大致范围，因此在桩基础工程无损检测中得到了广泛的应用。但是，同样应该看到，由于存在复杂的桩-土系统、理论假设与实际不相符等问题，反射波也存在局限性。所以在现场检测时，必须选择合适的激振方式和激振点，保证采集信号的真实性。在对检测曲线进行判断时，应综合地质条件、施工工艺、应力波传播机理等各种因素，这样才能比较准确地分析判断桩身质量。当检测出较严重缺陷时，还应该结合其他检测方法综合判定。

8.5 灌注桩钻芯法检测

采用岩芯钻探技术和施工工艺，在桩身上沿长度方向钻取混凝土芯样及桩端岩土芯样，通过对芯样的观察和测试，用以评价成桩质量的检测力法称为钻孔取芯法，简称钻芯法。钻芯法所适用的检测内容如下：

（1）验证桩身完整性，即桩身材料密实性和连续性，如桩身混凝土胶结状况、有无气孔、松散或断桩等；

（2）检测桩身混凝土强度是否符合设计要求；

（3）桩底沉渣是否符合设计或规范的要求；

（4）桩底持力层的岩土性状（强度）和厚度是否符合设计或规范要求；

（5）施工记录桩长是否真实。

钻芯法是检测现浇混凝土灌注桩的成桩质量的一种有效手段，不受场地条件的限制，特别适用于大直径混凝土灌注桩。钻芯法不仅可以直观测试灌注桩的完整性，而且能够检测桩长、桩底沉渣厚度以及桩底岩土层的性状，钻芯法还是检验灌注桩桩身混凝土强度的可靠方法，这些检测内容是其他方法无法替代的。在多种的桩身完整件检测方法中，钻芯法最为直观可靠。但该法取样部位有局限性，只能反映钻孔范围内的小部分混凝土质量，存在较大的盲点，容易以点带面造成误判或漏判。钻芯法对查明大面积的混凝土疏松、离析、夹泥、孔洞等比较有效，而对局部缺陷和水平裂缝等判断就不一定十分准确。另外，钻芯法还存在设备庞大、费工费时、价格昂贵的缺点。因此，钻芯法不宜用于大批量检测，而只能用于抽样检查，或作为对无损检测结果的验证手段。实践经验表明，采用钻芯法与超声法联合检测、综合判定的办法评定大直径灌注桩的质量，是十分有效的办法。

1. 使用设备

（1）宜采用液压操纵的钻机。钻机设备参数应符合以下规定：额定最高转速不低于790r/min。转速调节范围不少于4挡。额定配用压力不低于1.5MPa。

（2）应采用单动双管钻具，并配备相应的孔口管、扩孔器、卡簧、扶正稳定器及可捞取松软渣样的钻具。钻杆应顺直，直径宜为50mm。

（3）应根据混凝土设计强度等级选用合适粒度、浓度、胎体硬度的金刚石钻头，且外径不宜小于100mm。钻头胎体不得有肉眼可见的裂纹、缺边、少角、倾斜及喇叭口变形。

（4）水泵的排水量应为50～160L/min、泵压为1.0～2.0MPa。

（5）锯切芯样试件用的锯切机应具有冷却系统和牢固夹紧芯样的装置，配套使用的金刚石圆锯片应有足够刚度。

（6）芯样试件端面的补平器和磨平机应满足芯样制作的要求。

2. 现场操作

（1）每根受检桩的钻芯孔数和钻孔位置宜符合下列规定：桩径小于1.2m的钻1孔，桩径为1.2～1.6m的桩钻2孔，桩径大于1.6m的桩钻3孔。当钻芯孔为一个时，宜在距桩中心10～15cm的位置开孔；当钻芯孔为两个或两个以上时，开孔位置宜在距桩中心0.15～0.25D内均匀对称布置。对桩底持力层的钻探，每根受检桩不应少于1孔，且钻探深度应满足设计要求。

（2）钻机设备安装必须周正、稳固、底座水平。钻机立轴中心、天轮中心（天车前沿切点）与孔口中心必须在同一铅垂线上。应确保钻机在钻芯过程中不发生倾斜、移位，钻芯孔垂直度偏差不大于0.5%。

（3）当桩顶面与钻机底座的距离较大时，应安装孔口管，孔口管应垂直且牢固。

（4）钻进过程中，钻孔内循环水流不得中断，应根据回水含砂量及颜色调整钻进速度。

（5）提钻卸取芯样时，应拧卸钻头和扩孔器，严禁敲打卸芯。

（6）每回次进尺宜控制在1.5m内；钻至桩底时，应采取适宜的钻芯方法和工艺钻取沉渣并测定沉渣厚度，并采用适宜的方法对桩底持力层岩土性状进行鉴别。

（7）钻取的芯样应由上而下按回次顺序放进芯样箱中，芯样侧面上应清晰标明回次数、块号、本回次总块数，并应按规范及时记录钻进情况和钻进异常情况，对芯样质量做初步描述。

（8）应对芯样和标有工程名称、桩号、钻芯孔号、芯样试件采取位置、桩长、孔深、检测单位名称的标志牌的全貌进行拍照。

（9）当单桩质量评价满足设计要求时，应采用0.5～1.0MPa压力，从钻芯孔孔底往上用水泥浆回灌封闭；否则应封存钻芯孔，留待处理。

3. 芯样试件截取与加工

（1）截取混凝土抗压芯样试件应符合下列规定：当桩长为10～30m时，每孔截取3组芯样；当桩长小于10m时，可取2组；当桩长大于30m时，不少于4组。上部芯样位置距桩顶设计标高不宜大于1倍桩径或1m，下部芯样位置距桩底不宜大于1倍桩径或1m，中间芯样宜等间距截取。缺陷位置能取样时，应截取一组芯样进行混凝土抗压试验。如果同一基桩的钻芯孔数大于一个，其中一孔在某深度存在缺陷时，应在其他孔的该深度处截取芯样进行混凝土抗压试验。

（2）当桩底持力层为中、微风化岩层且岩芯可制作成试件时，应在接近桩底部位截取一组岩石芯样；如遇分层岩性时宜在各层取样。

（3）每组芯样应制作三个芯样抗压试件。芯样试件应按规范进行加工和测量。

4. 芯样试件抗压强度试验

（1）芯样试件制作完毕可立即进行抗压强度试验。

（2）混凝土芯样试件的抗压强度试验应按国家标准《混凝土物理力学性能试验方法标准》（GB/T 50081—2019）的有关规定执行。

（3）抗压强度试验后，若发现芯样试件平均直径小于2倍试件内混凝土粗骨料最大粒径，且强度值异常时，该试件的强度值不得参与统计平均。

（4）混凝土芯样试件抗压强度应按下列公式计算：

$$f_{cu}=\xi \cdot \frac{4P}{\pi d^2} \tag{8-4}$$

式中 f_{cu}——混凝土芯样试件抗压强度，MPa，精确至0.1MPa；

P——芯样试件抗压试验测得的破坏荷载，N；

d——芯样试件的平均直径，mm；

ζ——混凝土芯样试件抗压强度折算系数，应考虑芯样尺寸效应、钻芯机械对芯样扰动和混凝土成型条件的影响，通过试验统计确定；当无试验统计资料时，宜取为 1.0。

5. 检测数据分析与判定

（1）混凝土芯样试件抗压强度代表值应按一组三块试件强度值的平均值确定。同一受检桩同一深度部位有两组或两组以上混凝土芯样试件抗压强度代表值时，取其平均值为该桩该深度处混凝土芯样试件抗压强度代表值。

（2）受检桩中不同深度位置的混凝土芯样试件抗压强度代表值中的最小值为该桩混凝土芯样试件抗压强度代表值。

（3）桩底持力层性状应根据芯样特征、岩石芯样单轴抗压强度试验、动力触探或标准贯入试验结果，综合判定桩底持力层岩土性状。

（4）桩身完整性类别应结合钻芯孔数、现场混凝土芯样特征、芯样单轴抗压强度试验结果，按规范进行综合判定，具体内容见表 8-4。

成桩质量评价应按单桩进行。当出现下列情况之一时，应判定该受检桩不满足设计要求：桩身完整性类别为Ⅳ类的桩。受检桩混凝土芯样试件抗压强度代表值小于混凝土设计强度等级的桩。桩长、桩底沉渣厚度不满足设计或规范要求的桩。桩底持力层岩土性状（强度）或厚度未达到设计或规范要求的桩。

钻芯孔偏出桩外时，仅对钻取芯样部分进行评价。

表 8-4　桩身完整性判定

类别	特征
Ⅰ	混凝土芯样连续、完整、表面光滑、胶结好、骨料分布均匀、呈长柱状、断口吻合，芯样侧面仅见少量气孔
Ⅱ	混凝土芯样连续、完整、胶结较好、骨料分布基本均匀、呈柱状、断口基本吻合，芯样侧面局部见蜂窝麻面、沟槽
Ⅲ	大部分混凝土芯样胶结较好，无松散、夹泥或分层现象，但有下列情况之一： 芯样局部破碎且破碎长度不大于 10cm； 芯样骨料分布不均匀； 芯样多呈短柱状或块状； 芯样侧面蜂窝麻面、沟槽连续
Ⅳ	钻进很困难； 芯样任一段松散、夹泥或分层； 芯样局部破碎且破碎长度大于 10cm

【知识归纳】

1. 桩基础的检测技术发展。
2. 灌注桩成孔质量检测。
3. 桩基础静载检测的主要设备。
4. 桩基础静载检测的技术方法。
5. 桩基础静载检测的结果判定。
6. 反射波法低应变检测技术。
7. 灌注桩钻芯法检测技术。

【独立思考】

1. 简述桩基础检测技术的发展。
2. 简述桩基竖向荷载静载测试的主要加载方法。
3. 简述反射波法低应变检测的技术方法。

【参考文献】

[1] 马英明，程锡禄．工程测试技术［M］．北京：煤炭工业出版社，1988.
[2] 夏才初，李永盛．地下工程测试理论与监测技术［M］．上海：同济大学出版社，1999.
[3] 宰金珉．岩土工程测试与监测技术［M］．北京：中国建筑工业出版社，2008.
[4] 任建喜，年延凯．岩土工程测试与监测技术［M］．武汉：武汉理工大学出版社，2009.
[5] 廖红建，赵树德．岩土工程测试［M］．北京：机械工业出版社，2007.
[6] 张国忠，赵家贵．测试技术［M］．北京：中国计量出版社，1998.
[7] 林宗元．岩土工程试验监测手册［M］．北京：中国建筑工业出版社，2005.
[8] 祝龙根，刘利民．地基基础测试新技术［M］．北京：中国计量出版社，2003.
[9] 李醒，张岩．反射波法在低应变桩基础质量检测中的应用［J］．黑龙江水专学报，2006（03）：56-59.

9　矿山井筒工程监测技术

【内容提要】

本章主要介绍矿山井筒工程监测技术的原理与方法，其中包括监测的意义、监测的主要内容和监测方案制订。重点讲述了井壁外荷载量测、钢筋应力量测和混凝土应变量测所要采用的测试元件、工作原理和测试方法。最后，给出了矿山井筒工程监测实例。

【能力要求】

通过本章的学习，学生应掌握本章重点内容，了解矿山井筒工程监测的意义，熟悉主要监测内容，掌握井筒工程监测方法。

9.1　井筒工程监测的意义

地下工程是一个不确定系统，对于复杂条件下的井筒工程，在其施工过程中，由于地层特性的多样性和不确定性以及井壁施工质量变异等因素决定了井壁实际受力变形状态与其设计值存在误差，当该差值达到某一值时，将对井壁安全构成威胁。为了确保井壁在施工和运营过程中的安全性，应采用信息化施工监测方法，即通过对关键层位井壁的内外力和变形监测，实时监控施工过程中和使用过程中井壁结构的受力变形状况，通过对测试数据处理分析，实时了解井壁的受力、变形情况，评估井壁的安全状况，当出现不利情况时，及时采取应对措施，以确保井筒在施工和运行期间的安全。

过去，长期观测技术一直在我国的水利大坝、大型桥梁和隧道工程中得到广泛应用。近年来，随着我国煤矿井筒出现破裂现象和涌突水事故多次发生，各大矿业集团都开始十分重视井筒及井壁的安全监测工作，分别采取了在施工冻结井筒的内外壁中、钻井井壁结构中和在役井筒的井壁结构中埋设压力、应力应变和水力测试元件，布置井筒安全监测系统，以监测监控井壁的受力变形，确保井筒施工和使用安全。

9.2　井筒工程监测的重点内容

9.2.1　井壁压力监测

深厚冲积层冻结井筒外壁所承受的压力主要为冻结压力，它是指冻结井筒掘砌后，由于冻结壁的变形、冻土蠕变、土的冻胀，以及混凝土热量扩散造成冻结壁局部融化后，再回冻冻胀而作用于外壁上的临时荷载，它的数值大小是设计井筒外层井壁和安全施工评价的主要依据。深井冻结压力计算在我国至今尚无合适的理论计算公式，其数值大小和变化规律主要依靠现场实测数值进行归纳统计获得。

目前，井筒冻结压力的监测主要采用振弦式土压力传感器，其具有构造简单、测试结果稳定、受温度影响小、易于防潮，可用于长期观测等，故在岩土工程现场监测监控中得到广泛的应用。其缺点是灵敏度受压力盒尺寸的限制，并且不能用于动态测试。

9.2.2 井壁应力监测

对于特殊法施工的立井井筒，一般采用钢筋混凝土复合井壁结构进行支护，井筒掘砌施工期间，井壁合理的受力性状是保证整个井筒安全施工的关键。而在生产使用过程中，通过井壁内应力长期监测，可评估井壁的安全性。

井壁内力因受外荷载、温度约束应力和自重的相互影响，其分布规律极其复杂，特别是在井筒的不同施工阶段，井壁内力会发生较大变化。且深厚表土层地质条件的不确定性、井壁设计和施工的不合理性都会导致井壁受力不利，严重时还会造成井壁破裂等工程事故。

钢筋混凝土井壁结构中的钢筋应力可全面反映井壁的受力特性，在井筒施工和使用期间，若井壁钢筋实测应力小于其设计值，则井壁安全可靠。

目前，井壁内力监测主要采用振弦式钢筋应力计，其主要由传力应变管、钢弦及其夹紧部件、电磁激励线圈等组成，它的基本原理与振弦式土压力盒基本相同，详见第3章。

9.2.3 井壁混凝土变形监测

井壁混凝土变形量测主要采用振弦式混凝土应变计，混凝土应变通过应变计壳体传递给钢弦转变成弦的变化，即可测得混凝土应变变化，其基本原理见本书第3章。

9.2.4 井壁混凝土温度监测

对于深厚冲积层冻结立井井筒，由于井壁厚、混凝土体积大、早强性突出，使得混凝土水化热大，而井壁温度在很大程度上影响着井壁和冻结壁的力学特性。在井壁浇注初期，随着混凝土水化热的释放，井壁温度急剧升高，使得井壁承受较大的温度约束应力。后期，随着水化热大部分散发到冻结壁中，使得冻结壁内侧会有一定范围的解冻现象发生，进而影响冻结壁的强度和稳定性。

鉴于此，通过对关键层位井壁混凝土温度的监测，掌控井壁温度的发展规律，特别是混凝土水化热的增长规律，对井壁和冻结壁的安全性分析十分重要。

9.3 井筒工程监测仪器的性能要求

为了确保观测系统长期的稳定性和可靠性，井壁监测应采用精度高、抗干扰性强、稳定性好的振弦式传感元件作为一次仪表，振弦式频率仪作为二次仪表。

测试元件随井壁工程施工埋入钢筋混凝土衬砌中，其中井壁所受外荷载大小采振弦式压力传感器量测，钢筋应力采用振弦式钢筋应力计量测，混凝土应变采用振弦式混凝土应变计量测，并利用温度传感器实测井壁混凝土凝固和养护期的温度变化规律。

（1）在井筒工程监测中，振弦式传感器的技术指标一般要求如下：

① 振弦式压力计：量程 10MPa，分辨率≤0.05%$F\cdot S$，测温范围－30～70℃，测温精度±0.5℃。

② 振弦式钢筋测力计：量程 300MPa，分辨率≤0.04%$F\cdot S$。

③ 振弦式混凝土应变计：量程 3000$\mu\varepsilon$，分辨率≤0.02%$F\cdot S$。

（2）采用的振弦式频率仪技术指标要求如下：

① 测量范围：300～6000Hz。

② 显示数位与分辨率：四位整数，一位小数，±0.1Hz。

③ 灵敏度：振弦信号幅度≥300μV，持续时间≥500ms。

④ 存储容量：1000 个测点数据。

⑤ 适配集线箱：手动切换式、自动扫描式达 100 个测点。

⑥ 打印输出：可接针式、喷墨、激光打印机。

⑦ 计算机通讯：标准 RS232 串口。

⑧ 工作环境：温度－5℃～45℃，相对湿度 30%～85%。

9.4 井筒工程的监测方法

（1）井筒工程的监测方法：

① 根据立井井筒穿越的岩土层状况，确定监测内容监测水平和监测方法。

② 根据监测内容确定振弦式传感器的规格和数量，购买传感器，并将其在实验室内逐个做好标定、接头处理等工作。

③ 当井筒挖掘到监测水平位置时，根据监测方案埋设传感器。

④ 每个监测水平布置一根集中电缆，电缆采用钢丝绳悬吊固定，将传感器引出线通过防水接线盒与集中电缆相连接，并通到地面观测站，进行长期观测。电缆芯线与传感器引出线的接头应严格密封，整个接线盒也应密封防水，确保监测元件正常工作。

⑤ 在井筒混凝土浇筑后，立即通过现场监测获取各监测内容（井壁压力、应力、变形等）的稳定初始值。

⑥ 在监测初期，量测频率一般取 1 次/天。到监测后期，监测数据较稳定时，可适当减小量测频率，一般可取 1～2 次/周。监测过程中，当监测数据发生骤变时，应加大量测频率。

（2）在井壁监测过程中，传感器的安设要求如下：

① 振弦式土压力计安设过程中，应将土压力计按设计位置安设在井壁外表面，受压膜面与井壁外表面平齐。

② 振弦式钢筋计安设过程中，应首先在地面将钢筋计与配套的两根连接杆进行组装连接，然后将钢筋计按设计位置焊接在井壁的环向、竖向和径向钢筋上。

③ 振弦式混凝土应变计安设过程中，应将应变计按设计位置的环向、竖向和径向绑扎到井壁中的固定架上。

9.5 冻结井筒工程监测实例

9.5.1 工程概况

淮北某矿设计生产能力 3Mt/a，其中央风井井筒净直径 5.0m，设计深度 458m。表土段及基岩风化带采用冻结法施工，基岩段采用普通法施工。冻结段井壁为钢筋混凝土双层井壁，混凝土强度等级为 C30～C60，内外壁间铺设两层 1.5mm 厚的高分子塑料板作为防水滑动夹层。冻结深度 390mm，表土层厚 352mm，以砂土、黏土、钙质黏土为主，砂层厚度 0.5～9.5mm，黏土厚 1～37.76mm 不等。该井筒穿越第三系黏土层厚，黏土多具强膨胀性，且含水量较低，冻结速度慢，冻土的强度低，是冻结施工的难点，这将导致冻结井壁受力性状复杂。为此，对中央风井采用信息化施工，即对关键层位冻结压力、井壁钢筋应力和混凝土应变进行实时监测，通过信息反馈，做到提前分析预测，及时了解井壁受力状况，以确保该井筒施工安全。

9.5.2 监测方案

1. 监测内容

本次井壁施工监测的内容包括外层井壁承受的冻结压力、外层井壁竖向和环向钢筋应力、外层井壁混凝土竖向和环向应变。

2. 监测方法

为了确保观测系统长期的稳定性和可靠性，本次监测采取精度高、抗干扰性强、稳定性好的振弦式传感元件作为一次仪表，振弦式频率仪作为二次仪表。测试元件随井壁施工埋入井壁混凝土中，其中冻结压力量测采用 JTM-V2000B 型振弦式土压力计；钢筋的应力量测采用 JTM-V1000H 型振弦式钢筋测力计；混凝土的应变量测采用 JTM-V5000 型振弦式应变计。

3. 监测水平及元件布置

根据该井筒的工程地质条件和井壁结构设计参数，共布置两个监测水平，详见表9-1。

表 9-1 监测水平划分

监测水平	第一水平	第二水平
土性	黏土	黏土
层厚	32.44m	14.4m
累深	189.0m	268.0m
井壁类型	双层钢筋混凝土	双层钢筋混凝土
井壁强度等级	外壁（C50）	外壁（C50）
井壁厚度	外壁（600mm）	外壁（600mm）
竖环钢筋规格	ϕ20@250	ϕ20@250

每个水平的测试元件均布置如下（图 9-1）。

（1）压力传感器 6 个：在外层井壁外表面沿东、南、西、北、东北、西南 6 个方向各布置 1 个压力传感器，以确定冻结压力的大小及不均匀性。

（2）钢筋计 8 个：在外层井壁内排钢筋上沿东、南、西、北 4 个方向各布置 1 个测试断面，每个测试断面沿环向、竖向各布置一个钢筋计。

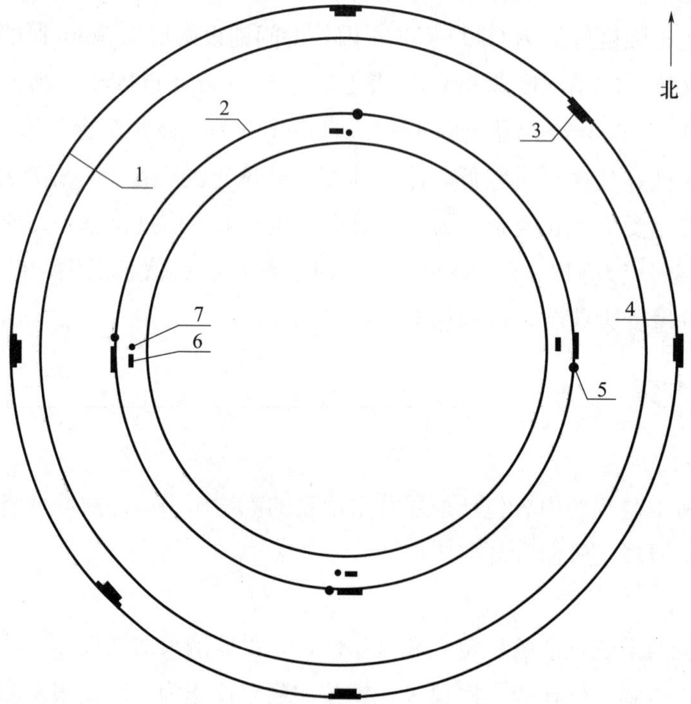

图 9-1 测试水平元件布置示意图

1—外层井壁外排钢筋；2—外层井壁内排钢筋；3—压力传感器；4—环向钢筋计；5—竖向钢筋计；6—环向混凝土应变计；7—竖向混凝土应变计

(3) 混凝土应变计 8 个：在外层井壁内缘沿东、南、西、北 4 个方向各布置 1 个测试断面，每个测试断面沿环向、竖向各布置一个混凝土应变计。

9.5.3　监测结果及分析

1. 冻结压力监测结果及分析

该井筒于 2004 年 10 月 8 日开机进行冻结，冻结壁形成设计厚度后，2004 年 12 月 1 日进行井筒试开挖，井筒于 2005 年 3 月 1 日开挖至第一测试水平即开展监测工作，于 2005 年 3 月 27 日开挖至第二测试水平位置，通过安设测试元件后，又开展了第二水平的监测。

通过实时观测，获得了大量的冻结压力实测数据，各水平冻结压力观测结果如图 9-2、图 9-3 所示。

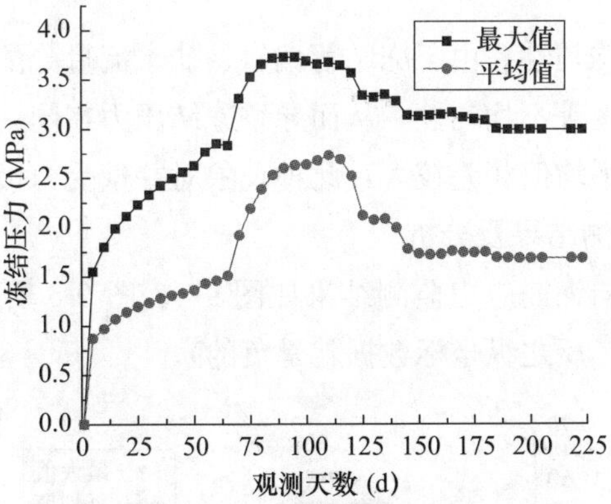

图 9-2　第一水平冻结压力随时间变化曲线

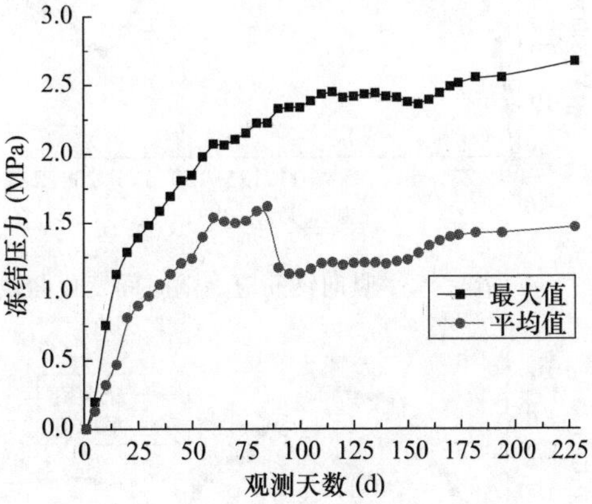

图 9-3　第二水平冻结压力随时间变化曲线

由上图可见，外壁受到的冻结压力在混凝土浇筑的前 3～10d 增长较快，基本呈直线增压型。这主要是由于土体在形成冻结壁时积聚的大量冻胀能得以释放，产生冻结壁向井内的膨胀位移；同时，冻结壁在地压作用下发生蠕变，当二者的变形受到外壁阻碍时，即产生冻结压力，且增长迅速，尤其是在厚黏土层这种现象更为明显，图中第一水平冻结压力初期增长较第二水平较快，正是因为第二水平所处的黏土层较薄的缘故。此阶段的冻结压力主要属于变形压力。随后，冻结压力进入曲线增压段，冻结壁内冻土向井心的位移速度减小，冻结压力增长速度变慢，呈曲线状。加上壁后融土逐渐回冻，冻结压力相对缓慢上升。在中期，第一水平由于冻结壁的融化，冻结压力逐渐转化为水土压力有下降现象，但最终趋于稳定。

通过以上两个水平冻结压力测试结果可见：

（1）冻结压力大小受土层层厚影响较大，如第二水平（268.0m）比第一水平（189.0m）要深，但实测的平均冻结压力最大值分别为 1.466MPa（第二水平）和 2.729MPa（第一水平），埋深较浅的第一水平的冻结压力反而更大，这是因为第一水平处于厚黏土层中。这说明土层的冻结压力与深度并不一定成正比，而与黏土层的厚度存在很大关系。

（2）冻结压力的不均匀性。由于冻结管偏斜、盐水流量分配的不均匀性等，造成冻结壁的温度、厚度、强度等不均匀性，从而导致冻结压力在同一测试水平不同方向存在较大差异，其最大值与平均值相差较大，此种现象对井壁受力极为不利。

2. 竖向钢筋应力监测结果及分析

各水平位置井壁竖向钢筋应力监测结果如图 9-4、图 9-5 所示（钢筋受到拉力在图中纵坐标数据就是正的，反之纵坐标数据就是负的）。

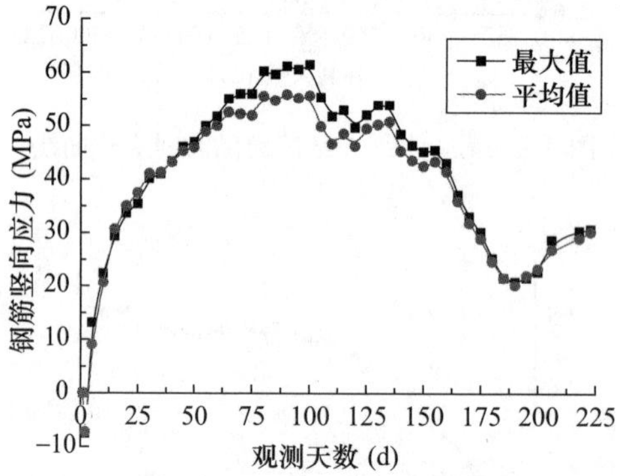

图 9-4　第一水平竖向钢筋应力随时间变化曲线

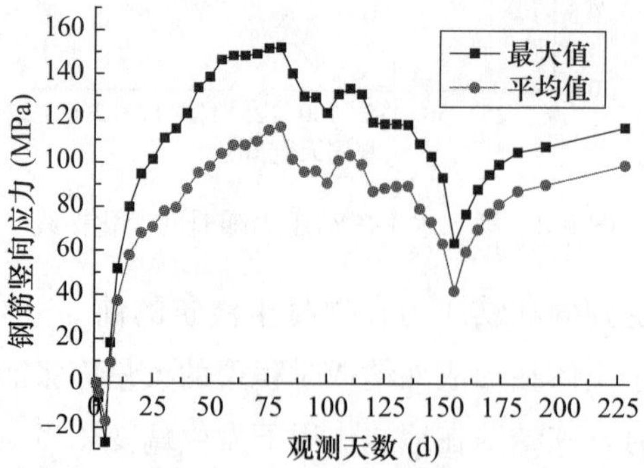

图 9-5　第二水平竖向钢筋应力随时间变化曲线

由竖向钢筋应力长期测试结果并结合井壁混凝土温度变化如图 9-6 所示，可知竖向钢筋应力变化过程大致可分为如下 5 个阶段：

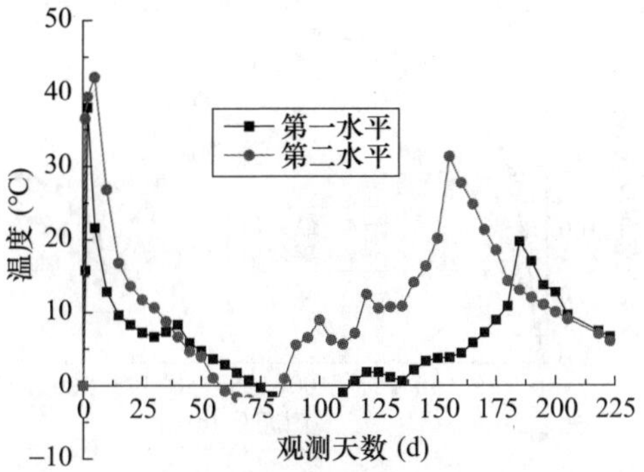

图 9-6　两水平井壁温度随时间变化曲线

（1）短期压应力段

在井壁浇筑的 3～5d，随着混凝土水化热的释放，井壁温度急剧升高到 40℃多，钢筋热膨胀变形受到约束时则使得钢筋产生温度约束压应力。

（2）拉应力急剧增长段

在此阶段，竖向钢筋应力由受压状态转为受拉状态，且拉应力增长速度较快，这是因为在混凝土水化热温度达到峰值后开始降低，钢筋即刻发生收缩变形，使得钢筋进入温度约束拉应力状态。

（3）拉应力缓慢增长段

随着时间增长，井壁温度缓慢下降，而壁后泡沫板逐渐被压实，冻结壁对混凝土产生约束作用，进一步阻碍钢筋混凝土收缩，使得竖向钢筋中依然承受较大的拉应力，并呈缓慢增长趋势。且井壁竖向拉应力大小和冻结壁变形大小有关，当冻结壁变形大，外壁受到的冻结压力增加，井壁收缩受到的约束将变大，钢筋中受到的拉应力随之增加。

（4）拉应力缓慢减小段

在此阶段，随着冻结壁的融化，冻结压力转化为水土压力，其值越来越小，钢筋的竖向拉应力也越来越小。

（5）套壁期应力变化段

在内壁浇筑时期，外壁温度逐渐升高，套壁至监测水平时温度达到峰值。此阶段，竖向钢筋产生温度压应力，压应力的叠加使得钢筋拉应力逐渐减小直至达到最小值，由图 9-4、图 9-5 可看出，套壁期间两水平竖向钢筋拉应力最小与温度最高所对应的时刻均相符（第一水平为 195d，第二水平为 155d）。随后，内壁逐渐向上浇筑，测点位置井壁温度再次下降，使得竖向钢筋拉应力又呈增长趋势。

整个观测阶段，第一水平位置竖向钢筋最大拉应力为 61.491MPa，第二水平竖向钢筋最大拉应力为 151.672MPa，均小于钢筋的屈服强度。

3. 混凝土竖向应变监测结果及分析

各水平位置井壁混凝土竖向应变监测结果如图 9-7、图 9-8 所示。

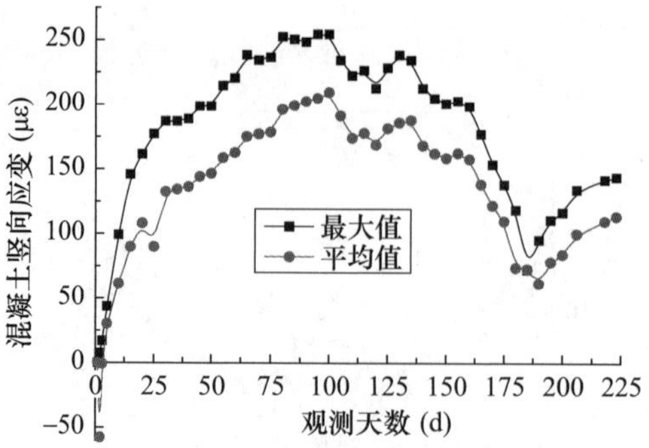

图 9-7　第一水平位置混凝土竖向应变随时间变化曲线

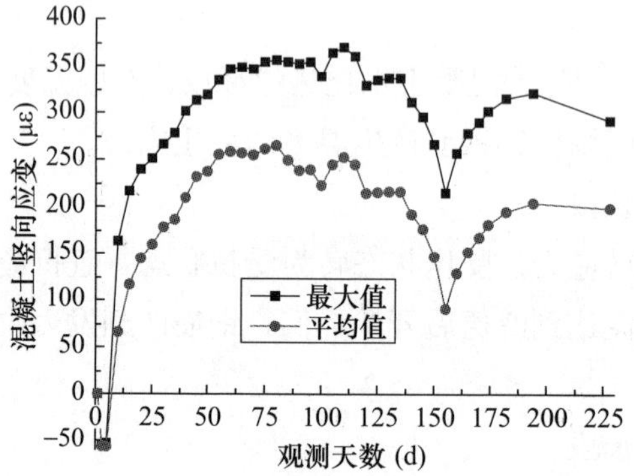

图 9-8　第二水平位置混凝土竖向应变随时间变化曲线

初期外壁两个水平混凝土受到的拉应变也呈增长趋势，同样是由于混凝土竖向收缩变形受到冻结壁约束所致，加上自重吊挂作用，从而产生较大的竖向拉应变。混凝土竖向应变和竖向钢筋应力的变化趋势基本一致。对于混凝土试件，通过单轴拉伸试验得到混凝土的极限拉应变为 140$\mu\varepsilon$ 左右，而监测过程中第二水平的混凝土最大竖向拉应变达到了 370.12$\mu\varepsilon$，现场观测井壁并未发生破坏，这是因为钢筋混凝土结构存在约束条件下，混凝土的开裂极限拉应变将得到较大提高。

4. 环向钢筋应力监测结果及分析

各水平位置井壁环向钢筋应力监测结果如图 9-9、图 9-10 所示。

由图 9-9、图 9-10 可见，环向钢筋应力变化过程可分为 3 个阶段：

（1）压应力急剧增长段

外壁环向钢筋的压应力值初期呈直线型规律增长。这同样是由于混凝土水化热的释放，环向钢筋膨胀变形受到约束时而产生温度压应力。

（2）压应力缓慢增长段

此阶段，混凝土水化热释放完后，井壁温度降低，环向钢筋承受温度拉应力，但是，由于冻结压力使环向钢筋产生压应力，且其对环向钢筋应力的贡献远远大于温度应力。故随着冻结压力的缓慢增加，环向钢筋压应力同样呈缓慢增长趋势。

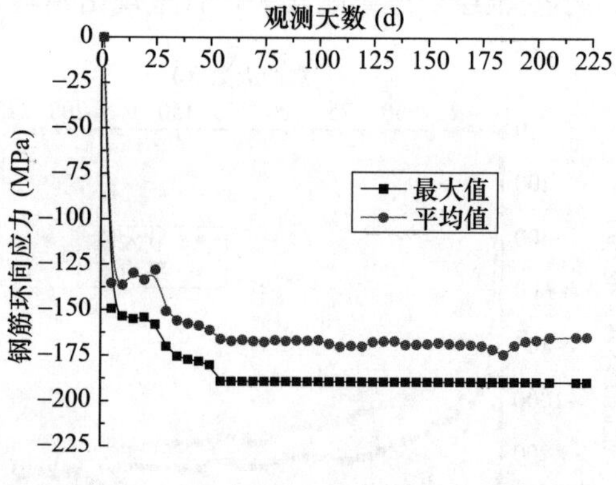

图 9-9　第一水平环向钢筋应力随时间变化曲线

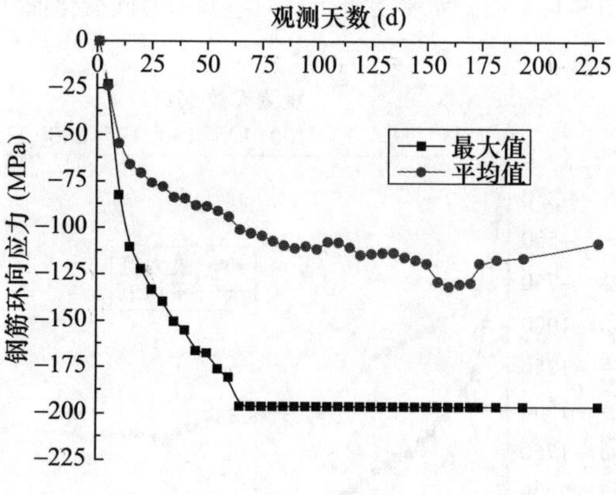

图 9-10　第二水平环向钢筋应力随时间变化曲线

（3）压应力稳定段

随着冻结压力的稳定，环向钢筋压应力也基本趋于稳定，从图中可见，在套壁期间，环向钢筋应力几乎不受井壁温度显著变化的影响，也更好地印证了外壁环向钢筋应力主要由冻结压力作用产生。

整个观测阶段，第一水平环向钢筋最大压应力为－189.200MPa，第二水平环向钢筋最大压应力为－196.548MPa，均小于钢筋的屈服强度。

5. 混凝土环向应监测结果及分析

井壁混凝土环向应变监测结果如图 9-11、图 9-12 所示。

由测试结果可见，外壁混凝土的环向压应变在初期基本呈线性增长，这主要是由于混凝土收缩变形和冻结压力共同作用所致。在观测后期，混凝土环向应变基本趋于稳定，和环向钢筋应力的变化趋势基本一致。

6. 结论

通过现场长期监测，获得了井壁压力、钢筋应力、混凝土应变和井壁温度等实测数据，分析了各自变化规律。得出以下结论：

（1）外壁受到的冻结压力在井壁浇注初期增长较快，基本呈直线增压型，随后进入曲线增压段。冻结压力大小受土层层厚影响较大，且呈现出不均匀性。

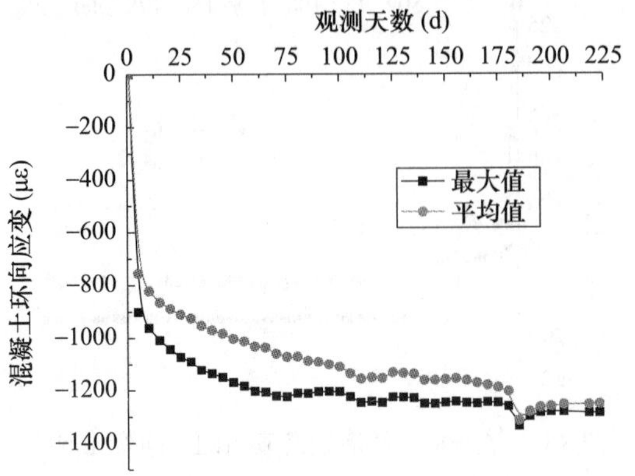

图 9-11　第一水平混凝土环向应变随时间变化曲线

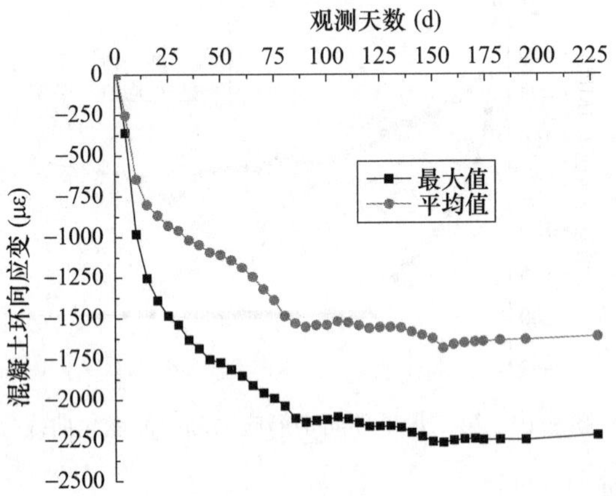

图 9-12　第二水平混凝土环向应变随时间变化曲线

（2）井壁浇注初期混凝土水化热的释放导致竖向钢筋短期承受温度压应力。随着井壁温度的降低，竖向钢筋发生收缩变形并进入温度拉应力状态。竖向钢筋拉应力的大小与混凝土水化热高低和冻结壁变形大小有关，套壁期间，竖向钢筋应力受井壁温度变化的影响较大。

（3）环向钢筋一直处于压应力状态。冻结压力对环向钢筋应力的贡献远远大于温度应力。

（4）钢筋混凝土结构存在约束条件下，混凝土的开裂极限拉应变将得到较大提高。

（5）监测结果分析表明外壁在施工过程中安全性能较好，信息化施工确保了该井筒安全、高效、快速地建成。

【知识归纳】

1. 矿山井筒工程监测意义。
2. 矿山井筒工程监测方法。
3. 矿山井筒工程监测常用元件形式、构造和工作原理。
4. 矿山井筒工程监测元件现场安设方法。
5. 矿山井筒工程监测方案制订。

【独立思考】

1. 井壁监测的意义是什么？
2. 井壁工程监测主要内容和方案制订有哪些？
3. 井壁工程监测中传感器的安设方法有哪些？

【参考文献】

[1] 刘宝有．钢弦式传感器及其应用［M］．北京：中国铁道出版社，1986.
[2] 张荣立，何国纬，李铎．采矿工程手册［M］．北京：煤炭工业出版社，2002.
[3] 马英明，程锡禄．工程测试技术［M］．北京：煤炭工业出版社，1988.
[4] 蔡海兵，程桦，姚直书，等．深厚表土层冻结外层井壁受力状况的监测及分析［J］．煤炭科学技术，2002，37（2）：38-41.
[5] 施斌，徐学军，王镝，等．隧道健康诊断 BOTDR 分布式光纤应变监测技术研究［J］．岩石力学与工程学报，2005，24（2）：2622-2628.
[6] 黄明利，吴彪，刘化宽，等．基于光纤光栅技术的井壁监测预警系统研究［J］．土木工程学报，2015，48（S1）：424-428.
[7] 姚直书，程桦，张国勇，等．特厚冲积层冻结法凿井外层井壁受力实测研究［J］．煤炭科学技术，2004，32（6）：49-52.
[8] 王衍森，张开顺，李炳胜，等．深厚冲积层中冻结井外壁钢筋应力的实测研究［J］．中国矿业大学学报，2007，36（3）：287-291.

10　岩土工程现场光纤测试技术

【内容提要】

本章主要内容包括光纤应变传感器及电阻应变计在矿山井壁结构长期安全监测中应用，光纤光栅传感器在隧道工程健康监测中的应用研究。本章的教学难点为光纤测试技术在各类岩土工程现场的实际应用，监测方案制订及监测结果及其分析。

【能力要求】

通过本章的学习，学生应掌握光纤应变传感器及电阻应变计在矿山井壁结构长期安全监测应用，光纤光栅传感器测试原理以及在隧道工程监测中的应用，要求学生能了解各类工程现场中光纤测试技术的应用，熟练掌握监测结果数据的处理及分析。

10.1　光纤光栅传感器在矿山井壁结构现场监测中的应用

10.1.1　概述

为开采地下深部煤炭资源，需要从地面向地下施工垂直的出入通道，称之为立井井筒，它是矿井生产期间提升运输煤炭（或矸石）、运送人员、材料和设备以及通风和排水的重要通道。矿山立井井筒的特点是深度大、断面面积大，穿过地层的水文地质条件复杂。为抵御地层的水土压力等外荷载作用、维护立井井筒稳定而修建的衬砌称为井壁结构。

在立井井筒穿越深厚表土层时，需要采用人工冻结地层法等特殊施工方法进行建设。人工冻结地层法凿井是指采用人工制冷的方法，将井筒周围的含水地层变成冻土，形成圆形冻土壁，在其保护下进行井筒掘进和砌壁施工，浇筑钢筋混凝土井壁。当井壁施工好后，停止向地层供应冷量，冻土壁开始解冻直至完全融化，随后，钢筋混凝土井壁承受着水土压力、自重和井筒装备质量等，维护着井筒稳定和运营安全。所以说，井筒是矿井的“咽喉”要道，井壁是维护井筒稳定的支护结构，其服务年限长，对确保煤矿安全生产意义重大。

10.1.2　矿山井壁结构的破裂机理及安全监测

1. 矿山井壁结构破裂机理

在中国的中东部矿区，很多煤矿立井井筒穿过地层属于特殊地层条件，即表土层的底部含水层直接覆盖于基岩之上，两者之间无隔水层、存在着水力联系。如图 10-1 所示，当矿井生产疏排水时，必将引起表土层底部含水层的水位下降。当表土层的水位下降将导致孔隙水压力减小、有效应力增加，地层发生固结沉降。而坐落在坚硬基岩之上的钢筋混凝土井壁竖向刚度很大、压缩变形量很小，不能随地层同步下沉。当地层固结沉降与钢筋混凝土井壁产生相对位移时，必将施加给井壁外表面一个垂直向下的竖向附加力，类似于桩基工程的负摩擦力。在这个力的作用下，井壁中将产生相当大的竖直附加应力，并自上而下逐渐增大，在表土层与基岩交界面附近达到最大值。随着矿井采掘持续进行，含水层疏水引起的地层沉降量逐渐增大，竖直附加应力也随之增加。当地表沉降量达到一定值时，井壁混凝土承受的竖直附加应力达到极限状态，井壁混凝土便产生破裂。在中国，已有近 300 多个煤矿立井井壁发生了类似的破坏事故，给矿井的安全生产带来严重威胁。

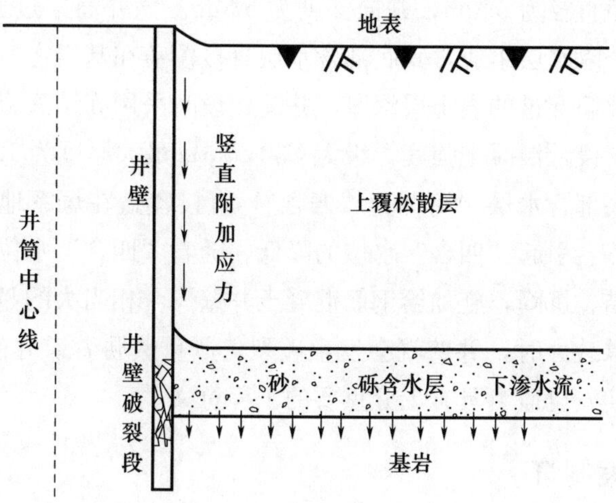

图 10-1 井壁破裂机理示意图

2. 矿山井壁结构安全监测

为了防止井壁发生破裂工程事故，确保矿井安全生产，就必须要获得井壁所受竖向附加力演化规律。由于地层疏水沉降施加给井壁的竖向附加力影响因素众多，目前还难以采用理论方法进行精确计算和预测。因此，进行井壁受力安全监测是防止井壁破损的有效技术手段。

通过在钢筋混凝土井壁内部或表面安设传感器，建立一套监测系统，实时在线监测井壁混凝土的受力变形情况，得到井壁混凝土的应力大小，并根据设定的预警值，及时分析井壁的安全状态，当井壁受力接近报警阈值时，启动应急预案，防止井壁破坏。

多年来，如何实现对矿山井壁结构的长期安全监测，如何才能准确测量井壁结构在使用过程中的应力变化情况，一直困扰着矿山工程技术人员。在井壁结构安全监测方面，过去主要采用电阻式传感器或钢弦式传感器，它们用于短期内井壁受力变形监测是有效的。但是，在矿山井筒的复杂环境下，受温度、湿度和电磁干扰等多重因素的影响，传感器受潮后的稳定性差、易腐蚀，受电磁干扰后测试信号不稳定、测试误差大，很难采用它们进行井壁健康的长期监测，这已成为矿井安全监测的一大技术瓶颈。

近年来，光纤应变传感器在土木工程的一些领域得到应用，为建筑结构的健康监测提供了有效手段。它是以光信号为转换和传输的载体，具有体积小、质量轻、灵敏度高、耐腐蚀、抗电磁干扰强等特点，尤其是在潮湿环境下测试精度高、长期稳定性好、无零漂现象，特别适合于煤矿井壁结构的长期安全监测。

10.1.3 工程概况

某煤矿位于中国淮北平原，工业广场内建成有主井、副井和风井三个立井井筒。其中，副井井筒设计净直径为6.0m，井筒深度为500m。该井筒穿过表土层厚254m，其由4个含水层和3个隔水层组成，其底部含水层直接覆盖在基岩之上，属于特殊疏水条件地层。由于副井井筒穿过的表土层深厚，井筒建设时采用冻结法施工，支护形式为钢筋混凝土井壁结构。设计混凝土强度等级为C30，井壁最大厚度为1.2m。

由于表土层的底部含水层（简称为“四含”）直接覆盖在煤系地层之上，随着矿井采掘的疏排水，必然会引起“四含”水位的降低。随着“四含”水位下降，有效应力增加，地层将产生固结、沉降，施加给钢筋混凝土井壁一个相当大的竖向附加力。当这个力超过井壁的极限承载力时，井壁就会发生破裂，严重威胁着矿井的安全生产。因此，对井壁结构进行长期安全监测具有十分重要的工程意义。

10.1.4 监测方案制订

由于煤矿井筒为位于地表以下的圆筒形狭小空间，空气湿度大、时有淋水，铺设有通信和动力电缆等，电磁干扰源多、环境条件差，为此，某煤矿副井井壁监测选用了性能优异的光纤应变传感器。

1. 监测水平设计

根据工程地质资料和井壁结构图，设计三个监测水平，分别位于第三隔水层中部的厚黏土层中部、第四含水层（即底部含水层）的中部和底部，具体测试水平设计见表10-1。

表10-1 监测水平设计位置

水平编号	水平埋深（m）	对应地层	土性
1	212	第三水层隔中部	黏土
2	239	第四含水层中部	砂土
3	254	第四含水层底部	砾石

2. 监测元件布置

每个监测水平在井壁内表面等间距布置4个测点，分别位于东、南、西、北方向。

在每个测点布置竖向应变传感器 1 个，每个监测水平共布置光纤应变传感器 4 个，具体布置如图 10-2 所示，建立的监测系统如图 10-3、图 10-4 所示。

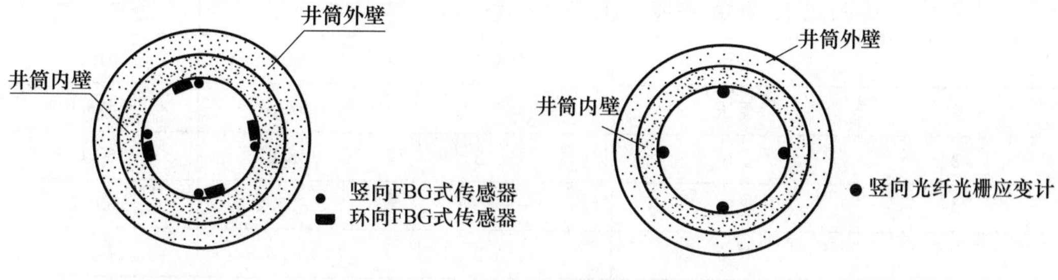

图 10-2　监测水平设计示意图

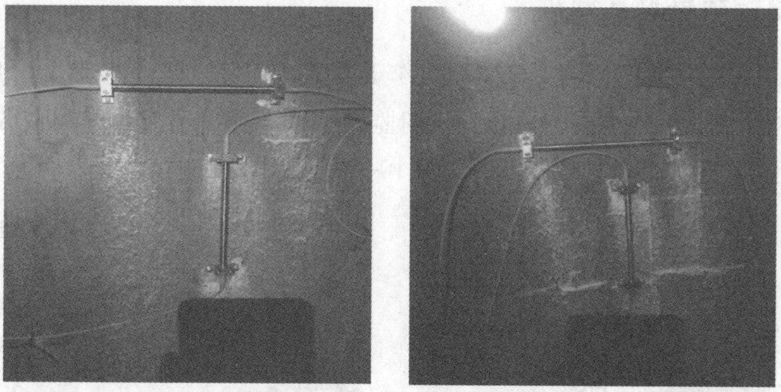

图 10-3　监测元件现场安装图

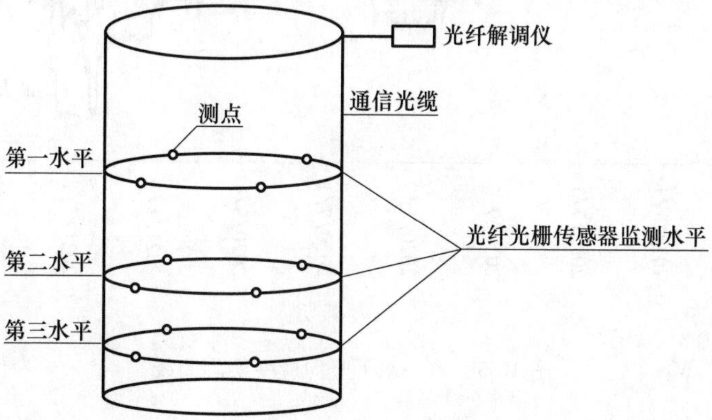

图 10-4　井壁结构光纤应变监测系统示意图

3. 井壁安全监测预警值确定

根据副井监测水平对应层位的工程地质条件和井壁结构情况，基于《煤矿立井井筒及硐室设计规范》（GB 50384—2016）和《混凝土结构设计规范》（GB 50010—2010）等，通过相关计算得到井壁安全监测不同水平的预警值如表 10-2 所示。

表 10-2 井壁安全监测竖向应变（με）预警值

监测水平	受力状况	黄色	橙色	红色
1	受压	−677.7	−690.4	−707.4
1	受拉	128.3	142.8	157.2
2	受压	−663.0	−677.4	−696.6
2	受拉	139.2	153.6	168.0
3	受压	−654.9	−670.2	−690.6
3	受拉	145.2	159.6	174.0

10.1.5 监测结果及其分析

本次某煤矿副井井壁长期安全监测工作于 2018 年 7 月初开始安装光纤应变传感器，到 2018 年 8 月底形成监测系统，开展长期监测工作，获得了大量的测试数据，通过分析处理，得到主要测试结果如图 10-5～图 10-7 所示。

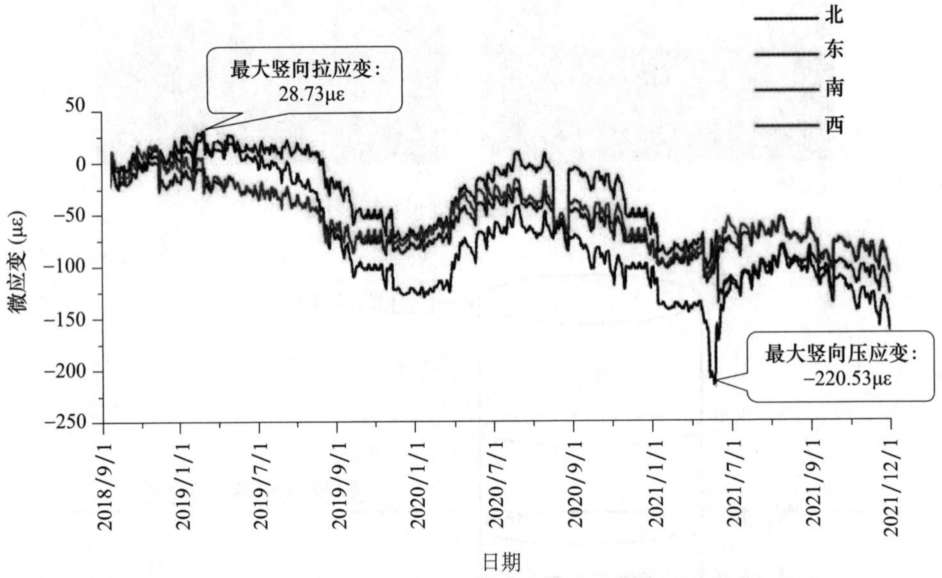

图 10-5 第一水平竖向应变实测曲线

由图 10-5 可见，从测试元件安装后，第一水平测试水平井壁混凝土最大竖向拉应变为 28.73με，最大竖向压应变为−220.53με，竖向应变均较低小。由表 10-2 可见，目前井壁混凝土的竖向应变实测值远小于预警值，说明该位置井壁结构目前处于安全状态。

由图 10-6 可见，在测试系统形成后，实测第二水平井壁混凝土竖向拉应变最大值为 20.52με，最大竖向压应变为−206.48με。由表 10-2 可见，目前，井壁结构中竖向应变实测值都小于预警值，说明井壁结构在第二测试水平处于安全状态。

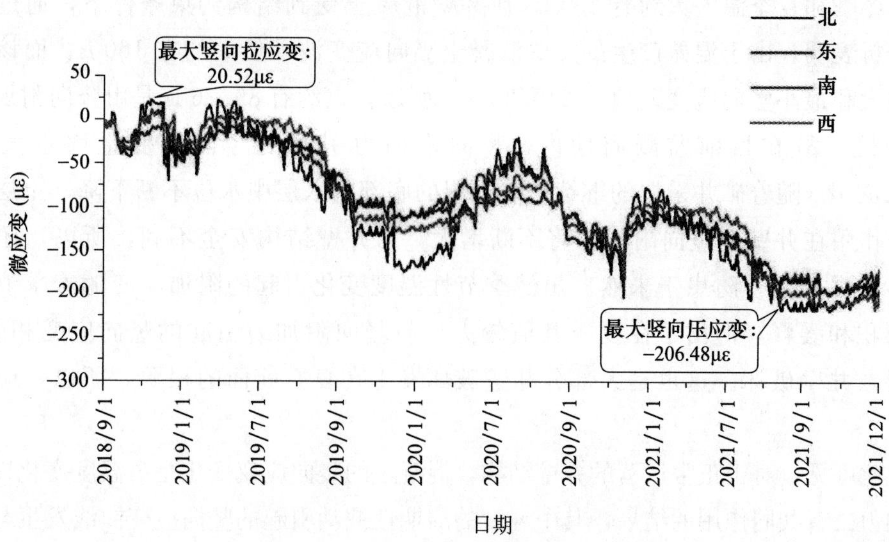

图 10-6　第二水平竖向应变实测曲线

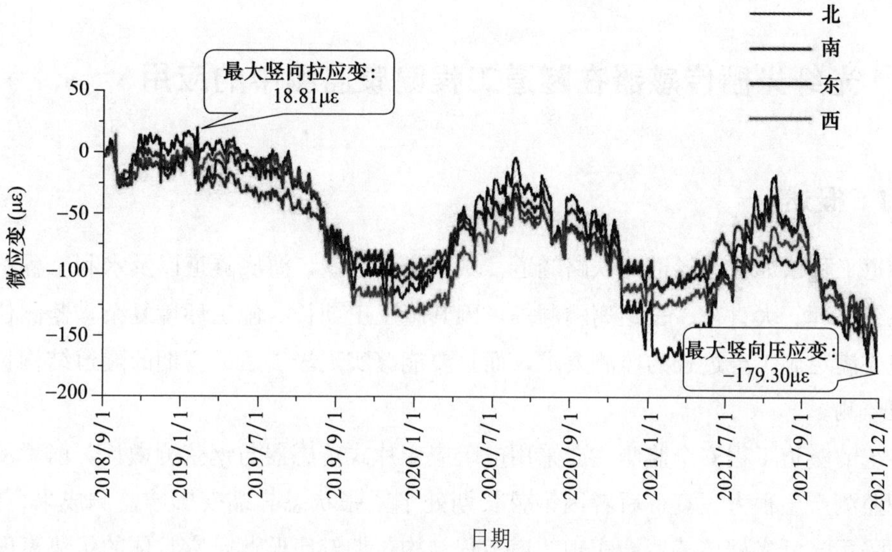

图 10-7　第三水平竖向应变实测曲线

由图 10-7 可见，在测试系统形成并开始测试后，第三水平井壁混凝土竖向拉应变最大值为 18.81$\mu\varepsilon$，最大竖向压应变值为－179.30$\mu\varepsilon$。由表 10-2 可见，该位置井壁结构中混凝土的竖向应变实测值都小于预警值，说明目前井壁结构在三水平位置也处于安全状态。

以 2018 年 9 月到 2021 年 12 月间井壁的竖向实测应变为基础，对井壁混凝土竖向应变变化规律进行分析。如图 10-5 为某煤矿副井井壁第一监测水平监测得到的竖向应变曲线。由该图可见，井壁混凝土的竖向应变在一定范围内随季节呈现出周期性的波动，表现出井壁的竖向应变与季节温度变化的密切相关性。在某煤矿所在的淮北地区，冬季和夏季温差大约有25℃，在井壁混凝土受到结构约束条件下，通过测试数据分析表明，由于温差产生的井壁混凝土竖向应变波动值大约在160$\mu\varepsilon$。而该水平实测最大和最小竖向应变差值为249.26$\mu\varepsilon$。所以，大约有89.26$\mu\varepsilon$是由竖向附加力引起的应变，故在目前监测周期内，竖向附加力引起的竖向应变量增量大约是0.0752$\mu\varepsilon$/d。随着矿井采掘的继续，表土层的底部含水层中水位不断下降，土层固结沉陷，作用在井壁上竖向附加力将不断增大，对井壁结构安全不利，所以，还需要进一步加强监测，防患于未然。虽然季节性温度变化引起的附加应变随着季节交替发生累积和缓释，但由于在夏季其值较大，与竖向附加力引起的竖向应变相叠加，极易导致井壁破坏。这也是大部分井壁破坏发生在夏季前面的根源，所以，应加以重视。

由此可见，对于正常运营的井壁结构，混凝土的竖向应变变化是由温度变化以及竖向附加力二者共同作用的结果，其中温度的周期性波动引起的竖向应变曲线发生与之相类似的波动，而由于地层沉降产生的竖向附加力引起的竖向应变则为逐渐累积，在井壁长期的受力状态中起到主导作用。

10.2 光纤光栅传感器在隧道工程健康监测中的应用

10.2.1 概述

隧道工程诸如公路隧道，铁路隧道，城市建设地铁，海底隧道以及水利工程引水式发电系统深埋、大直径、长距离隧洞等，因其施工工期长、施工环境复杂，监测仪器设备不但要满足施工全过程的监测要求，而且要能够实现竣工后运营期的隧道结构长期在线健康监测。

传统的隧道工程安全监测主要采用电阻应变片式传感器与钢弦测微计，前者使得隧道长期监测产生很大失真；后者因钢弦长期处于紧张状态其蠕变影响监测成果可靠性。因此，采用光纤光栅传感器能实现隧道工程结构长期健康监测，它具体的优势表现在：

（1）测量信号不受光源起伏、光纤弯曲损耗和探测器老化因素的影响。

（2）测量精度高，长期稳定性好，系统可靠，能进行绝对测量。

（3）抗电磁干扰，可用于复杂恶劣环境，使用寿命长，光栅探头体积尺寸小，适合窄小复杂结构的测量，传输距离远。

（4）避免一般干涉型传感器中相位测量的不清晰和对固有参考点的需要。

（5）能方便地使用波分复用技术，在一根光纤中串接多个布拉格光栅进行大范围、大容量、远程分布式测量。

（6）光纤布拉格光栅FBGS传感器是一种波长检测的数字式传感器，长期使用其可靠性高，非常适合大型工程多种参数的长期健康监测。

10.2.2　隧道工程长期健康监测系统

当前隧道工程长期光纤光栅健康监测系统主要包括下列4项内容：

(1) 隧道围岩稳定监测。

(2) 隧道地下水压监测。

(3) 隧道围岩与混凝土衬砌接触面监测。

(4) 隧道应力应变监测。

用于隧道健康监测的光纤光栅系统由光纤光栅传感器、单（多）芯铠装单模光缆组成的光纤通信网络、光纤光栅数据采集测读设备（网络解调分析仪）及监控计算机等构成。

1. 光纤光栅传感器

光纤光栅传感器目前在国内已经获得长足发展，传感器品种、生产厂家比较多，技术发展逐步趋于成熟，工程应用逐步拓展。北京某公司的BGK-FBG系列光纤光栅传感器的主要技术指标见表10-3。

表10-3　光纤光栅仪器主要技术指标

仪器名称	型号	量程	精度	分辨率	使用温度（℃）
应变计	FBG－4000/4150/200/4210	0～2000或0～3000	0.3%*F*·*S*	0.1%*F*·*S*	－30～80
渗压计	FGB－4500S（AL）	0～0.17、0.35、0.7、1、2、3、5、7、10MPa	0.25%*F*·*S*	0.05%*F*·*S*	－30～80
位移计	FGB－4450	0～25、50、100、150mm	±0.3%F.S	0.1%F.S	－30～80
测缝计（裂缝计）	FGB－4400/4420	0～12.2、25、50、100mm	0.3%F.S	0.1%F.S	－30～80
土压力计	FGB－4800	0～2、5、10MPa	0.3%*F*·*S*	0.1%*F*·*S*	－30～80
钢筋计（锚杆应力计）	FGB－4911	0～210、300、400MPa	0.3%*F*·*S*	0.1%*F*·*S*	－30～80
锚索计	FGB－4900	0～250、1000、2000、3000、8000kN	0.3%*F*·*S*	0.1%*F*·*S*	－30～80
温度计	FGB－4700S/C	－30～80℃、－30～120℃、－30～200℃	0.3℃	0.1℃	－30～80

2. 光纤光栅解调分析仪

作为光纤光栅仪器的测读和数据采集设备，光纤光栅解调仪可以依据工程监测应用的需求按经济实用原则进行选取。目前，除进口光纤光栅解调仪外，国产光纤光栅解调分析仪也有多种产品，有便携式和台式的，采集速度（扫描频率）有高速、中速和低速的，有单通道和多通道的，可以用于静态测量也能适合于动态测量，可满足工程及用户的多种需求。这些光纤光栅仪器测量设备是一种高精度、高分辨率的光纤光栅调制解调仪，其基于高端传感器查询系统所使用的光纤 F-P 可调滤波技术，成本低，对恶劣环境适应能力强，不仅适合于在极端温度环境下进行长期温度测量的准分布式光纤测温系统，也非常适合需要使用大量传感器的监测系统。其配套的监控软件适应于各种 Windows 操作平台，通过它可以查看任一变化过程曲线，同时具备的实图采集功能也可方便地查看到任何传感器的当前测值与状态，界面友好，操作简单实用。

各类型光纤光栅解调仪主要技术指标见表 10-4。

表 10-4　光纤光栅调节器分析仪主要技术指标

精度（pm）	±5	±5	±5	±3	±10
分辨率（pm）	1	1	1	1	1
动态范围（dB）	>50	>50	>50	>35	>15
扫描频率（Hz）	2（每通道）	2	2	100（可调）	320～1000
通道数量	4、8、16	1（可扩展到 4）	1	8、16	8
通信接口	以太网口、RS232 或 USB	RS232 或 USB	USB（RS232 可选）	以太网口	以太网口

3. 信号传输光缆

根据工程应用环境，信号传输光缆应选用户外型单模铠装光缆，铠装光缆具有损耗低、防腐、抗拉与抗压强度高、可直接安装埋设、适合远距离传输等特点。系统对采用的单芯和多芯户外型单模铠装光缆并无特殊要求，其主要技术指标应符合如下标准。

（1）类型：标准中心束管加强铠装光缆。

（2）芯数：单芯、4 芯、6 芯、8 芯、10 芯、12 芯。

（3）允许拉力（最小值）（N）：短期 3000，长期 1000。

（4）允许压扁力最小值（N/100mm）：短期 3000，长期 1000。

（5）最小弯曲半径（mm）：静态 100，动态 200。

（6）适合温度范围：－40～60℃

（7）允许光纤附加衰减：小于 0.1。

4. 隧道健康光纤光栅监测系统网络

通常，将光纤光栅隧道健康监测系统网络的监控站设在隧道出口，各断面按上述监测项目布设并选取切趾型光纤光栅仪器，通过不同芯线的光缆将仪器串接后引至出口测站，在测站接入光纤光栅解调分析仪，通过测站布设的监控管理计算机完成数据的收集处理和发布，共同构成整个光纤光栅监测系统。

5. 系统特点

长隧洞所有监测仪器全部使用 FBG 系列光纤光栅传感器，数据采集设备采用 FBG 系列光纤光栅解调仪，相比常规电测仪器组成的监测系统，光纤光栅监测系统具有以下几方面特点：

（1）隧洞中的各观测断面布置与测点布设和常规仪器设计布设能保持相同，且不受传输距离的限制，不会因信号传输距离而必须对观测断面位置进行取舍。

（2）每根光纤可连接不少于 20 支光纤传感器，因此每个断面采用 1～4 芯的光纤（1 根光缆）即可，引出线缆数量减至最低。

（3）系统利用隧洞进出口设置测站，完全满足大多数长隧洞长距离传输中所有观测断面布设仪器的信号传输。

（4）现场监测站设置在隧洞进出口附近位置，有利于解决测站供电、远程通信以及系统维护便捷与否等问题，而不需考虑洞身设置永久供电设施。

（5）按同等性能的仪器设备比较，采用光纤光栅监测系统较常规电测仪器监测系统投资少，其整体设备费用较常规电测仪器系统减小 30％～40％。

10.2.3 光纤光栅应变传感器在云南某高速公路某隧道工程中的应用

1. 光纤布拉格光栅隧道应力监测系统

光纤布拉格光栅隧道应力监测系统主要包括传感器、传输光纤和光纤光栅解调仪三大部分。由于光纤光栅可以制作成不同的中心波长，因此多个光栅可以方便地串接在同一条光路上，形成分布式应力测量链。在每一条光路上安装一个温度补偿传感器，就能有效地剔除温度对该光路各应力传感器的影响。

表面安装式 FBG 应变传感器主要用于测量混凝土、钢筋混凝土、钢结构、网状钢结构的表面应变，也可用于对已产生微裂的混凝土、钢筋混凝土工程裂缝变化的观测，或用于混凝土应力解除测量和温度应力的测量。传感单元的结构为粘贴在等强度悬臂梁上的光纤布拉格光栅。光纤光栅监测系统工作程序如图 10-8 所示。

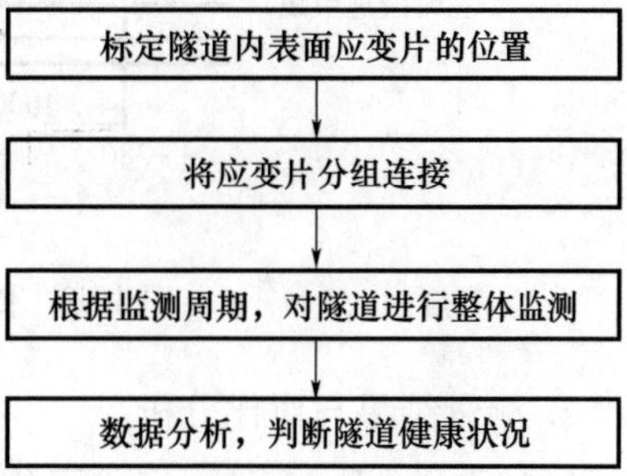

图 10-8 隧道健康监测系统工作程序

隧道监测系统采用北京某公司生产的光 Bragg 光栅应变传感器，接头为通用的光纤 FC/APC 跳线头；波长范围不小于 40nm@C—Band，量程±1500±6000$\mu\varepsilon$。

光纤布拉格中心波长识别系统采用该公司生产的光纤光栅信号处理器 FONA。该仪器基于 F-P（Fabry-Perrot）干涉原理对光纤布拉格反射谱中心波长进行解调，波长分辨率为 1pm，扫描范围为 1525～1565nm，扫描频率 1Hz。

在云南省某高速公路某隧道中，布设了光纤布拉格光栅监测系统。为配合判断隧道的健康状况，需要监测隧道二衬所受应力。为对隧道左线 K6 ＋ 130～K6 ＋ 302 裂缝区域进行长期监测，拟在 K6 ＋ 120～K6 ＋ 310 范围内，每隔 10m 左右布设一个光路监测断面和对比验证用的钢弦式应变计，共计布设 16 个光路监测断面。每个监测断面布设 7 个应变测点和 1 个温度补偿，每条光路中各传感器串接的波长间隔大于 3nm。传感器在各断面中的布置如图 10-9 所示。

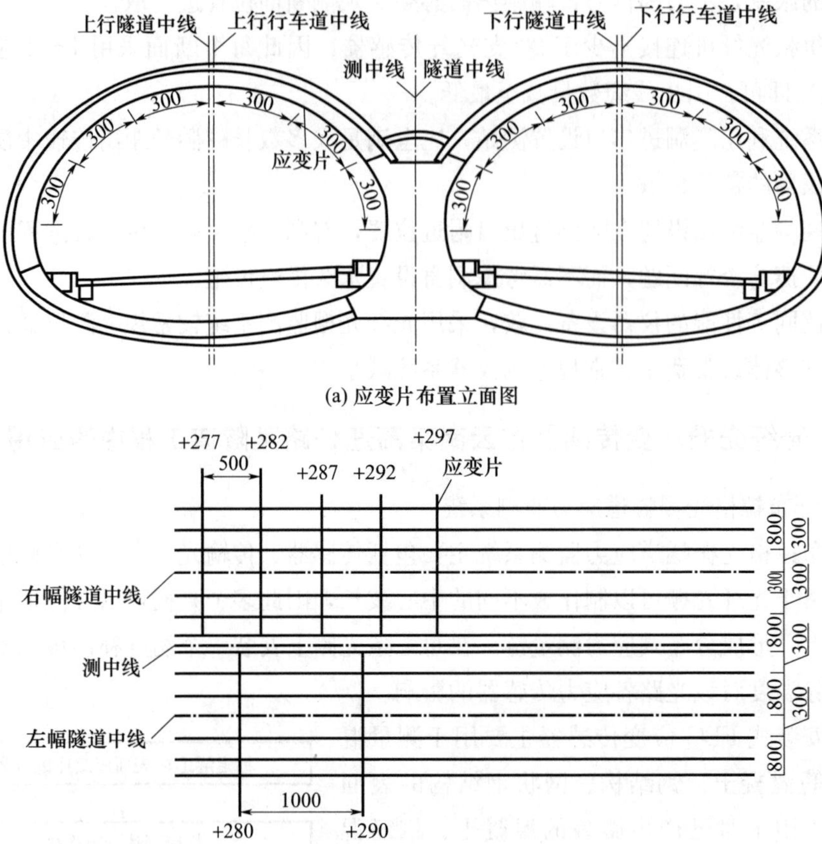

(a) 应变片布置立面图

(b) 应变片布置

图 10-9　传感器布设位置图（单位：mm）

2. 测量结果与对比分析

2007 年 10 月 11 日，完成了传感器的综合布设；2007 年 10 月 11 日至 2008 年 10 月 15 日，对所有量测项目进行了 5 次监测。

监测前期，由于隧道出现过冒顶现象，施工方要求进行实时监测，以避免出现意外。监测方案要求，在隧道相同位置布设钢弦计和光纤布拉格光栅传感器，使两者受力环境相同，所受应力应变相同。两种传感器测量的应力结果如图 10-10 所示。

两种传感器测量结果对比表明，光纤布拉格光栅测量系统具有以下特点：

（1）光纤布拉格光栅测量系统与钢弦检测系统测量结果一致，证明了光纤布拉格光栅应力监测系统用于工程监测的可行性。

（2）该套光纤布拉格光栅测量系统可以同时监测 8 个传感器，并且光纤布拉格光栅传感器灵敏度一致性好，可实现对一个断面的多点分布测量。

（3）试验中的所有光纤布拉格光栅传感器采用单根光纤光缆连接，与钢弦检测系统信号传输与接收相比，简单易行，受空间结构的限制小，适用于施工现场。

（4）光纤布拉格光栅波长调制和数字传输，具有较强的抗电磁干扰能力，有效地解决了校准和长期监测时效性的问题。其性能表现比钢弦传感器更为可靠，适合长期在线监测。

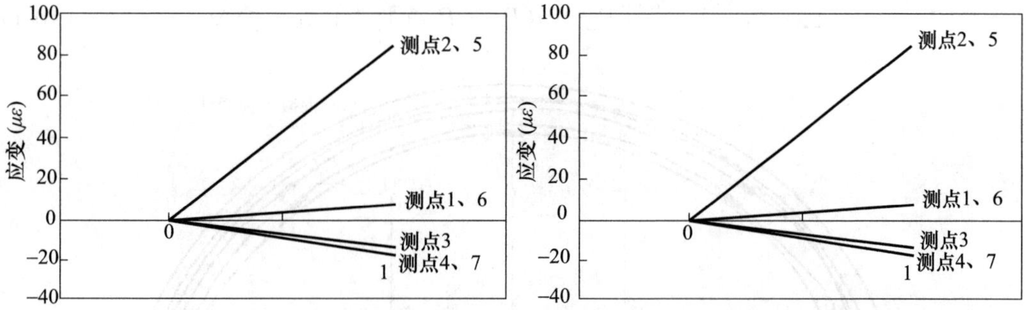

(a) 钢弦传感器系统测量结果　　(b) 布拉格光栅系统测量结果

图 10-10　光纤布拉格光栅和钢弦测量结果

10.2.4　光纤光栅应变与温度传感器在福建厦门某海底隧道健康监测中的应用

1. 工程概况

厦门某隧道起于厦门岛五通，以海底钻爆法暗挖隧道方式穿越厦门东侧海域，止于厦门市翔安区西滨，工程全长 8.695km，海底隧道长 6.05km，其中跨越海域约 4.2km，是我国大陆地区第一座海底隧道，隧道深处位于海平面下约 70m。海底隧道穿越数条构造破碎带，全强风化带异常深厚，形成风化深槽或风化囊，此类全强风化岩体强度低，自稳能力差，易发生渗透，因此，对隧道结构应变的监测非常重要。

2. 光纤光栅传感器的安装方案

如图 10-11 所示，安装在截面仰拱处的光纤光栅混凝土传感器编号为 6、7、8，安装在拱墙处的光纤光栅传感器编号为 1、2、3、4、5，在安装光纤光栅混凝土应变传感器和光纤光栅温度传感器时（图 10-12），连接光缆沿二次衬砌内侧和外侧钢筋固定，在光纤光栅混凝土传感器安装位置将其固定在钢筋旁，不接触钢筋，在混凝土浇筑后与混凝土受荷载应变一致，以达到监测二次衬砌混凝土应变的目的。在安装传感器的过程中与参建单位密切配合，提醒施工方在钢筋焊接时注意电焊的高温，火花会灼烧光缆和传感器，钢筋焊接时应注意保护。在二次衬砌内侧钢筋和外侧钢筋焊接绑扎完成后，内侧钢筋和外层钢筋之间进行箍筋连接时避免损伤连接光缆。

安装的光纤光栅混凝土传感器的技术参数为：量程应变为（－1500～＋1500）$\times 10^{6}$；温度范围为－20～50℃；测量精度不大于 0.5％满量程；分辨率 10^{-6}；反射率不小于 80％。测量用的光纤光栅传感器为武汉某公司生产，分辨率为 1pm，工作温度为－10～50℃，最小可探测光栅反射光功率－20dB。

3. 温度补偿

通过光纤光栅传感原理分析可知，光纤布拉格光栅波长改变是受应变和温度的共同影响，波长自身不能分辨其改变是因应变抑或温度造成的，应变和温度的交叉敏感影响直接关系到量测结果的准确性。所以，量测应变时要去除温度引起的波长漂移，补偿温度引起的波长变化，用公式（10-1）表示：

$$\Delta\lambda_B=\lambda_B\left\{1-\frac{n_{\mathrm{eff}}^2}{2}\left[P_{12}-v(P_{11}+P_{12})\right]\right\}+\lambda_B(\alpha+\zeta)\Delta t \tag{10-1}$$

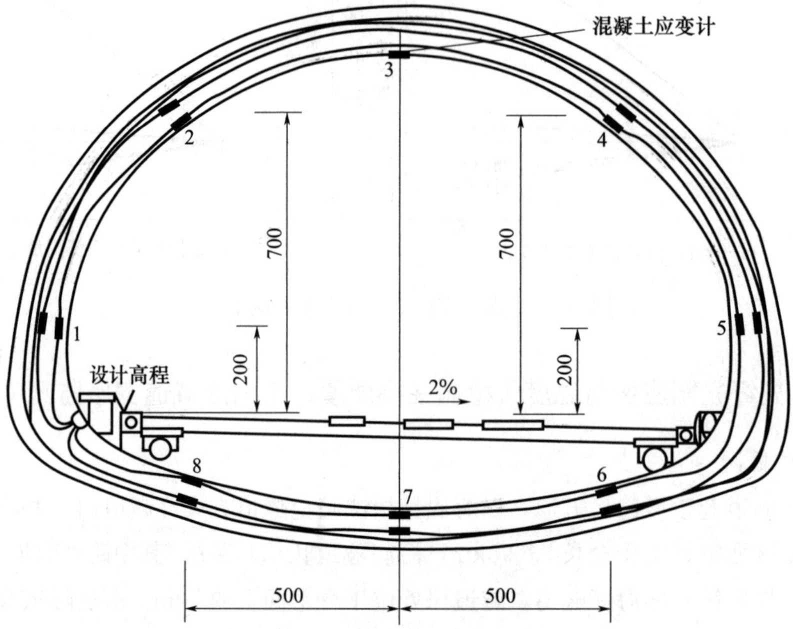

图 10-11　光纤光栅传感器安装示意图（单位：cm）

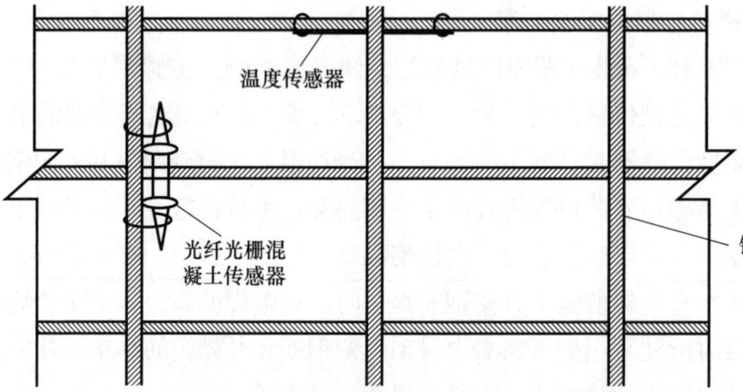

图 10-12　光纤光栅混凝土传感器固定示意图

式中　P_{12}，P_{11}——单模光纤的弹光系数；

v——光纤材料的泊松比；

α，ζ——FBG 的热膨胀系数和热光系数；

Δt——温度变化量；

n_{eff}——光纤纤芯有效折射率。

$$\Delta\lambda=\Delta\lambda_\varepsilon+\Delta\lambda_r \tag{10-2}$$

$$\Delta\lambda = K_{\varepsilon}\Delta\varepsilon + \Delta\lambda_{r} \tag{10-3}$$

$$\Delta\varepsilon = \frac{\Delta\lambda - \Delta\lambda_{r}}{K_{r}} \tag{10-4}$$

式中 $\Delta\lambda$——应变和温度引起测量光栅的波长漂移量；

$\Delta\lambda_{\varepsilon}$——应变引起测量光栅的波长漂移量；

$\Delta\lambda_{r}$——温度补偿光栅的波长漂移量；

K_{ε}——光纤光栅传感器的应变灵敏系数。

4. 二次衬砌混凝土应变分析

如图 10-11 所示，FBG 混凝土应变传感器分别安装在编号为 1～8 的 8 个测点，安装在二次衬砌的外侧（靠近一次衬砌）的传感器编组为 a 组，安装在二次衬砌内侧（远离一次衬砌）的传感器编组为 b 组。对安装在 ZK7＋050（a_1组、b_1组）、ZK7＋152（a_2组、b_2组）里程的 4 组光纤光栅传感器进行监测。2007 年 5 月 1 日安装 ZK7＋050 里程仰拱部位传感器，2007 年 5 月 31 日安装 ZK7＋050 里程拱墙部位传感器，2007 年 8 月 9 日安装 ZK7＋152 里程仰拱部位传感器，2007 年 9 月 6 日安装 ZK7＋152 拱墙部位传感器。FBG 混凝土应变传感器的初值选取，在二次衬砌结构形成完整闭合的整体、混凝土凝固过程水化热影响消除以后测量值为初值。在选取初值后，每周定期对数据进行测量采集。测点 1、5 位于隧道边墙位置，测点 2、4 位于隧道拱肩位置，测点 3 位于隧道拱顶位置，测点 6 位于隧道仰拱中部位置，传感器随时间变化曲线如图 10-13、图 10-14 所示。a_1、b_1、a_2、b_2组中，测点 1 和 5、测点 2 和 4 的 FBG 混凝土应变传感器参照拱部中线对称安装，测点 6 和 8 参照仰拱中线对称安装，使其具有可比性。图 10-13 中的内 a_1、b_1、a_2、b_2中测点 6 和 8 的位置、测点 2 和 4 的位置、测点 1 和 5 的位置应变接近，变化较为一致。a_1组和 b_1组相同测点 7、8 位于隧道仰拱靠近两侧拱脚位置。

通过对采集数据分析小于得出 FGB 混凝土应变传测点位置比较。a_1组测点 2、3、4 应变小于 b_1组测点 2、3、4、6 应变，测点 1、5 应变与 b_1组测点 1、5 应变一致，测点 7、8 应变大于 b_1组测点 7、8 应变。a_1组 FGB 混凝土应变传感器点 1～8 应变趋于稳定，b_1组 FBG 混凝土应变传感器测点 1～8 应变在第 9 次测量后趋于稳定，测点 6 位置应变较大，对测点 6 仰拱靠近拱脚部位注意监测。a_2组 FBG 混凝土应变传感器测点 1～8 应变趋于稳定。b_2组 FBG 混凝土应变传感器测点 1～8 应变趋于稳定。b_2组 FBG 混凝土应变传感器测点 1～8 应变趋于稳定，仰拱处测点 6～8 应变变化较大。

光纤光栅温度传感器安装在二次衬砌混凝土内部，隧道在地表以下（距地表最近处 10m 多，最远处在海平面下 70m），受日照引起隧道温度变化很小，隧道内部空气温度处在一个较为稳定的范围内。在二次衬砌仰拱和拱墙部分混凝土浇筑完成后，二次衬砌形成完整闭合的整体。光纤光栅温度传感器对二次衬砌混凝土内的温度的监测表明：通过对比隧道内安装传感器里程位置测量的空气温度，二次衬砌混凝土内温度低于隧道内测量的空气温度。

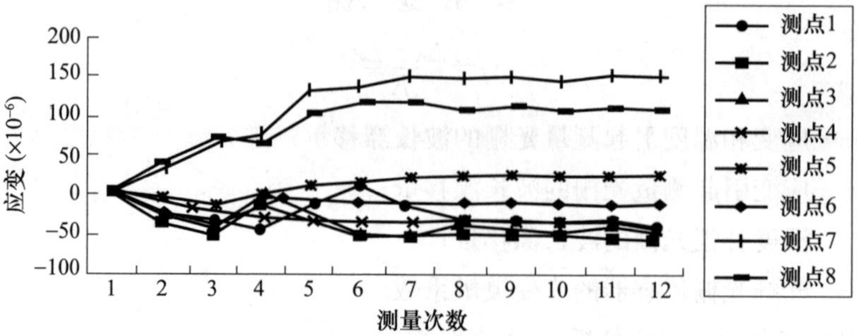

(a) a_1组混凝土应变传感器随时间变化曲线

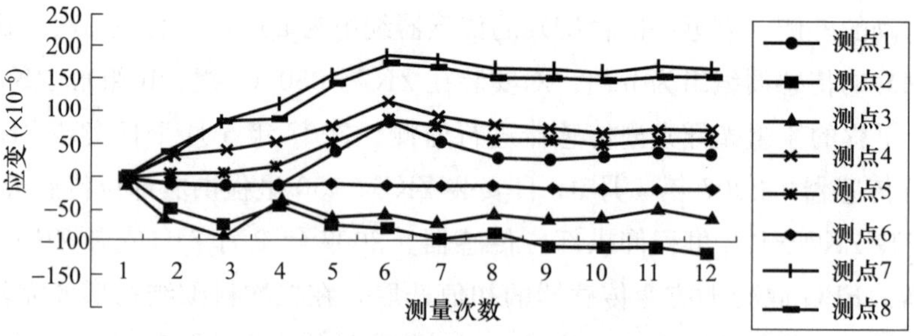

(b) b_1组混凝土应变传感器随时间变化曲线

图 10-13 a_1、b_1 组 FBG 应变传感器随时间变化曲线

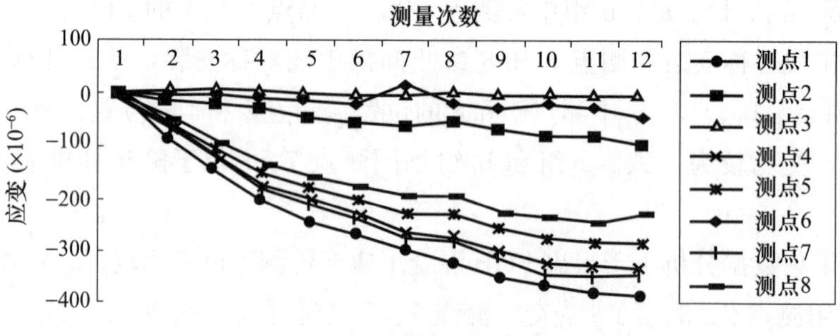

(a) a_2组FBG应变传感器随时间变化曲线

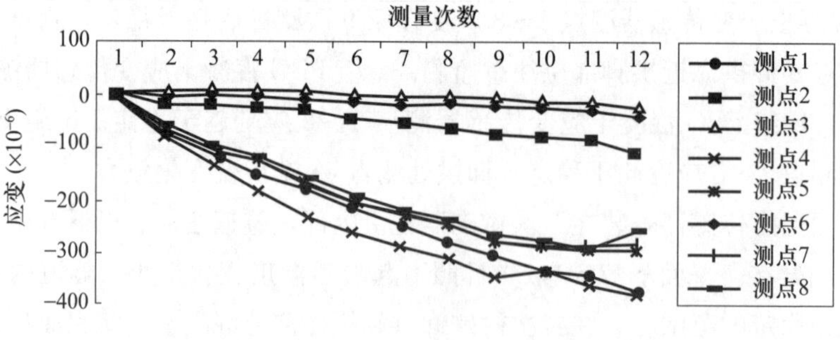

(b) b_2组FBG应变传感器随时间变化曲线

图 10-14 a_2、b_2 组 FBG 应变传感器随时间变化曲线

【知识归纳】

1. 目前用于测定混凝土结构钢筋腐蚀的光纤技术大体分为两类即光纤腐蚀传感技术与光纤光栅腐蚀传感技术。其中光纤腐蚀传感技术可分为基于光纤微弯原理的光纤传感技术、基于铁锈颜色测量的双光纤腐蚀传感技术、基于钢筋锈蚀体积膨胀的法布里-珀罗干涉仪光纤腐蚀传感技术；光纤光栅腐蚀传感技术可分为基于预拉应力松弛的光纤光栅腐蚀传感器和基于钢筋锈蚀体积膨胀的光纤光栅腐蚀传感器。

2. 光纤光栅传感器监测钢筋腐蚀原理是将光纤光栅封装并埋入混凝土结构内，通过因钢筋腐蚀体积膨胀造成的光纤光栅应变来直接监测钢筋腐蚀程度，真正实现钢筋腐蚀程度及腐蚀速度的实时在线监测。

3. 当前隧道工程长期光纤光栅健康监测系统主要内容包括隧道围岩稳定监测、隧道地下水压监测、隧道围岩与混凝土衬砌接触面监测、隧道结结应力应变监测。

4. 用于隧道健康监测的光纤光栅系统由光纤光栅传感器、单（多）芯铠装单模光缆组成的光纤通信网络、光纤光栅数据采集测读设备（网络解调分析仪）及监控计算机等构成。

5. 光纤光栅传感器在钢筋混凝土结构健康监测中和光纤福建厦门某海底隧道健康监测中的应用实例。

【独立思考】

1. 简述光纤光栅传感器应用于矿山井壁结构监测的原理。

2. 简述监测方案应如何制订。

3. 简述光纤光栅传感器在实现隧道工程结构长期健康监测中的优势。

4. 简述光纤光栅传感器的安装方案。

【参考文献】

[1] 徐卫军，刘远飞，陈彦生．结构健康监测光纤传感技术研究［M］．北京：中国水利水电出版社，2011：147-172.

[2] 李俊，吴瑾，高俊启．直接监测钢筋锈蚀的光纤传感技术［J］．传感器与微系统，2007，26（12）：5-7.

[3] 李俊，吴瑾，高俊启．一种监测钢筋锈蚀的光纤光栅传感器的研究［J］．光谱学与光谱分析，2010，30（1）：283-286.

[4] 王彦，梁大开，周兵．基于光纤光栅分析的混凝土结构钢筋锈蚀监测［J］．光谱学与光谱分析，2008，28（11）：2660-2663.

[5] 钟江．光纤光栅测监仪器在长隧道远距离传输工程中的应用［J］．甘肃水利水电技术．2009，45（12）：30-33.

[6] 王旭，张奂欧，胡玉瑞．光纤 Bragg 光栅在隧道健康诊断中的应用［J］．质量检测，2009（3）：91-93.

[7] 胡宁．FBG 应变传感器在隧道长期健康监测中的应用［J］．交通科技，2019（3）：91-93.

11　相似理论与模型试验技术

【内容提要】

本章主要内容包括量纲理论、相似理论的基础知识及相似三定理、相似准则的导出方法及模型设计与试验方法。

【能力要求】

通过本章的学习，学生应掌握量纲的基本概念、相似三定理的概念与应用、三种不同的相似准则导出方法，模型试验设计与试验方法。其中量纲理论需要学生理解，相似三定理需要学生熟练掌握，相似准则的导出方法、模型试验的设计与试验方法是本章学习的重点和难点要求学生熟练掌握并应用。

11.1　量纲理论

11.1.1　量纲

量纲是物理量的广义度量单位，相同的物理量具有相同的量纲，如尺寸（长度）[L]，力 [F]，时间 [T]，它是表示物理量的种类，不是单位。如长度单位有 m、cm、mm，但量纲皆为 [L]。

11.1.2　基本量纲与导出量纲

在力学系统中 [F]、[L]、[T] 为基本量纲。基本量纲具有独立性、完整特点。基本量纲不是固定不变的，可根据具体研究问题决定。一般选 [F]、[L]、[T] 较为方便。如 v：[v] = [L] / [T]。

根据定义、定律由基本量纲导出的量纲称为导出量纲。如：$F=ma$；$m=\frac{F}{a}$；$[M]=\frac{[F][T^2]}{[L]}$。假设某一量：$[Q]=[L^a \cdot F^b \cdot T^c]$；$[M]=[F][T^2]/[L]$，则 $a=-1$，$b=1$，$c=2$。

无量纲量：如应变 ε，$[\varepsilon]=[L^0F^0T^0]=[1]$，无量纲量与单位无关，模型大小可不相同。

11.1.3　微商的量纲

s 与 ds 的量纲皆为［L］，t 与 dt 的量纲皆为［T］。

$$v=\frac{\mathrm{d}s}{\mathrm{d}t}\Rightarrow [V]=\frac{[L]}{[T]} \tag{11-1}$$

$$a=\frac{\mathrm{d}^2 s}{\mathrm{d}t^2}\Rightarrow [a]=\frac{[L]}{[T^2]} \tag{11-2}$$

同理

$$\frac{\mathrm{d}^n y}{\mathrm{d}x^n}=\frac{[Y]}{[X^n]}=[Y, X^{-n}] \tag{11-3}$$

11.1.4　量纲的性质

（1）相同的物理量具有相同的量纲，但相同的量纲具有不同的物理量。如应力和弹性模量，σ、E，$\frac{[F]}{[L^2]}$。

（2）同量纲的物理量的比值为无量纲的量，此量与单位无关。（$\varepsilon=\sigma/E$）

基本量纲的组合不能成为无量纲的量，但基本量纲与导出量纲的组合可成为无量的量。如$\frac{\sigma L^2}{F}$，$\frac{P}{EL^2}$。

11.1.5　量纲的齐次原则

一个物理方程各项的量纲相同，称为量纲齐次原则。对于完全方程，除以方程中的任一项，将变为无量纲的量。如 $s=v_0 t+\frac{1}{2}at^2$ ［L］。

但对于非完全方程如 $P=0.013H$ 则不成立。

11.1.6　量纲分析

基本量纲为：［L］、［M］、［T］。

例 11-1：现在研究一个动力学问题，即 m、t、v、F 间相互关系。

解：

$$F=f(m, t, v) \tag{11-4}$$

$$F=k(m^a \cdot t^b \cdot v^b) \tag{11-5}$$

$$[F]=k\left[M^a T^b \frac{L^c}{T^c}\right] \tag{11-6}$$

$$[F]=[M \cdot L \cdot T^{-2}] \tag{11-7}$$

式（11-6）与式（11-7）量纲相同：

$$\begin{cases} a=1 \\ b-c=-2 \\ c=1 \end{cases} \Rightarrow \begin{cases} a=1 \\ b=-1 \\ c=1 \end{cases} \tag{11-8}$$

所以

$$F=kmt^{-1}v=k\left(\frac{mv}{t}\right)\Rightarrow k=\frac{Ft}{mv}\ （牛顿准则） \tag{11-9}$$

例 11-2：均布荷载作用下简支梁的跨中挠度。

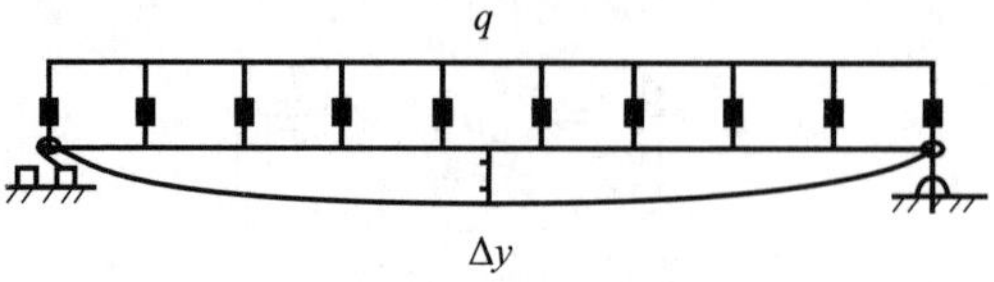

图 11-1　均匀荷载下简支梁受力图

解：基本量纲：[F] [L]，静力学问题，与时间无关

$$y=f(q，EI，L) \tag{11-10}$$

$$[Y] = [L] \tag{11-11}$$

$$y=kq^a\cdot(EI)^b\cdot L^c \tag{11-12}$$

$$[L] =k\ [F^bL^{-a}\cdot(F^bL^{-2b}\cdot L^{4b})\cdot L^c] \tag{11-13}$$

$$\begin{cases}[L]：1=-a-2b+4b+c\Rightarrow a+2b+c=1\\ [F]：0=a+b\end{cases} \tag{11-14}$$

$$\therefore\begin{cases}a=-b\\ 3b+c=1\end{cases}\Rightarrow\begin{cases}a=-b\\ c=1-3b\end{cases} \tag{11-15}$$

$$\therefore y=kq^{-b}[EI]^bL^{1-3b} \tag{11-16}$$

令：$d=-b$，则

$$y=k\frac{q^dL^{(1+3d)}}{(EI)^d} \tag{11-17}$$

做二次试验后解得：$d=1$，$k=\frac{5}{384}$，$\therefore y=\frac{5ql^4}{384EI}$

从上面二例可以看出，采用量纲分析法求等式的关键在于选择的物理参数要正确。

量纲分析法除了求导相似准则外，还可用于：①导出无量纲量；②简化方程，把多个物理量减少等，其用途较多。

11.2　相似理论

11.2.1　相似概论

两种物理量对应时刻的对应点成比例，可称相似。

1. 几何相似

对应尺寸成比例即为几何相似。如两个三角形相似，对应边成比例，其中比例值 C_L 称为几何相似常数，如图 11-2 所示。

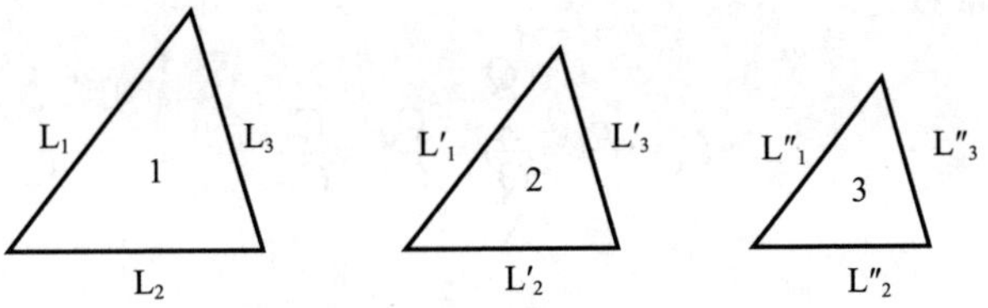

图 11-2 相似三角形示意图

$$\frac{L_1}{L'_1}=\frac{L_2}{L_2'}=\frac{L_3}{L'_3}=k=C_L \tag{11-18}$$

对应角相等（角度为无量纲的量）。

$$C_L{}^{1-2}=\frac{L_1}{L'_1}=\frac{L_2}{L'_2}=\frac{L_3}{L'_3}=\text{相似常数} \tag{11-19}$$

相似常数是指一对相似现象中所有对应点在对应时刻上同一物理量均保持其比值不变。

$$\frac{L_1}{L_2}=\frac{L'_1}{L'_2}=\frac{L''_1}{L''_2}=\text{相似不变量} \tag{11-20}$$

相似不变量是指在对应点和对应时刻上保持相同的数值。

所有相似现象的相似不变量是一个常数，是不变的。它是一个无量纲的量。

一个现象中的几个量的比值，在所有与它相似的现象中保持不变。

在所有相似现象中，某一量（无量纲综合数群）在相对应点和相对应时刻上保持相同的数值。

$$\frac{L_1}{L'_1}=\frac{h_1}{h'_1}=\frac{b_1}{b'_1}=C_L \tag{11-21}$$

梁的截面模量

$$w=\frac{1}{6}b_1h_1^2 \tag{11-22}$$

$$C_w=\frac{w}{w'}=\frac{\frac{1}{6}b_1h_1^2}{\frac{1}{6}b'_1h'_1{}^2}=C_L\cdot C_L^2=C_L^3 \tag{11-23}$$

$$C_I=C_L^4 \tag{11-24}$$

2. 物理相似

荷载相似是指模型与原型在对应点上同一时刻的对应荷载成比例。（荷载方向相同，大小成比例。）

集中荷载相似：

$$\frac{p_1}{p'_1}=\frac{p_2}{p'_2}=C_p\ \text{（集中荷载相似常数）} \tag{11-25}$$

令几何相似常数：

$$C_L=\frac{L}{L'} \tag{11-26}$$

荷载集度相似常数：

$$C_q=\frac{q}{q'}=\frac{\dfrac{Q}{X}}{\dfrac{Q'}{X'}}=\frac{C_Q}{C_L}=\frac{C_p}{C_L} \tag{11-27}$$

弯矩相似常数：

$$C_m=\frac{m}{m'}=\frac{p\cdot L}{p'\cdot L'}=C_p\cdot C_L \tag{11-28}$$

自重相似常数：

$$\begin{cases}\text{压强：}C_\sigma=\dfrac{C_p}{C_L^2}\\ \text{密度：}C_\gamma=\dfrac{C_p}{C_L^3}\end{cases} \tag{11-29}$$

如果模型与原型在对应点的荷载相似（成比例），只要其中一种荷载相似常数已定，则其他种荷载常数也就确定了。如弹性模量相似常数 $C_E=\dfrac{E}{E'}$，$C_v=\dfrac{v}{v'}=1$；面力：$\dfrac{C_p}{C_L^2}$。

3. 运动相似

时间相似：

$$C_t=\frac{t_1}{t'_1}=\frac{t_2}{t'_2}=\frac{t_3}{t'_3}\text{（时间相似常数）} \tag{11-30}$$

$$C_L=\frac{s}{s'}\text{（距离相似）} \tag{11-31}$$

则速度相似常数：

$$C_v=\frac{C_L}{C_l} \tag{11-32}$$

研究动力学还有质量相似：

$$C_m=\frac{M}{M'} \tag{11-33}$$

对于均质物体可用密度来表示：

$$\begin{cases}C_\rho=\dfrac{\rho}{\rho'}\\ C_M=C_\rho\cdot C_L^3\end{cases} \tag{11-34}$$

动力学问题：

$$F=ma \tag{11-35}$$

$$C_F=C_mC_a=C_\rho\cdot C_L^3\cdot C_L\cdot C_t^{-2} \tag{11-36}$$

则动力学相似指标：

$$\frac{C_F\cdot C_t^2}{C_\rho\cdot C_L^4}=1\Rightarrow\frac{C_F\cdot C_t^2}{C_m\cdot C_L}=1 \tag{11-37}$$

4. 边界相似

力学中有边界约束条件等，常用的模型为平面应力模型平面应变模型，在模型试验中约束条件很重要。

5. 起始条件相似

初始条件，如运动学中初始振动相位等。

11.2.2 相似第一定理

相似第一定理是说明相似现象的性质，模型与原型相似，那么应具有：

（1）在对应点对应时刻成比例。

（2）变化规律相同，可用相同的关系方程式来描述。

其中大多数的物理现象，其关系方程又可用微分方程的形式获得，如质点运动方程和力学方程分别为：$v=\dfrac{\mathrm{d}L}{\mathrm{d}t}$，$f=m\,\dfrac{\mathrm{d}v}{\mathrm{d}t}$。

（3）各相似常数值不能任意选择，它们要服从于某种自然规律的约束。

例 11-3：下面我们以速度公式为例具体说明。

解：

$$v=\frac{\mathrm{d}L}{\mathrm{d}t} \tag{11-38}$$

代入有关相似常数得：

$$\left.\begin{aligned} v''&=C_v v' \\ L''&=C_L L' \\ t''&=C_t t' \end{aligned}\right\} \tag{11-39}$$

式（11-38）实际上可用于描述彼此相似的两个现象。这时第一现象质点的运动方程为：

$$v'=\frac{\mathrm{d}L'}{\mathrm{d}t'} \tag{11-40}$$

第二现象质点运动方程为：

$$v''=\frac{\mathrm{d}L''}{\mathrm{d}t''} \tag{11-41}$$

将式（11-39）代入式（11-41），亦即在基本微分方程中对参数作相似变换，可得：

$$C_v v'=\frac{C_L\,\mathrm{d}L'}{C_t\,\mathrm{d}t'} \tag{11-42}$$

作相似变换时，为了保持基本微分方程（3）、（5）的一致性，需使：

$$C_v=\frac{C_L}{C_t} \tag{11-43}$$

故

$$\frac{C_v C_t}{C_L}=1=C \tag{11-44}$$

以后，我们把 C 称为相似指标，其意义在于：对于相似现象，它的数值为 1。同时也说明，各相似常数不是任意选择的，它们的相互关系要受“C值为1”这一条件的约束。

换言之，在 C_v、C_t、C_L三者中，只有二者可任意选择，余者由上式确定。

这种约束关系还可以采取另外的形式，将相似常数 C_L等代入得：

$$\frac{v't'}{L'}=\frac{v''t''}{L''}\text{或}\frac{vt}{L}=\text{不变量} \tag{11-45}$$

同理对于 $f=ma$，得：

$$\frac{C_fC_t}{C_mC_v}=c=1\text{ 或}\frac{ft}{mv}=\text{不变量} \tag{11-46}$$

上两式的综合数群$\frac{vt}{L}$和$\frac{ft}{mv}$，都是不变量，它们被称为相似准则。

应该注意：相似准则的概念是“不变量”，而非“常量”。所说不变量，是因为相似准则这一综合数群只有在相似现象的对应点和对应时刻上才相等。

$$\frac{v'_1t'_1}{L'_1}=\frac{v'_1t'_1}{L'_1} \tag{11-47}$$

如果由微分方程说明的现象，取同一现象的不同点，则因其物理变化过程的不稳定性有：

$$\frac{v'_1t'_1}{L'_1}\neq\frac{v'_2t'_2}{L'_2} \tag{11-48}$$

所以，相似准则只能说成是不变量，不能说成是常量。

相似第一定理：两相似现象的相似指标为1，相似准则相同。

相似指标是指相似现象的比例常数。

相似准则是指相似现象应遵守的规律。

相似准则与相似常数是不同的，它是综合地而不是个别地反映单个因素的影响，能更清楚地显示过程的内在联系。

当用相似第一定理指导模型研究时，首先重要的是导出相似准则，然后在模型试验中测量所有与相似准则有关的物理量。

当微分方程较简单时，找出相似准则并不困难。

但当方程无从知晓时，或是很复杂时，应采用其他的方法。

当现象的相似准则数超过一个时，问题便进入了相似第二定理的范畴。

11.2.3 相似第二定理（π定理）

相似第二定理可表述为：设一个物理现象如果含有 n 个物理量 ϕ（x_1，x_2，x_3，…，x_n）$=0$，其中有 m 个为基本物理量（其量纲是相互独立的），那么这 n 个物理量可表示成是（$n-m$）个相似准则 π_1，π_2，…，π_{n-m}之间的函数关系：

$$f(\pi_1,\ \pi_2,\ \cdots,\ \pi_{n-m})=0\ \text{（准则方程）} \tag{11-49}$$

π定理的作用：对于彼此相似的现象，在对应点和对应时刻上相似准则都保持同一值，所以它的π关系式也应当是相同的。一般用下标“p”和“m”分别表示原型和模型，则 π 关系式分别为：

$$\begin{cases} f_1\ (\pi_1,\ \pi_2,\ \cdots,\ \pi_{n-m})_{\mathrm{p}}=0 \\ f_2\ (\pi_1,\ \pi_2,\ \cdots,\ \pi_{n-m})_{\mathrm{m}}=0 \end{cases} \tag{11-50}$$

其中

$$\begin{cases} \pi_{1\mathrm{m}}=\pi_{1\mathrm{p}} \\ \pi_{2\mathrm{m}}=\pi_{2\mathrm{p}} \\ \vdots \\ \pi_{(n-m)\mathrm{m}}=\pi_{(n-m)\mathrm{p}} \end{cases} \tag{11-51}$$

由式（11-51）可见，如果把某现象的实验结果整理成式（11-49）所示的无量纲的 π 关系式，则该关系式便可推广到与它相似的所有其他现象上去。

而在推广的过程中，由式（11-51）可知，并不需要列出各 π 项间真正的关系方程（不论该方程发现与否）。

基本物理量：具有基本量纲的物理量。

而准则方程是无量纲量。我们不能由基本物理量组成 n 个准则方程。

如设想 $n=m$ 的特殊情况，这时所有参量的量纲是相互独立的，故其自身便无法构成任一个无量纲组合的相似准则。（否则，如何将其量纲消去）。

当由 n 个物理量、构成 $n-m$ 个 π 项，每个 π 项中必定要有一个物理量区别于其他 π 项的独立变量。

定性准则是指由单值条件组成的相似准则。

非定性准则是指由非单值条件组成的相似准则。

有时，可由定性准则导出非定性准则。

由此可见，相似第二定理是十分重要的，它可用于多相似准则之间的模拟。但是，在它的指导下，模型实验结果能否正确推广，关键又在于是否正确地选择了与现象有关的物理量。

对于一些复杂的物理现象，由于缺乏微分方程的指导，问题较难。

11.2.4　相似第三定理

相似的充分必要条件（判定）。

相似现象应遵守的条件：

（1）两相似现象一定能用一个方程组来描述。

（2）单值条件相似。

① 几何条件（几何相似）；

② 物理条件：荷载；

③ 介质的 E、μ、R（强度）；

④ 运动条件：t、v；

⑤ 边界条件；

⑥ 始初条件。

(3) 由单值量组成的相似准则要相等（充分必要条件），不是任意的相似准则要相等。

单值量是指单值条件下的物理量。而单值条件是将一个个别现象从同类现象中区分开来。

相似第一定理是从现象已经相似这一事实出发来考虑问题的，它说明是相似现象的性质。

设有两现象相似，它们都符合质点运动的微分方程 $V=\frac{dL}{dt}$，如图 11-3 所示的两组相似曲线（实线）。

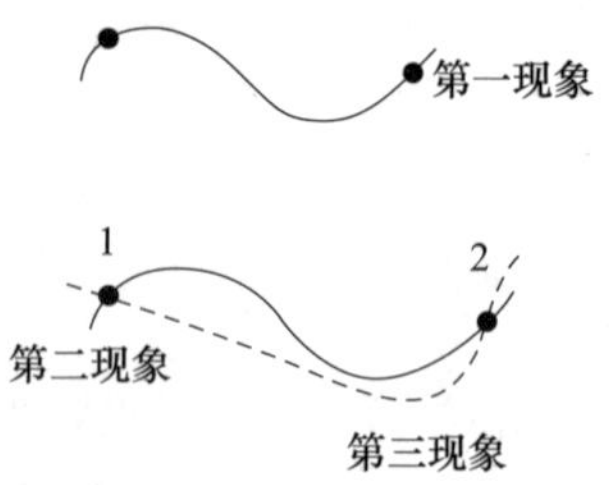

图 11-3　现象对应点

得到

$$\begin{cases}\dfrac{V'_1t'_1}{L'_1}=\dfrac{V''_1t''_1}{L''_1}\\[2ex]\dfrac{V'_2t'_2}{L'_2}=\dfrac{V''_2t''_2}{L''_2}\end{cases}\tag{11-52}$$

图 11-3 中“1”“2”为两现象的对应点。

现在，设想通过第二现象的点 1 和点 2，找出同类的另一现象即第三现象，图 11-3 中虚线所示。

显然，第二、第三现象的曲线并不重合，故第三现象与第一现象并不相似，说明通过点 1、点 2 的现象并不都是相似现象。

为了使通过点 1、点 2 现象取得相似，必须从单值条件上加以限制。如在这种情况下，加入初始条件：$t=0$，$v=0$，$L=0$。

这样，既有初始条件的限制，又有单值量组成的相似准则$\frac{vt}{L}$值一致，两个现象便必相似。

由此看来，同样是$\frac{vt}{L}$值相等，相似第一定理未必能保证现象的相似，而第三定理从单值条件上对它进行补充，保证了现象的相似。

因此，第三定理是构成相似的充要条件。严格地说，这也是一切模型试验应遵循的理论基础。

11.3　相似准则的导出方法

作为相似第二定理的补充，必须寻求相似准则的导出方法。相似准则的导出方法常用有：定律分析法、方程分析法、量纲分析法三种。从理论上说，三种方法可得到同样的结果，只是用不同的方法来对物理现象（或过程）作数学上的描述。

11.3.1　用定律分析法导出相似准则

这种方法要求人们对所研究的现象运用已掌握的全部物理定律，并能辨别其主次。一旦这个要求得到满足，问题的解决并不困难，而且还可获得数量足够的、反映现象实质的 π 项。但这种方法的缺点是：

（1）只是就事论事，看不出现象的变化过程和内在联系，故作为一种方法，缺乏典型意义。

（2）由于必须要找出全部物理定律，所以对于未能全部掌握其机理的、较为复杂的物理现象，运用这种方法是不可能的。

11.3.2　方程分析法导出相似准则

这里所说的方程，主要是指微分方程；此外，也有积分方程，积分-微分方程。这种方法的优点：

（1）结构严密，能反映对现象来说最为本质的物理定律，故结论可靠；

（2）分析过程程序明确，不易出错；

（3）各种因素的影响地位一览无余，有利于推断、比较和检验。

缺点：

（1）在方程尚处于建立阶段时，需要人们对现象的机理有深入的认识；

（2）求解方程有时难以得到完整解。

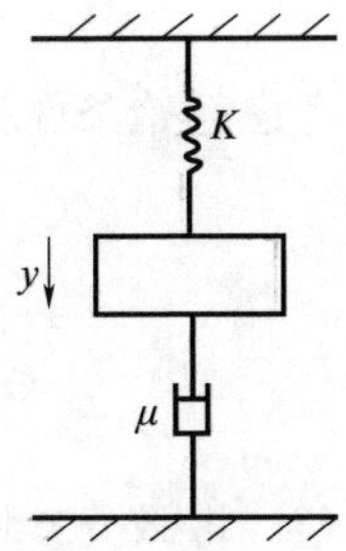

图 11-4　弹簧—质量—阻尼关系

用方程分析法求相似准则时，主要有：相似转换法和积分类比法。作为实例，现在考察图 11-4 的“弹簧—质量—阻尼”系统。

研究 y 的函数关系，系统有 7 个变量：

表 11-1　7 个变量的量钢

变量	位移	质量	阻尼系数	弹簧刚度	初始速度 v_0	初始距离 y_0	时间 t
量纲	L	$FL^{-1}T^2$	$FL^{-1}T$	FL^{-1}	LT^{-1}	L	T

显然，表中除位移 y 外，均为独立变量因此，如考虑基本量纲数为 3，则独立相似准则为（7－1）－3＝3 个。

1. 相似转换法

其步骤如下。

（1）写出现象的基本微分方程。

质量的位移方程为：

$$m\frac{d^2y}{dt^2}+\mu\frac{dy}{dt}+ky=0 \tag{11-53}$$

（2）写出全部单值条件，第一现象用“′”表示，第二现象用“″”表示，因此可得各参量的相似常数为。

考虑物理条件相似时：

$$\left.\begin{aligned}C_m&=\frac{m''}{m'}\\C_\mu&=\frac{\mu''}{\mu'}\\C_k&=\frac{k''}{k'}\end{aligned}\right\} \tag{11-54}$$

考虑边界条件相似时：

$$\left.\begin{aligned}C_y&=\frac{y''}{y'}\\\frac{t''}{t'}&=C_t\end{aligned}\right\} \tag{11-55}$$

考虑起始条件相似时（ 此时 $t=0$）：

$$\left.\begin{aligned}C_{v_0}&=\frac{v_0{}''}{v'_0}\\C_{y_0}&=\frac{y_0{}''}{y'_0}\end{aligned}\right\} \tag{11-56}$$

（3）将微分方程按不同现象写出：

$$m'\frac{d^2y'}{dt'^2}+\mu'\frac{dy'}{dt'}+k'y'=0 \tag{11-57}$$

$$m''\frac{d^2y''}{dt''^2}+\mu''\frac{dy''}{dt''}+k''y''=0 \tag{11-58}$$

（4）进行相似转换。将“″”参量用“′”参量代替，式（11-58）按式（11-56）的关系代入得：

$$\frac{C_mC_y}{C_t^2}m'\frac{d^2y'}{dt'^2}+\frac{C_\mu C_y}{C_t}\mu'\frac{dy'}{dt'}+C_kC_yk'y'=0 \tag{11-59}$$

作相似变换时，为了保证基本微分方程的一致性，各项系数必须彼此相等，即：

$$\frac{C_mC_y}{C_t^2}=\frac{C_\mu C_y}{C_t}=C_kC_y \tag{11-60}$$

故得两相似指标方程如下：

$$\frac{C_mC_y}{C_t^2}=\frac{C_\mu C_y}{C_t}\Rightarrow\frac{C_\mu C_t}{C_m}=1 \tag{11-61}$$

$$\frac{C_mC_y}{C_t^2}=C_kC_y\Rightarrow\frac{C_kC_t^2}{C_m}=1 \tag{11-62}$$

另一个相似指标方程要由分析起始条件建立，即当 $t=0$ 时，$\frac{dy}{dt}=v_0$，$y=y_0$

若这时考虑二现象，可得：

$$\left.\begin{aligned}\frac{dy'}{dt'}=v_0',\ y'=y_0'\\ \frac{dy''}{dt''}=v_0'',\ y''=y_0''\end{aligned}\right\}\tag{11-63}$$

也进行相似转换，得：

$$\left.\begin{aligned}\frac{C_y}{C_t}=C_{v_0}\\ C_y=C_{y_0}\end{aligned}\right\}\Rightarrow\frac{C_tC_{v_0}}{C_{y_0}}=1\tag{11-64}$$

(5) 将式（11-56）所表示的相似常数值代入式（11-61）、式（11-62）、式（11-64），可得相似准则式为：

$$\left.\begin{aligned}\frac{\mu''t''}{m''}=\frac{\mu't'}{m'}=\frac{\mu t}{m}=\pi_1\\ \frac{k''t''^2}{m''}=\frac{k't'^2}{m'}=\frac{kt^2}{m}=\pi_2\\ \frac{v_0''t''}{y_0''}=\frac{v'_0t'}{y'_0}=\frac{v_0t}{y_0}=\pi_3\end{aligned}\right\}\tag{11-65}$$

此处，$\frac{\mu t}{m}$，$\frac{kt^2}{m}$，$\frac{v_0t}{y_0}$即为独立的相似准则。

非独立相似准则为：$\frac{y}{y_0}$。

综合以上，可构成π关系式为，π方程式：

$$\frac{y}{y_0}=f_1\left(\frac{\mu t}{m},\ \frac{kt^2}{m},\ \frac{v_0t}{y_0}\right)\tag{11-66}$$

2. 积分类比法

积分类比法是一种比较简单的办法，一般都用它来代替相似转换法。其步骤如下：

$$m\frac{d^2y}{dt^2}+\mu\frac{dy}{dt}+ky=0\tag{11-67}$$

(1) 写出现象的基本方程（或方程组）及其全部单值条件，同前。

(2) 用方程中的任一项除其他各项（如前例中）：

$$\left\{\begin{aligned}\frac{第二项}{第一项}=\frac{\mu\frac{dy}{dt}}{m\frac{d^2y}{dt^2}}\\ \frac{第三项}{第一项}=\frac{ky}{m\frac{d^2y}{dt^2}}\end{aligned}\right.\tag{11-68}$$

(3) 将各项中涉及的导数用相应量比值，即所谓的积分类比来代替。就是说，将所有微分符号去掉，仅留下参量本身的比值，就是以$\frac{y}{t}\rightarrow\frac{dy}{dt}$，以$\frac{y}{t^2}\rightarrow\frac{d^2y}{dt^2}$则：

$$\frac{\mu\frac{y}{t}}{m\frac{y}{t^2}}=\frac{\mu t}{m}=\text{不变量} \tag{11-69}$$

$$\frac{ky}{my/t^2}=\frac{kt^2}{m}=\text{不变量} \tag{11-70}$$

对于$\frac{\partial v_x}{\partial x}$，$\frac{\partial v_y}{\partial y}$，$\frac{\partial v_z}{\partial z}$统一代替量$v/L$。

（4）上面两式的相似准则由于只利用了物理和边界两种单值条件的参量，故利用起始条件，可另立二式如下，即$t=0$时：

$$\begin{cases}\frac{\mathrm{d}y}{\mathrm{d}t}=v_0\\ y=y_0\end{cases} \tag{11-71}$$

对前式进行积分类比得：

$$\frac{v_0}{y/t}=\frac{v_0 t}{y}=\text{不变量} \tag{11-72}$$

由后式则可得因变量π项为：$\frac{y}{y_0}$。

（5）至此，各π项全部求得：其π系式为：

$$\frac{y}{y_0}=f_1\left(\frac{\mu t}{m},\ \frac{kt^2}{m},\ \frac{v_0 t}{y}\right) \tag{11-73}$$

上式中给出的π关系式并不合理，因为在自变π项$\frac{v_0 t}{y}$中带有待测因变参量y，不利于模型试验的进行。为此可将初始条件代入π项，使之改换成$\frac{v_0 t}{y_0}$，而π关系式也因此变为：

$$\frac{y}{y_0}=f_2\left(\frac{\mu t}{m},\ \frac{kt^2}{m},\ \frac{v_0 t}{y_0}\right)$$

11.3.3 用量纲分析法导出相似准则

量纲分析法是在研究现象相似性问题的过程中，对各种物理量的量纲进行考察时产生的。它的理论基础是量纲的齐次原理。

量纲分析法的优点：对于一切机理尚未彻底弄清，规律也未充分掌握的复杂现象来说，尤其明显。它能帮助人员迅速通过相似性实验核定所选参量的正确性，并在此基础上不断加深人们对现象机理和规律的认识。

在定律分析法、方程分析法和量纲分析法三种方法中，后两种方法用得较多，其中又以量纲分析法使用为多。它是解决近代工程技术问题的重要手段之一。

当所研究的物理现象较为复杂时，要通过量纲方程来说明问题就很困难，往往会遗漏、错选与现象有关的主要参量。这就要求人们通过实践不断摸索，抓住主要参量，得出近似的结果，即“近似模拟”。

通过相似理论证明，在复杂现象中，因量纲分析法的弱点而产生的近似模拟，常常是比较合理的。

相似准则的导出：当用量纲分析法决定相似准则时，我们需知道现象所包含的物理量就可以了。但当物理量很多时，π 项的数目也会多起来，决定它们并不容易。下面从简单例子说起。

例 11-4：自由落体。

解：参量为 s，g，t，如果参量选择正确，即相似准则可取如下形式：

$$\pi = s^a g^b t^c \tag{11-74}$$

将量纲代入：

$$[\pi] = [L^0 t^0] = [L]^a [LT^{-2}]^b [T]^c \tag{11-75}$$

两边量纲相等：

$$\begin{cases} L：a+b=0 \\ T：-2b+c=0 \end{cases} \tag{11-76}$$

上式为二个方程，三个未知数，故无法解出 a、b、c 具体值。为此需设定其中一个值。若设 $a=-1$，可得：$b=1$，$c=2$，便可求得：

$$\pi = \frac{gt^2}{s} \tag{11-77}$$

如设 $a=1$，可得：$b=-1$，$c=-2$，则可求得：

$$\pi' = \frac{s}{gt^2} \tag{11-78}$$

例 11-5：质点的力学方程。

解：参数为 f，m，v，t，则相似准则可取如下形式：

$$\pi = f^a m^b v^c t^d \tag{11-79}$$

$$[\pi] = [F^0 L^0 T^0] = [F]^a [FL^{-1}T^2]^b [LT^{-1}]^c [T]^d \tag{11-80}$$

$$\begin{cases} F：a+b=0 \\ L：-b+c=0 \\ T：2b-c+d=0 \end{cases} \tag{11-81}$$

上式解得：

$$\pi = \frac{ft}{mv} \tag{11-82}$$

例 11-6：飞行物体在静止空气中运动相当于气流绕固定物体流动。根据测定，绕流时流体所受到的阻力 D 与物体横断面线性尺寸 l，气流平均流速 v，气体密度 ρ，动力黏度 μ 有关，试分析绕流阻力公式。

解：写出阻力函数式

$$D = f(l, v, \rho, \mu) \tag{11-83}$$

选择基本量 l，v，ρ。

写出各物理量纲和 π 及 π_i。

$$\begin{cases}[D]=[MLT^{-2}]\\ [l]=[L]\\ [v]=[LT^{-1}]\\ [\rho]=[ML^{-3}]\\ [\mu]=[ML^{-1}T^{-1}]\end{cases} \tag{11-84}$$

$$\begin{cases}\pi=\dfrac{D}{l^x v^y \rho^z}\\ \pi_4=\dfrac{\mu}{l^{x_4} v^{y_4} \rho^{z_4}}\end{cases} \tag{11-85}$$

对 π

$$[MLT^{-2}]=[L]^x[LT^{-1}]^y[ML^{-3}]^z \tag{11-86}$$

$$\left.\begin{aligned}M&:1=z\\ L&:1=x+y-3z\\ T&:-2=-y\end{aligned}\right\}\text{解得}\left.\begin{aligned}x&=2\\ y&=2\\ z&=1\end{aligned}\right\} \tag{11-87}$$

所以

$$\pi=\frac{D}{l^2v^2\rho} \tag{11-88}$$

对 π_4

$$[ML^{-1}M^{-1}]=[L]^{x_4}[LT^{-1}]^{y_4}[ML^{-3}]^{z_4} \tag{11-89}$$

$$\left.\begin{aligned}M&:1=z_4\\ L&:1=x_4+y_4-3z_4\\ T&:-2=-y_4\end{aligned}\right\}\text{解得}\left.\begin{aligned}x_4&=2\\ y_4&=2\\ z_4&=1\end{aligned}\right\} \tag{11-90}$$

所以

$$\pi_4=\frac{\mu}{lv\rho} \tag{11-91}$$

写成准则方程

$$\frac{D}{l^2v^2\rho}=f\left(\frac{\mu}{lv\rho}\right) \tag{11-92}$$

或写成

$$D=l^2v^2\rho f\left(\frac{1}{Re}\right) \tag{11-93}$$

在公式中增减常数不影响公式结果，因为最终有系数进行修正，故该式稍作变形，变成标准形式：

$$D=A\rho\frac{v^2}{2}f\ (Re)\ =C_DA\frac{\rho v^2}{2} \tag{11-94}$$

此即为著名的雷诺绕流阻力计算公式。

式中：$C_D=f\ (Re)$ 称为绕流阻力系数，在不可压缩流体中与 Re 有关，可由实验测取二者的关系曲线。

例 11-4、例 11-5，都符合相似第二定律关于相似准则数的论述，即 3－2＝1，4－3＝1，例 11-6 为 5－3＝2。

上面为 1～2 个相似准则，如为多个相似准则，可采用量纲矩阵的方法，它为人们求取具体相似准则提供了一种更为直观的形式。方法如下：

对于我们前面用方程分析法导出相似准则的例子（此为“弹簧-质量-阻尼”系统）：

该系统有 7 个变量分别为 y、m、μ、k、v_0、y_0、t。

如果我们不知道它们的关系式如何，可令其为：

$$f(y,\ m,\ \mu,\ v_0,\ y_0,\ t)=0 \tag{11-95}$$

其准则关系式为：$\pi=y^{a_1}\cdot m^{a_2}\cdot \mu^{a_3}\cdot k^{a_4}\cdot {v_0}^{a_5}\cdot {y_0}^{a_6}\cdot t^{a_7}$

将量纲矩阵的上方加上各参量的指数就行了。a_1，a_2，…，a_7 即为指数，则量纲矩阵如下所示。

它们的量纲矩阵是：

	a_1	a_2	a_3	a_4	a_5	a_6	a_7
	y	m	η	k	v_0	y_0	t
F	0	1	1	1	0	0	0
L	1	−1	−1	−1	1	1	0
T	0	2	1	0	−1	0	1

（上式中：m：FL^{-1}/T^2，μ：$FL^{-1}T$，k：FL^{-1}）

按此矩阵，可得三个线性齐次代数方程如下：

$$\left.\begin{aligned} &F：a_2+a_3+a_4=0\\ &L：a_1-a_2-a_3-a_4+a_5+a_6=0\\ &T：2a_2+a_3-a_5+a_7=0 \end{aligned}\right\} \tag{11-96}$$

三个方程无法解出 7 个未知数，故应使未知数中的三个转化为其余 4 个未知数的函数关系。

设 a_4、a_5、a_6、a_7 为三个方程中的任意假定的已知量，则 a_1、a_2、a_3 分别为：

$$\left.\begin{aligned} &a_1=-a_5-a_6\\ &a_2=a_4+a_5-a_7\\ &a_3=-2a_4-a_5+a_7 \end{aligned}\right\} \tag{11-97}$$

因本例中相似准则数为：7－3＝4 个，（独立的为 3 个）。故 a_4、a_5、a_6、a_7 应前后设定四套数值。最简单的办法是设其中一个值为 1，而其余值为 0，因此：

当 $a_4=1$，$a_5=a_6=a_7=0$ 时，可得：$a_1=0$，$a_2=1$，$a_3=-2$；

当 $a_5=1$，$a_4=a_6=a_7=0$ 时，可得：$a_1=-1$，$a_2=1$，$a_3=-1$；

当 $a_6=1$，$a_4=a_5=a_7=0$ 时，可知：$a_1=-1$，$a_2=0$，$a_3=0$；

当 $a_7=1$，$a_4=a_5=a_6=0$ 时，可得：$a_1=0$，$a_2=-1$，$a_3=1$。

此解可简明地列矩阵形式，取名为 π 矩阵：

	a_1	a_2	a_3	a_4	a_5	a_6	a_7
	y	m	η	k	v_0	y_0	τ
π_1	0	1	−2	1	0	0	0
π_2	−1	1	−1	0	1	0	0
π_3	−1	0	0	0	0	1	0
π_4	0	−1	1	0	0	0	1

从上面 π 矩阵可以看出，第一、二、三列所代表的四行恰好是式（11-97）各方程中等号右侧 a_4、a_5、a_6、a_7的系数。而四、五、六、七列则构成单位矩阵。掌握了这个特点，可以很快地将 π 矩阵写出。

在 π 矩阵中，每一行代表无量纲乘积的一组指数。据此，可建立起数目与行数相同的各独立 π 项来。分别为：

$$\left.\begin{aligned}\pi_1&=m\mu^{-2}k=\frac{mk}{\mu^2}\\ \pi_2&=y^{-1}m\mu^{-1}v_0=\frac{mv_0}{y\mu}\\ \pi_3&=y^{-1}y_0=\frac{y_0}{y}\\ \pi_4&=m^{-1}\mu t=\frac{\mu t}{m}\end{aligned}\right\}\tag{11-98}$$

因为位移 π 项作为因变 π 项，式（11-98）的不合理处在于参量 y 包含在独立 π 项的 π_2 中。为使模型试验得以进行，需以 π_2 除 π_3 改造成 π'_2；

$$\pi'_2=\frac{\pi_2}{\pi_3}=\frac{mv_0}{y_0\mu}\tag{11-99}$$

这样便建立起 π 关系式为：

$$\frac{y_0}{y}=f_1\left(\frac{mk}{\mu^2},\ \frac{mv_o}{y_0\mu},\ \frac{\mu t}{m}\right)\tag{11-100}$$

式（11-100）在前面关于方程分析法一节，我们得到这一系统的 π 关系式为：

$$\frac{y}{y_0}=f_2\left(\frac{ut}{m},\ \frac{kt^2}{m},\ \frac{v_0 t}{y_0}\right)\tag{11-101}$$

比较式（11-100）和式（11-101）可知，前者各独立 π 项分别以独立变量 k、v_0、t

相区别，后者各独立 π 项分别以独立变量 u、t、v_0 相区别。但从性质上说，两个 π 关系式都是一致的。因为式（11-100）各 π 项的代数转变，可得式（11-101）结果。

补充 π 关系式的特性。

任何两个（或多个）π 项的代数转变，如加、减、乘、除、提高或降低幂次，仍不改变原关系式的函数性质。但条件是：

（1）幂次不得升、降至零。

（2）π 项总数不得增加或减少（因 π 项总数是由物理量总数和基本量纲之差决定，是个定值）。

具体为：若相似准则分别为 π_1，π_2，…，π_r，则：

① $\pi_1^{a_1} \cdot \pi_2^{a_2} \cdots \pi_i^{a_i} \cdots \pi_r^{a_r}$；

② $\pi_2^{a_2} \pm \pi_r^{a_r}$；

③ $\pi_1^{a_1} \pm \pi$；

④ $\pi_i \pm a$；

⑤ $a\pi_i$。

这是因为经过转换后的 π 项仍是无量纲综合数据。这也说明相似准则形式的可转换性。因此为了利于模型设计，在求相似准则时，可考虑以下几点：

（1）第一个应为因变量（第一个为所求量），所求量影响越大和越容易控制的越在前。

（2）π 矩阵越简单越好。

（3）准则的个数＝物理量－基本物理量。

（4）每个准则中至少有一个物理量其他准则中没有，才是独立的，否则不独立。

（5）准则最好有一定的物理意义。

（6）准则尽量应容易满足，即准则包括的物理量越少越好。

（7）需要被测量的物理量最好在非定性准则中出现。

并可通过代数转换，去掉相似准则中无法测量或难测量的量。我们求准则的目的在于指导模型，那么，有了准则，可根据相似指标为 1 来设计模型。再根据相似准则将模型结果还原到原型上去。

11.4　模型设计与试验方法

11.4.1　模型设计

模型设计的理论基础是相似理论，我们这里所说的相似是指物理模拟（同类模拟）。

在模型试验中，首要问题是如何设计模型，以及如何将模型试验的结果推广到原型实体对象中。

一般情况下，模型设计程序为：

(1) 根据试验任务、目的，选择模型类型。

① 物理模拟、数学模拟。

② 如按模型试验研究范围可分为：弹性模型试验、强度模型试验。

③ 如按试验模拟的程度分类：断面模型试验（平面），半整体模型，整体模型试验。

④ 如按试验加载方法分类：静力结构模型试验，动力结构模型试验等。

(2) 对研究对象进行理论分析，用方程分析法或量纲分析法求相似准则。

(3) 确定几何相似常数 C_L，定出模型的几何尺寸。C_L 取选是关键一步，主要应考虑：

① 模型的尺寸大小要适中、可行，对于与结构物相互作用问题，应考虑影响范围。

② 测量手段，应考虑传感器的大小和精确度要求。当传感器精度不够时应加大模型尺寸。

③ 试验待求量应方便、可以实施。

表 11-2 常用模型的缩尺比例

结构类型	弹性模量	强度模型
壳体	1/200～1/50	1/30～1/10
板构	1/25	1/10～1/4
桥梁	1/25	1/20～1/4
混凝土坝	1/400	1/75

所以在结构模型试验中，其几何尺寸的确定需要综合考虑模型类型、材料、制作条件、加载能力、测点布置以及设备条件等，才能确定出一个最优的几何尺寸。

小尺寸模型所需载荷小，但制作困难，加工精度高，对量测仪器要求也高。尺寸大的模型所需荷载大，但制作方便，对量测仪器一般无特殊要求。

通常，线性模型尺寸较小。而非线性、强度破坏模型，特别是钢筋混凝土结构模型尺寸较大。具体如表 11-2。

(4) 根据相似准则，计算各参数在模型试验中的数值——模型设计。

(5) 绘制模型制造、测点布置和载荷分置图。

(6) 安排试验顺序。

(7) 进行试验和量测。

(8) 数据整理，并把模型数据转换到原型上去。或确定试验结果可以应用的条件。

例 11-7：静态应力模型。

解：这是一个弹性模型，可求解静态应力问题。

(1) 求导准则

① 平衡方程

$$\begin{cases}\dfrac{\partial \sigma_x}{\partial x}+\dfrac{\partial \tau_{yx}}{\partial y}+\dfrac{\partial \tau_{zx}}{\partial z}+X=0\\ \dfrac{\partial \tau_{yx}}{\partial x}+\dfrac{\partial \sigma_y}{\partial y}+\dfrac{\partial \tau_{zy}}{\partial z}+Y=0\\ \dfrac{\partial \tau_{xz}}{\partial x}+\dfrac{\partial \tau_{yz}}{\partial y}+\dfrac{\partial \sigma_z}{\partial z}+Z=0\end{cases} \tag{11-102}$$

② 几何方程：

$$\begin{cases}\varepsilon_x=\dfrac{\partial u}{\partial x}\\ \gamma_{xy}=\dfrac{\partial u}{\partial y}+\dfrac{\partial v}{\partial x}\end{cases} \tag{11-103}$$

③ 物理方程：

$$\varepsilon_x=\frac{1}{E}[\sigma_x-v(\sigma_y+\sigma_z)] \tag{11-104}$$

④ 单值条件：

a. 几何相似：

$$C_L=\frac{x}{x'}=\frac{y}{y'}=\frac{L}{L'} \tag{11-105}$$

b. 物理相似：

$$\begin{cases}C_E=\dfrac{E}{E'}\\ C_v=\dfrac{v}{v'}\end{cases} \tag{11-106}$$

c. 体力相似：

$$C_\gamma=\frac{X}{X'}=\frac{\gamma}{\gamma'} \tag{11-104}$$

d. 边界条件：

$$C_{\bar{X}}=\frac{\bar{X}}{\bar{X}'}=\frac{\bar{Y}}{\bar{Y}'}=\frac{\bar{Z}}{\bar{Z}'} \tag{11-108}$$

⑤ 非定性量（被测量）：

a. 应力：

$$C_\sigma=\frac{\sigma_x}{\sigma'_x}=\cdots=\frac{\tau_{xy}}{\tau'_{xy}} \tag{11-109}$$

b. 应变：

$$C_\varepsilon=\frac{\varepsilon_x}{\varepsilon'_x}=\frac{\varepsilon_y}{\varepsilon'_y}=\frac{\varepsilon_z}{\varepsilon'_z}=\frac{\varepsilon}{\varepsilon'} \tag{11-110}$$

c. 位移：

$$C_\delta=\frac{U}{U'}=\frac{V}{V'}=\frac{\delta}{\delta'} \tag{11-111}$$

⑥ 采用方程分析法求相似准则：

$$\frac{C_\sigma}{C_L}\frac{\partial \sigma'_x}{\partial x'}+\frac{C_\sigma}{C_L}\frac{\partial \tau'_{yx}}{\partial y'}+\frac{C_\sigma}{C_L}\frac{\partial \tau'_{zx}}{\partial z'}+C_\gamma X'=0 \tag{11-112}$$

⑦ 对于平衡方程：

$$\frac{C_\sigma}{C_\gamma C_L}\left(\frac{\partial \sigma'_x}{\partial x'}+\frac{\partial \tau'_{yx}}{\partial y'}+\frac{\partial \tau'_{zx}}{\partial z'}\right)+X'=0 \tag{11-113}$$

⑧ 由相似指标$\frac{C_\sigma}{C_\gamma C_L}=1$

$$\pi_1=\frac{\sigma}{\gamma L}=\frac{\sigma'}{\gamma' L'} \tag{11-114}$$

⑨ 由几何方程$\frac{C_\varepsilon . C_L}{C_\delta}=1$

$$\pi_2=\frac{\varepsilon L}{\delta} \tag{11-115}$$

⑩ 由物理方程$\frac{C_\varepsilon C_E}{C_\sigma}=1$，$C_\mu=1$

$$\pi_3=\frac{E\varepsilon}{\sigma} \tag{11-116}$$

$$\pi_4=\mu \tag{11-117}$$

⑪ 由面力边界$\frac{C_{\bar{x}}}{C_\sigma}=1$

$$\pi_5=\frac{\bar{x}}{\sigma} \tag{11-118}$$

由于上面 5 个准则是由 5 个不同方程求得的，故是相互独立的。

（2）对于$\frac{C_E C_\varepsilon}{C_\sigma}=1$为广义相似

对于 $C_\varepsilon=1$ 时，为严格相似，最好。

对于一些相似材料模型试验，当 $C=2\sim8$ 时，在小变形情况下所引起的应力误差小于 5%，这在工程上是允许的。但在大变形情况下，不精确。

对于严格相似（$C_\varepsilon=1$）时，有：

$$\begin{cases}\frac{C_\sigma}{C_\gamma C_L}=1\\ \frac{C_L}{C_\delta}=1\\ \frac{C_E}{C_\sigma}=1\\ C_\gamma=1\\ \frac{C_{\bar{x}}}{C_\sigma}=1\end{cases} \tag{11-119}$$

如对于一个软弱岩体高边坡问题，原型为 20m 高，实验室内可采用相似材料模型试验，取 1m，则 $C_L=20/1=20$，可采用石膏做相似材料，通过试验可知：$C_E=\frac{E}{E'}=2$，由 $\frac{C_\sigma}{C_\gamma C_L}=1$ 得：

$$C_\gamma=\frac{C_\sigma}{C_L}=\frac{2}{20}=\frac{1}{10}=\frac{\gamma}{\gamma'} \tag{11-120}$$

即 $\gamma'=10\gamma$（石膏的混合料比岩石大 10 倍，很难，找不到这种材料。）为此：取 $C_\varepsilon\neq1$ 而是 $C_\varepsilon=5$，$C_\sigma=C_\varepsilon.C_E=5\times2=10$

则 $C_\gamma=\frac{C_E C_\varepsilon}{C_L}=\frac{5\times2}{20}=\frac{1}{2}$，$\gamma'=2\gamma$，故可在石膏中加铁屑即可。

这就是说，不是 C_ε 非取 1 不可，在小变形范围内，可取 $C_\varepsilon\leqslant8$。

对于相似材料试验，如果：

$$\begin{cases} C_L=20 \\ C_\gamma=\frac{1}{2} \\ C_E=2 \\ C_\mu=1 \end{cases} \tag{11-121}$$

则有：

$$C_\varepsilon=\frac{C_\gamma C_L}{C_E}=5 \tag{11-122}$$

$$C_\delta=C_\varepsilon C_L=5\times20=100 \tag{11-123}$$

$$C_{\bar{x}}=10 \tag{11-124}$$

但对于大多数结构试验，采用严格相似，则 $C_\varepsilon=1$，这时不考虑自重应力场。

11.4.2 试验方法

1. 模型材料

1）模型材料的选择

（1）对模型材料，一般要求为：

① 对于研究应力状态，模型材料必须保证具有良好的线弹性特性。对于强度模型，则模型材料应接近或等于原型结构的材料强度，才有可能进行破坏试验。

② 满足相似指标要求，如 E、u、ρ 等均应符合相似条件。

③ 满足必要的测量精度。

为了提高测试精度，宜采用 E 较低和容重较大的材料，但也应防止材料的非线性特性。

（2）用于结构模型试验的材料，从试验技术的角度出发，需考虑如下具体问题：

① 弹性模量。E 大，获得足够的变形，增加荷载，模型支座的刚度要强，不如降低 E；E 过小，结构刚度过低，测量仪器的刚性又可能妨碍模型结构的变形，影响试验结果。

② 泊松比。无量纲量，应相同才能满足相似指标。如不相同，产生试验误差。

③ 徐变。即变形是时间、温度和应力的函数。一切合成材料几乎都有徐变。为提高试验精度，应选用徐变小的材料。

④ 导热性。目前，结构模型试验中测量多用电阻应变片测量，所以模型材料导热系数有重要的影响，应选项导热性好的材料。

⑤ 可加工性。应综合考虑。

2）常用结构模型试验材料

（1）金属。金属的力学特性大多符合弹性理论的基本假定，如果原型结构为金属结构且对测量值的准确度有严格要求时，则它是最适宜的模型材料，最常见的是钢和铝。最近，铝合金材料用得较多，因为它有较低的 E 和良好的导热性。

（2）塑料。有环氧树脂、聚乙烯和有机玻璃等，和钢材、混凝土、石膏相比较，其优点是强度高而弹模低（是金的 0.1～0.02 倍），便于加工。缺点是徐变大、E 随温度、时间而变化。

塑料被大量地用来制作板、壳、框架、桥梁以及形状复杂的结构模型，其中有机玻璃和环氧树脂用得最多。(光弹模型材料)。

（3）石膏。石膏用作结构模型材料已有 40 多年的历史，它的性质和混凝土较接近，常用来模拟混凝土或钢筋混凝土。其优点是成型方便、性能稳定、易于加工等。且可以石膏作基本胶结材料，通过掺加不同外加料的方法改善其力学和变形特性。如加入岩粉、砂、水泥、浮石、铁砂等。

（4）水泥砂浆。

（5）微混凝土。用作混凝土或钢筋混凝土结构的相似模型。（石子直径不大于 5mm)。其力学性能与混凝土相接近。模型用钢筋一般是采用细钢丝。

（6）地基基础结构模型相似材料。相似材料一般常以砂为基本材料，以石膏、石灰、黏土作为黏结料，来组成模型土体相似材料。通常 $C_L = 20 \sim 50$ 时，采用石膏和砂为主的混合料，或加入适当的掺加料。

2. 加荷方法

1）集中力加荷

通常采用挂重法、杠杆加载和千斤顶加载等。挂重法：数值稳定、载荷值不自动下降，其缺点是能产生的载荷值较小，一般不大于 200kN，加、卸载不方便。千斤顶加载方便、数值大小可调，缺点是设备较贵。

2）面力加载

单位面力强度为常数，如均布堆载、为线性变化，如水、土压力。面力加载方法有：重堆堆载、挂载，液压加载、气压加载、千斤顶加载等。液压多用水和水银，用液压加载可利用液压作用力沿高度呈三角形分布的特点来模拟水压力。

3）体力加载

在结构模型试验中，体力是一项重要的荷载，它是指结构、基础结构及其地基岩土的自重。通常施加体力的方法有：

（1）用分散集中载荷代替自重。

（2）用面力代替体力的方法。

（3）选高容重、低强度模型材料。

具体方法如下：

① 用分散集中力代替体力方法。将模型划分成许多部分，找出每一部分重心，然后施加等于该部分模型自重的集中载荷。

② 用面力代替体力的方法。对于常体力弹性模型，可采用以面力代替体力。

③ 选择高容重、低强度模型材料的方法。由相似原理$\frac{C_L C_\gamma}{C_\sigma}=1$，当$C_\gamma=1$时，即模型与原型材料容重相同，不需另加模型自重荷载。但$C_\sigma=C_L$，$C_\sigma=C_E \cdot C_\varepsilon$，即弹模小，故强度低。

④ 预应力加载。对于预应力钢筋混凝土或其他应力结构，预应力产生的载荷在模型中施加的方法一般有两种。一是采用锚头和张拉设备；二是施加外载，但应在弹性范围内。

⑤ 动力加载。

a. 激振法

小尺寸模型的激振可采用声波（扬声器）或压电晶体激振模型，强迫模型振动的激振。大尺寸模型可采用冲撞形式施加。

b. 电磁振动法

电磁振动台是结构模型试验中常用的加载方法。

c. 电液伺服法

这是目前最先进的动力加载方法，精度高。

3. 风洞试验方法

风洞试验，是进行空气动力学试验研究的一种重要方法。这种试验方法主要依靠风洞装置，模拟不同类型的空气动力学形态，以分析研究结构物在不同空气动力作用下的响应特性。

从1871年出现第一座风洞到现在，已有一百多年的历史。为了满足各种不同类型空气动力学试验的要求，现代的风洞种类繁多。风洞试验开始主要用于对飞行器的研究与开发，以实现人类各种想飞的梦想。

不同的风洞，确定了其试验的主要对象。根据风洞试验段的气流速度，常用马赫数表示，可定义为流场中某点的速度与该点的当地声速之比，即该处的声速倍数。

根据马赫数，可将风洞分成：低速风洞（$Ma \leqslant 0.4$）、亚音速风洞（$0.4 < Ma \leqslant 0.8$）、跨音速风洞（$0.8 < Ma \leqslant 1.4$）、超音速风洞（$1.4 < Ma \leqslant 5.0$）和超高速风洞（$Ma > 5.0$）。

对于土木工程中的结构试验而言，风洞试验开展得比较晚，是在高层建筑兴起后，风荷载的破坏作用日益显现，另外，大型桥梁在风荷载作用下产生共振等作用发生破坏后，风洞试验才被逐步重视起来，并使风荷载下结构的振动研究成为当前土木工程结构研究中的一个重要的方向。主要研究对象是结构物在大气风流中的工作特性，根据大气风流的特点，风洞试验在低速风洞的范围内，且主要在 $Ma \leqslant 0.1$ 的风速范围内（相当于12级台风）。

（1）风洞的形式及组成

用于结构试验的风洞有直流式和回流式两种低速风洞，两种风洞都有闭口式和开口式之分。直流式闭口式风洞如图 11-5 所示，直流开口式风洞的试验段外面需罩一密闭室，如图 11-5 所示。直流式风洞的优点是风洞内气流相对较稳定，横向气流的影响较小，气流的温度变化很小，气流温差引起的影响基本上可忽略。但直流式风洞易受外界大气的干扰，且试验段内的气压小于洞外的气压。

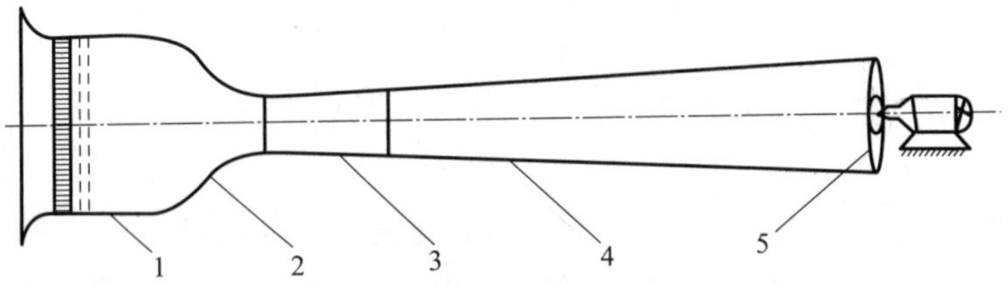

(a) 直流闭口式风洞

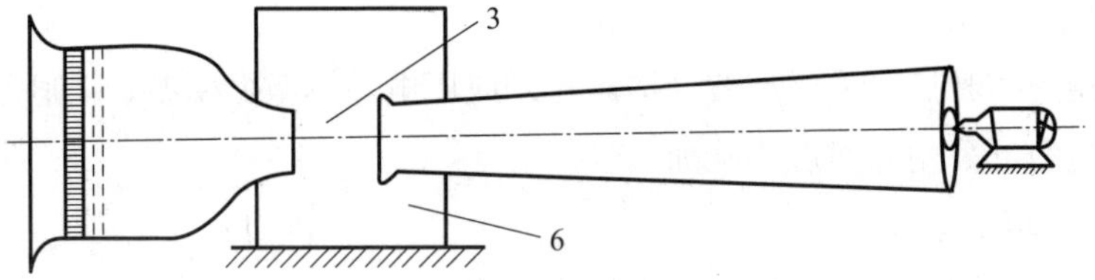

(b) 直流开口式风洞密闭室

图 11-5　直流式低速风洞

1—稳定段；2—收缩段；3—试验段；4—扩压段；5—风扇；6—密闭室

采用回流式风洞可解决洞内外气压不一致的不足，但回流式风洞易在试验段产生横向气流。回流式风洞的工作原理如图 11-6 所示。土木工程结构试验用的风洞断面尺寸一般都比较大，大部分属于大型风洞（当量直径不小于 8m），因此，驱动风扇的电动机功率也相应较大。

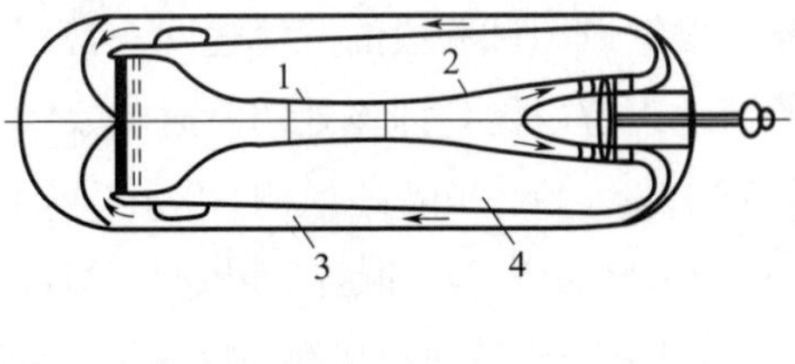

(a) 环形回流式低速风洞

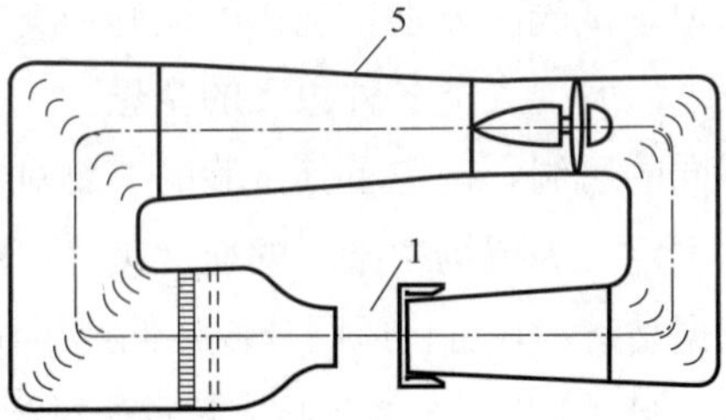

(b) 开口回流式低速风洞

图 11-6　回流式低速风洞

1—实验段；2—扩压段；3—环形回流道；4—静止空气空间；5—回流道

风洞主要由试验段、扩压段、稳定段、收缩段、拐角与导流片以及动力段组成。现分别介绍各部分的主要功能。

① 试验段：试验段是风洞中模拟原型气流场进行模型试验的地方，是风洞的重要部分。为了能模拟原型流场、实验段尺寸和气流速度的大小，应满足模型设计中对雷诺数的要求。此外，该段内气流应稳定，速度的大小、方向在空间的分布应均匀，原始紊流度、噪声强度、静压梯度等应低。对此通称为流场品质，应满足有关标准的要求。

例如，模型区内气流点流向偏差应不大于0.5°，平均气流偏角绝对值不大于0.2°，沿实验段（长度L）中心线的轴向静压梯度应满足$L\cdot\left|\frac{\mathrm{d}p}{\mathrm{d}x}\right|\leqslant 0.005$，在模型区中心的原始紊流度$\varepsilon\leqslant 0.2\%$。

低速风洞试验段的断面可根据主要研究对象采用不同的形式，有长方形、正方形、圆形、椭圆形等，现有风洞以长方形切角的形式为多。闭口式试验段长度为横断面当量直径的1.5～2.5倍，开口式试验段以1～1.5倍为宜。闭口式试验段的气流品质相对较高，试验耗能相对较少，开口式试验段在模型的安装和试验开展方面较方便，但闭口式的优点正是开口式的不足之处。

② 稳定段：稳定段是一段横截面不变的足够长的管道。其特点是横截面面积足够大，气流速度较低，在稳定段内一般都装有整流装置。稳定段的功能在于使来自上游的紊乱不均匀气流稳定下来，使旋涡衰减，使气流的速度大小和方向分布更为均匀。

所谓的整流装置就是指蜂窝器和整流网。蜂窝器是由许多方形和六角形小格子构成，形如蜂窝，蜂窝器对气流起导向作用，并可减小大漩涡的尺度，减小气流的横向紊流度。

③ 收缩段：收缩段位于稳定段和试验段之间，是一段顺滑过渡的曲线形管道，横截面沿流向逐渐减小。收缩段的功能主要是使来自稳定段的气流均匀地加速，并改善试验段的流场品质。收缩段的设计应满足下列要求：气流流过收缩段时，流速单调增加，避免气流在洞壁上发生分离；收缩段出口处气流速度分布须均匀，方向须顺直，并且稳定；收缩段的长度适当，过长会使气流能量损失过大，同时也会增加建设投资。决定收缩段性能的主要因素有两个，即收缩比（收缩段进口截面A_1与出口截面A_0的面积比$n=A_1/A_0$）和收缩曲线形状。

④ 扩压段：扩压段是一段沿气流方向扩张的管道。其功能是使气流减速，使动能转变为压力能，以减少风洞中气流的能量损失，降低风洞的需用功率。

⑤ 动力段：动力段一般由动力段外壳、风扇、驱动风扇的电动机、整流罩、导向片或预扭片（位于风扇上游，整流罩与外壳之间）、止旋片或反扭片（位于风扇下游，整流罩与外壳之间）等部分组成。电动机可安装于整流罩之内，也有的安装于洞外（图11-7）。

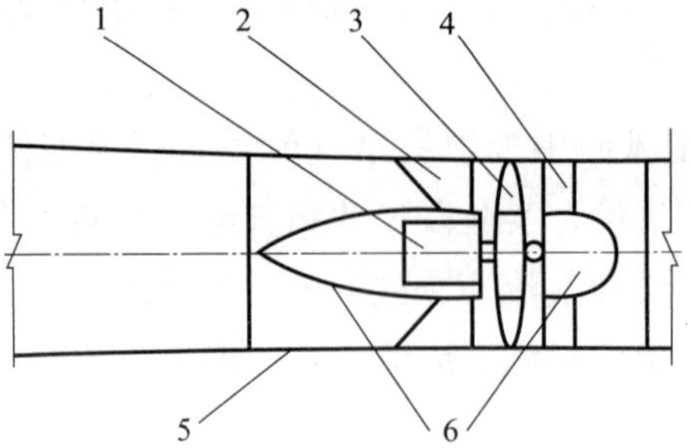

图 11-7　动力段组成部件

1—电动机；2—止旋片；3—驱动风扇；4—导向片；5—动力段外壳；6—整流罩

风扇的功能是向风洞内的气流补充能量，以保证气流保持一定的速度。气流在风洞内流动时，由于摩擦、分离等原因，气流的能量总会有所损失，气流每循环一周都有一定的压力降，必须不断地向气流补充能量，风洞内的气流才有可能恒稳地运转。其中的导向片或预扭片用来改善风扇的工作状态，提高风扇的效率；止旋片或反扭片可将风扇后气流的旋转动能转变为气流的压力能，保证了电动机和传动系统的整流罩可改善气流通过风扇前后的流动条件，减少气流的能量损失。导向片（预扭片）和止旋片（反扭片）都兼作整流罩的支座之用。驱动风扇的电动机一般采用直流电动机或调频式电机，以便于调速。

（2）气动力天平

气动力天平是一种专用于测量作用在风洞模型上空气动力的测量装置，由于作用于模型的空气动力的方向是变化的，因此，气动力天平必须先将作用于模型上的空气动力按一定的直角坐标系分解成几个分量，然后分别加以测量。在使用天平前，必须用校准的方法确定各分量的天平读数与所测分量的关系，得到天平的校准公式。使用天平时，只要测出天平读数，借助于校准公式求出所测分量（天平输入量）的大小。

常用的气动力天平有机械式和应变式两大类，还有如磁悬挂式等新型天平。现以盒状应变式天平（图 11-8）简要介绍其工作原理。盒状天平分浮动框和固定框两部分，浮动框与试验模型相连接，固定框与支撑系统相连。固定框上有七个悬臂式的应变梁，其表面贴有应变片，可测六个空气动力（矩）分量。浮动框与固定框间用 7 根连杆相连，连杆的两端有双向弹性铰链使连杆只传递轴力，悬臂式应变梁只受到所测空气动力分量的作用。应变梁 1、2、3 和 4 承受升力 Y 及力矩 M_z 和 M_x 的作用，应变梁 5 和 6 承受侧向力 Z 和力矩 M_y 的作用，应变梁 7 承受阻力 Q 的作用。

用气动力天平可测出模型在气流中所受到的整体力、力矩分量，对于模型结构的内力测试与其他类型的结构模型试验方法一样。

例 11-8：有一轿车，高 $h=1.5\text{m}$，在公路上行驶，设计时速 $v=108\text{km/h}$，拟通过风洞模型实验来确定此轿车在公路上以此速行驶时的空气阻力。已知该风洞系低速全尺寸风洞（$C_l=2/3$），并假定风洞试验段内气流温度与轿车在公路上行驶时的温度相同，试求：风洞实验时，风洞实验段内的气流速度应安排多大？

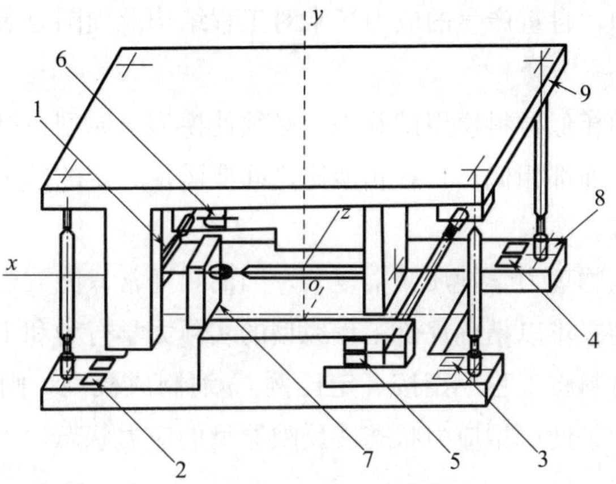

图 11-8 盒形应变式天平

1—应变梁 1；2—应变梁 2；3—应变梁 3；4—应变梁 4；5—应变梁 5；6—应变梁 6；7—应变梁 7；8—固定框；9—浮动框

解：首先根据流场性质，确定相似准则，这里选取雷诺数（$Re=\rho vl/\mu$）作为定性相似准则：

$$Re_m=Re_p \tag{11-125}$$

即

$$C_vC_lC_\rho/C_\mu=1 \tag{11-126}$$

再根据相似准则数相等，确定几个相似常数的相互约束关系。这里采用实际空气，$\rho=\mu=1$，则：

$$C_v=1/C_l \tag{11-127}$$

由于 $C_l=2/3$，故

$$C_v=3/2 \tag{11-128}$$

最后得到风洞实验段内的气流速度应该是：

$$v_m=v_pC_v=108\times3/2=162\mathrm{km/h}=45\mathrm{m/s} \tag{11-129}$$

4. 离心模拟试验（图 11-9）

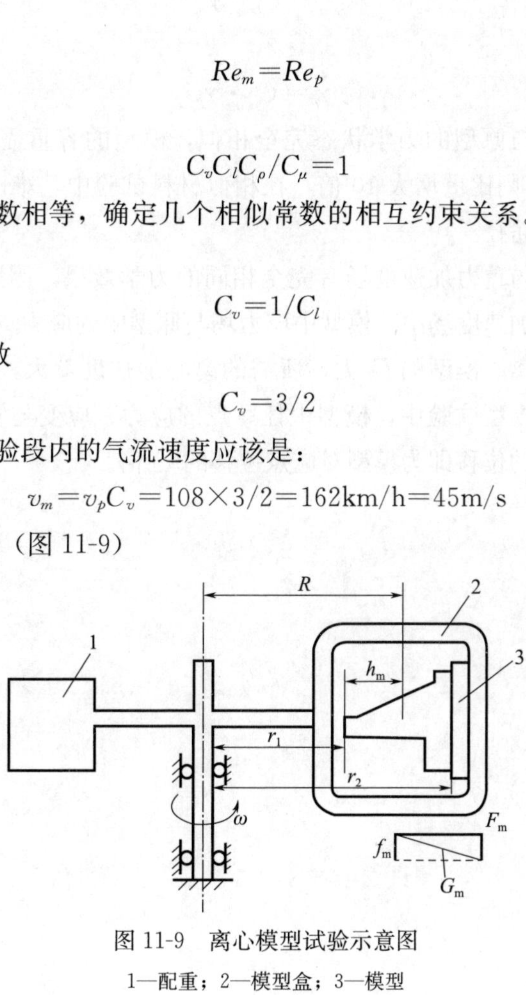

图 11-9 离心模型试验示意图

1—配重；2—模型盒；3—模型

岩土工程问题中，自重产生的应力场常对工程结构及周围介质的变形、强度和稳定性起主导作用。

而在考虑自重的相似材料模拟试验中，必须使模型与原型在材料强度、容重、几何尺寸、应力状态等方面都相似，且各相似比之间要满足一定的约束条件，但要同时满足这些相似条件很困难。

同时，岩土体的物理力学性质又很复杂，因而，通常只能放松约束条件，对于重要工程，这样的试验结果难以精确评价工程原型的实际力学行为和工程特性。

如果采用原型材料将工程原型按一定比例 C_L 缩制成模型，则模型与原型的物理力学性质完全相同，为了使模型应力状态能反映原型的应力状态，当体力只有重力时，须满足以下条件：

$$\frac{C_\gamma C_L}{C_\sigma}=\frac{C_\gamma C_L}{C_E}=1 \tag{11-130}$$

因原型与模型的材料相同，故有 $C_E=1$，则有：

$$C_\gamma=\frac{1}{C_L}=\frac{\gamma_p}{\gamma_m} \tag{11-131}$$

即

$$\gamma_m=C_L\cdot\gamma_p \tag{11-132}$$

所以，为使模型与原型的力学状态完全相似，模型的容重需为原型容重的 C_L 倍。如果模型缩小 10 倍，则比重增大 10 倍，在相似材料试验中，难以找到这种相似材料，因此，必须寻求其他途径。

因离心加速度场与重力加速度场有完全相同的力学效果，因此，若将模型置于 C_L 倍重力加速度的离心加速度场中，模型中应力场与原型中的应力场将完全相似。

根据前式可知，离心模型的 C_L 大，所需的离心加速度就大，容重相似比就小。根据相似原理，在离心模型试验中，模型中任意点的应力、应变与实体中对应点的应力、应变均相等，而实体的位移即为模型对应点位移的 C_L 倍。

12　岩土工程模拟试验测试技术

【内容提要】

本章主要内容包括模拟试验基础理论、矿山井壁结构模拟试验测试技术、深井马头门试验测试技术及锚杆支护测试技术。本章的教学难点为矿山井壁结构模拟试验测试技术、深井马头门试验测试技术及锚杆支护测试技术。

【能力要求】

通过本章的学习，学生应掌握矿山井壁结构模拟试验方法，深井马头门模拟试验技术和巷道支护模型试验，了解岩土工程模拟试验的意义，熟悉主要监测内容，掌握工程监测方法，了解并掌握相关试验所需的测试技术。

12.1　矿山井壁结构模拟试验测试技术

12.1.1　背景介绍

在西部煤炭开发中，新井建设井筒穿过的侏罗白垩系地层深厚、水文地质条件复杂、直径大，当采用冻结法凿井时，冻结深度大，井壁厚度大。为了有效地支护井筒，采用高强钢筋混凝土井壁这种结构形式是合理的。为了搞清其力学原理，为西部深冻结井筒提供设计参数，合理地设计井壁，须进行该种高强钢筋混凝土井壁结构模型实验研究。

12.1.2　模型试验步骤

（1）根据相似理论推导模型试验相似准则，得到井壁模型设计相似指标；

（2）进行模型设计，选取一定的混凝土强度等级、井壁厚度和配筋率，安排试验；

（3）制作井壁模型，进行试件加工养护；

（4）布置测试元件；

（5）进行加载试验，得到整个加载过程中井壁结构中钢筋和混凝土的应力变形大小和井壁极限承载力；

（6）整理分析试验结果，撰写研究报告。

12.1.3 模型试验相似准则求导

井壁结构模型设计不但要满足应力、变形相似条件，而且还要满足强度相似条件。根据相似理论和弹性力学的基本原理，采用方程分析法，推导出井壁静力模型相似指标。

由几何方程得：

$$\frac{C_\varepsilon C_l}{C_\delta}=1 \tag{12-1}$$

由边界方程得：

$$\frac{C_p}{C_\sigma}=1 \tag{12-2}$$

由物理方程得：

$$\frac{C_E C_C}{C_\sigma}=1 \tag{12-3}$$

$$C_\upsilon=1 \tag{12-4}$$

式中 C_l——几何相似常数；

C_p——荷载（面力）相似常数；

C_E——弹性模量相似常数；

C_δ——位移相似常数；

C_ε——应变相似常数；

C_σ——应力相似常数；

C_υ——泊松比相似常数。

高强钢筋混凝土井壁是由两种材料组成的复合结构，应使模型和原型各组成部分应力变形严格相似，且加载变形前后井壁模型与原型始终保持几何相似，故有 $C_l=C_\delta$，即 $C_\varepsilon=1$，因此，上述应力变形相似条件可写为：

$$\frac{C_l}{C_\delta}=1 \tag{12-5}$$

为使井壁模型的破坏荷载和破坏形态与原井壁完全相似，不但要满足上述弹性状态下应力应变相似条件，而且还要满足以下的强度相似条件：

（1）井壁模型与原型的材料，在加载全过程中应力应变曲线相似；

（2）井壁各部分材料的强度相似；

（3）井壁破坏的强度准则相似。

显而易见，要完全满足上述相似条件，模型材料最好采用原井壁结构的材料，这样易于保证井壁模型试验结果与原型井壁结构严格相似。因此，试验采用原材料井壁结构模型，故有：

$$C_E=C_\sigma=C_p=C_R=1 \tag{12-6}$$

$$C_\varepsilon=1 \tag{12-7}$$

$$C_\mu=1 \tag{12-8}$$

式中 C_R——强度相似常数；

C_μ——配筋率相似常数。

由上式可知，只要施加到模型上的面荷载与原型一致，则由模型上测到的应力及其结构的承载能力（抵抗荷载作用的能力）与原型是一致的，而模型上测得的位移 C_l，即为原型产生的位移量。在这种情况下，只要确定适当的几何相似常数就可以了。

12.1.4 模型设计

1. 内壁模型设计

内壁模拟试验将以内蒙古某煤矿主、副、风三个井筒冻结段内壁为模拟对象，进行井壁的应力变形和强度试验。根据现有条件，初步估算井壁参数，作为试验模拟的原型内壁，见表 12-1。

表 12-1 某矿井筒模拟的原型内外壁结构参数

井筒名称	内直径（m）	外直径（m）	井壁厚度（mm）	混凝土强度等级	厚径比 λ
主井	9.5	13.1	1800	C60、C70	0.3789
主井	9.5	12.0	1250	C60	0.2632
副井	10.5	14.5	2000	C60、C70	0.3810
副井	10.5	12.0	1450	C60	0.2762
风井	7.6	10.7	1550	C60、C70	0.4079
风井	7.6	10.5	1450	C60	0.3816

注：表中厚径比为井壁厚度与内半径之比。井壁配筋率为 0.4%～0.5%。

根据表 12-1 内壁原型尺寸，依据前面推导的相似准则，设计的井壁模型参数见表12-2。

表 12-2 某矿井井内层井壁试验模型参数

模型编号	模型外径（mm）	模型壁厚（mm）	模型内径（mm）	几何相似常数	厚径比 λ	混凝土强度等级
HN-1	925	86.0	753	13.946	0.2284	C60
HN-2	925	86.0	753	13.946	0.2284	C70
HN-3	925	100	725	14.486	0.2758	C60
HN-4	925	100	725	14.486	0.2758	C70
HN-5	925	108	709	14.81	0.3047	C60
HN-6	925	108	709	14.81	0.3047	C70
HN-7	925	118	689	15.243	0.3425	C60
HN-8	925	118	689	15.243	0.3425	C70
HN-9	925	127.6	669.8	15.675	0.3810	C70
HN-10	925	134.0	657.0	15.861	0.4079	C70

根据表 12-2，内层井壁共进行 10 次试验。首先绘制井壁模型加工尺寸图、钢筋布置图（图 12-1、图 12-2），然后进行试件加工制作。

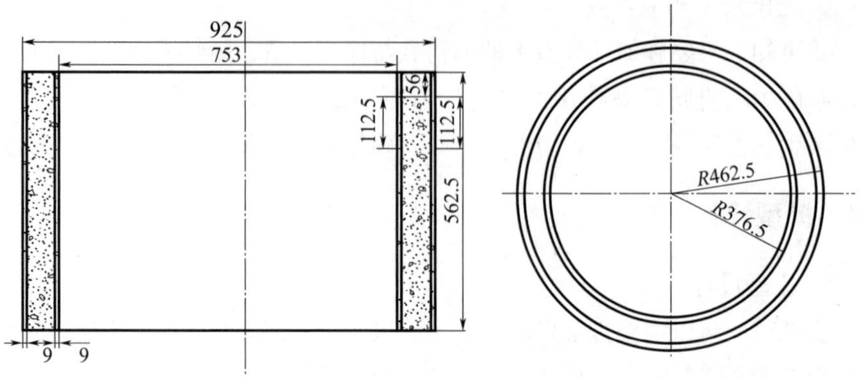

图 12-1　HN-1 井壁模型设计图（单位：mm）

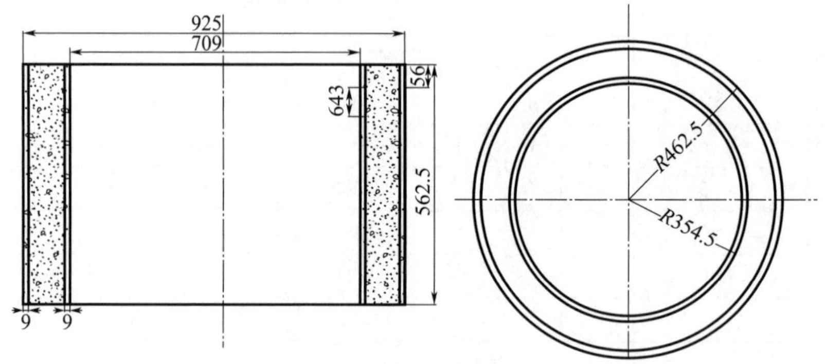

图 12-2　HN-5 井壁模型设计图（单位：mm）

2. 外壁模型设计

根据现有井壁设计情况，需要试验模拟的原型外壁参数见表 12-3。

表 12-3　某矿副井模拟的原型外壁结构参数

井筒名称	内直径（m）	外直径（m）	井壁厚度（mm）	混凝土强度等级	厚径比 λ
主井	13.1	14.4	650	C40	0.0992
主井	12.0	13.2	600	C40	0.10
副井	14.5	16.0	750	C50	0.1035
副井	13.4	14.8	700	C50	0.1045
风井	9.8	10.8	500	C40	0.102
风井	10.7	11.7	500	C40	0.0935

注：表中厚径比为井壁厚度与内半径之比。井壁配筋率为 0.2%～0.3%。

根据表 12-3 外壁原型尺寸，依据前面推导的相似准则，设计的井壁模型参数见表12-4。

表 12-4 某矿井外层井壁试验模型参数

模型编号	模型外径（mm）	模型壁厚（mm）	模型内径（mm）	厚径比 λ	几何相似常数	混凝土强度等级
HW-1	3200	152	2896	0.1050	4.6	C50
HW-2	3200	150	2900	0.1034	5	C50
HW-3	3200	148	2904	0.102	3.38	C40
HW-4	3200	136	2928	0.0929	3.68	C40

根据表 12-4，外层井壁共进行 4 次试验。首先绘制井壁模型加工尺寸图、钢筋布置图，然后进行试件加工制作（图 12-3）。

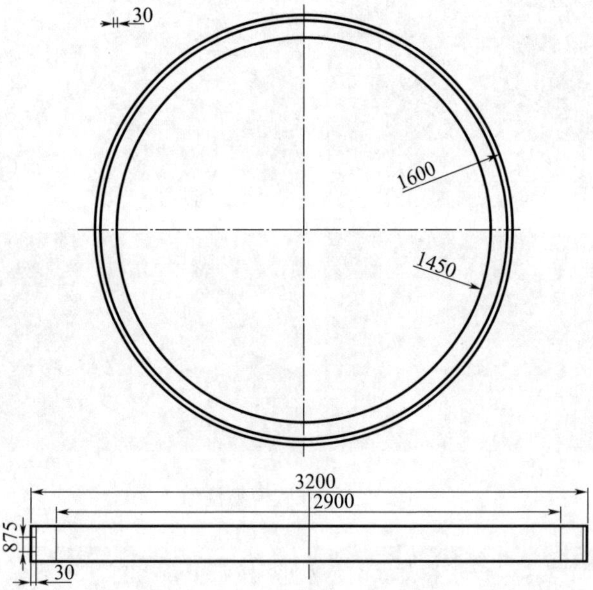

图 12-3 HW-2 井壁模型设计图（单位：mm）

12.1.5 模型制作及测试元件布置

1. 模型制作

井壁模型试件的浇注采用专门的加工模具，如图 12-4、图 12-5 所示。

内壁模型中为了确保井壁模型上下两端面边界条件相似性，试件浇注好并养护一段时间后，上车床精加工上下两端面，以获得较高的光洁度，如图 12-6 所示。

2. 试验测试及元件布置

（1）荷载量测：利用装在高压加载装置上的 0.4 级标准压力表和 BPR 型油压传感器量测井壁试件所受的油压。

（2）井壁应变量测：应变测点分别布置在井壁试件内、外缘混凝土表面和内外排钢筋上。沿井壁纵向布置 2 层，每层沿圆周方向布置 4 个测点，每个测点沿环向和竖向各贴一枚应变片，如图 12-7、图 12-8 所示。

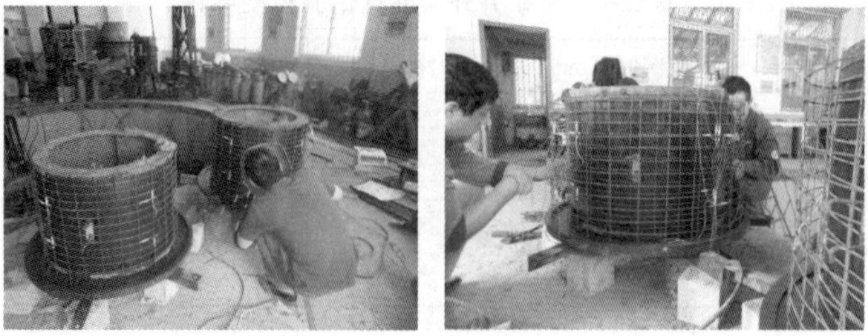

图 12-4　钢筋网制作

图 12-5　井壁模型浇筑

图 12-6　内壁模型试件

图 12-7　钢筋受力测试元件布置

图 12-8　井壁试件混凝土表面测试元件布置

井壁位移量测：在井壁试件内缘对称布置 4 个 YHD-10 电阻式位移传感器，用以量测井壁的径向位移。

井壁荷载、应变和位移的量测均由试验应变量测系统进行实时采集和处理，如图 12-9所示。在试验过程中，此套量测系统利用油压传感器实现对荷载的监视，以保证实时采集数据时荷载稳压误差在允许的范围内。

图 12-9　井壁试验测试系统

12.1.6　加载试验

1. 内壁加载装置（图 12-10）

内壁模型加载试验将在安徽理工大学地下工程结构研究所的高强井壁加载装置内进行，它是国内为数不多的能进行原材料高强井壁结构破坏性试验的大型高压加载装置，并配套有先进的测试系统，已进行过大量的高强井壁结构试验。

加载试验采用高压油来模拟井壁承受的水平荷载，竖向通过盖板和螺栓约束。由于上盖和螺栓刚度大，在加载过程中，井壁模型基本上处于平面应变状态。

图 12-10　高强内壁试验加载装置

加载试验时，先进行预载 2～3 次，然后进行分级稳压加载，每级稳压 5～10min，再记录下应变和位移量测数据，如此循环直至试件破坏。

2. 外壁加载装置

外壁模型加载试验将在安徽理工大学地下工程结构研究所的一整套完善的井壁结构试验台内进行（图 12-11）。

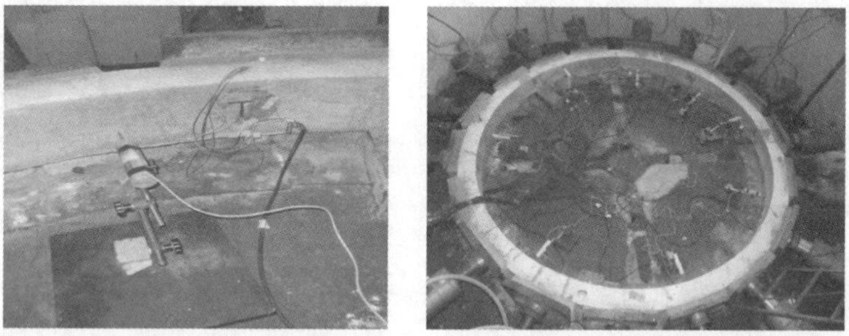

图 12-11　外壁试验加载装置

12.1.7　试验结果及其分析

试验结果及其分析如图 12-12、图 12-13、图 12-14 所示。

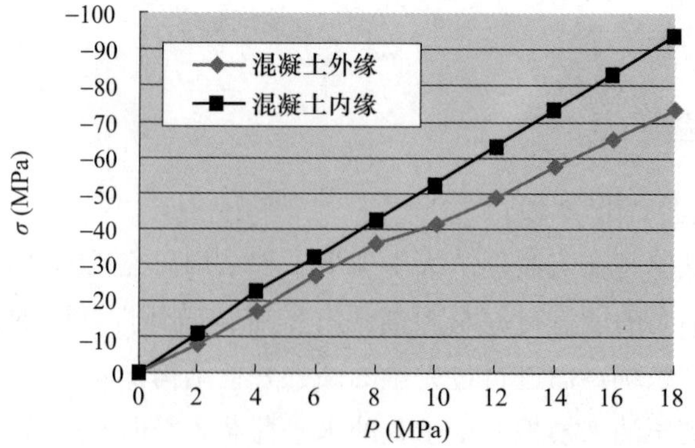

图 12-12　HN-2 试件混凝土荷载—环向应力曲线

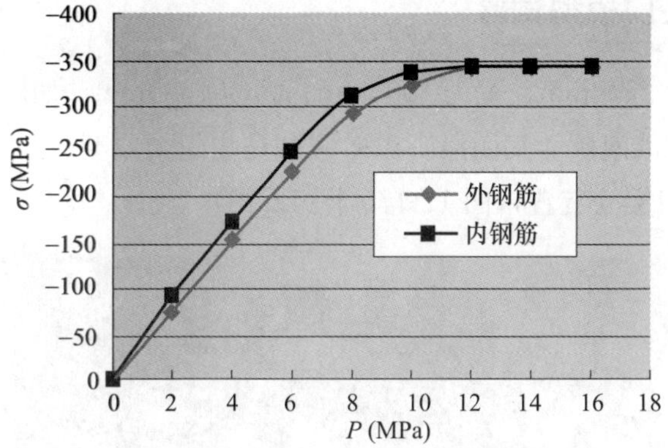

图 12-13　HN-2 试件钢筋荷载—环向应变曲线

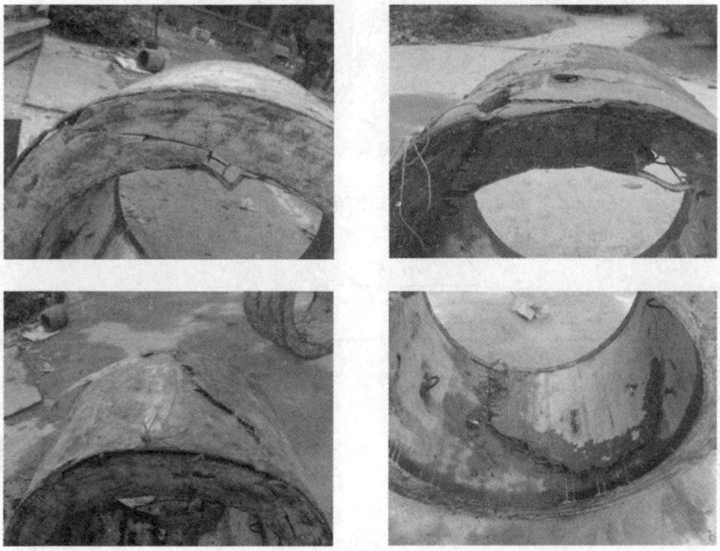

图 12-14　井壁模型试验破坏形态

12.2　深井马头门试验测试技术

12.2.1　背景介绍

煤矿深井马头门位处矿井咽喉部位，设计断面大，连接硐室多，在施工过程中，围岩反复受到扰动，严重影响围岩稳定性和支护结构安全。特别是近 10 年来，随着我国煤炭开采深度的不断加大，工程地质条件复杂、地压大，马头门破坏现象呈频发态势，严重威胁矿井安全生产。因此，为搞清其力学机理，为马头门支护提供设计参数，须进行煤矿深井马头门结构模型实验研究。

12.2.2 深井马头门模型试验

实验装置的长为2500mm、宽为1000mm、高为1600mm，如图12-15和图12-16所示。本次模型实验以淮南矿业集团潘一东矿副井马头门为原型。

1. 深立井马头门实验装置（图12-17、图12-18）

图12-15 深立井马头门实验装置

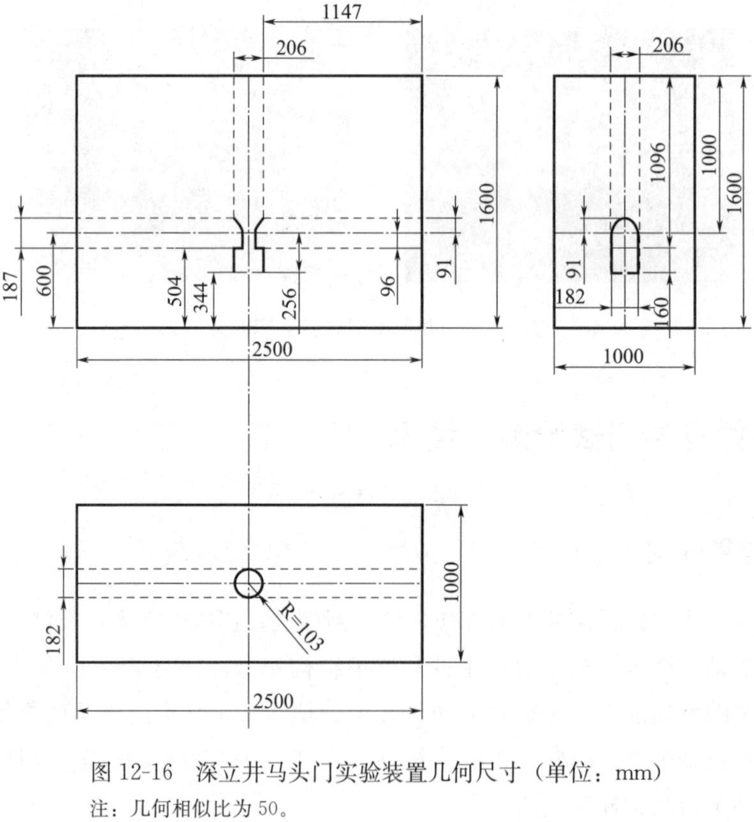

图12-16 深立井马头门实验装置几何尺寸（单位：mm）

注：几何相似比为50。

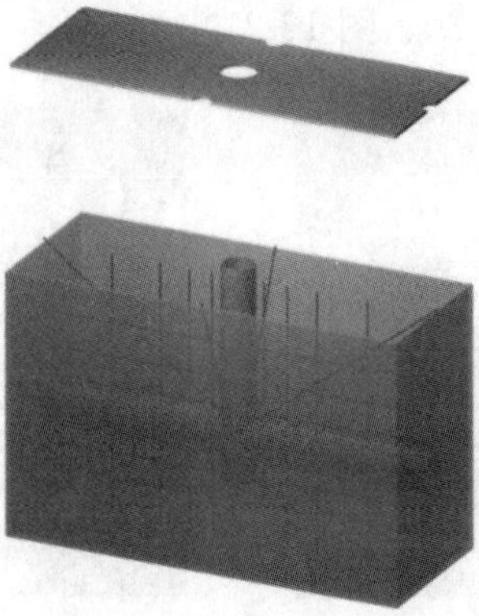

图 12-17 深立井马头门实验装置三维效果图

图 12-18 相似材料成形试块

2. 实验模型制作（图 12-19）

(a) 井筒及马头门模型

(b) 模拟井筒及马头门开挖的岩体材料模型

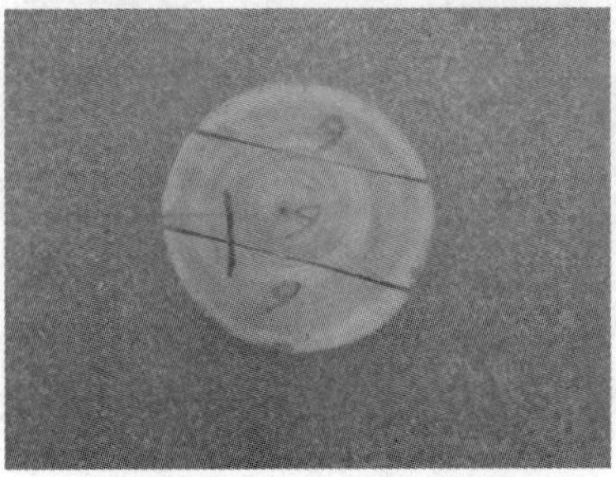

(d) 模拟井筒开挖的材料模型

(c) 模拟马头门开挖的材料模型

图 12-19 实验模型制作

3. 实验模型的安装（图 12-20、图 12-21）

(a) 17条光纤布置

(b) 实验模型下放

(c) 实验模型的焊线

(d) 井筒和马头门模型安装

图 12-20　实验模型安装 1

(a) 电法测试系统光缆布置图

(b) 模型实验箱中相似材料充满

(c) 安装模型实验箱上盖

(d) 模型实验系统

图 12-21　实验模型安装 2

12.2.3 数据采集与测试系统

1. 模型试验系统（图 12-22、图 12-23）

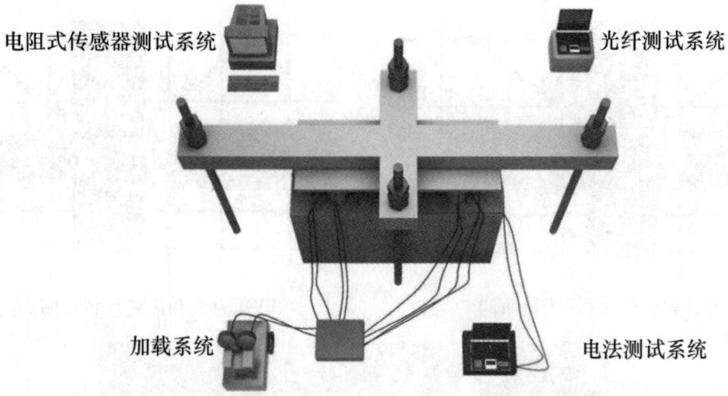

图 12-22 模型实验系统

图 12-23 模型实验加载系统

2. 光纤测试系统（图 12-24）

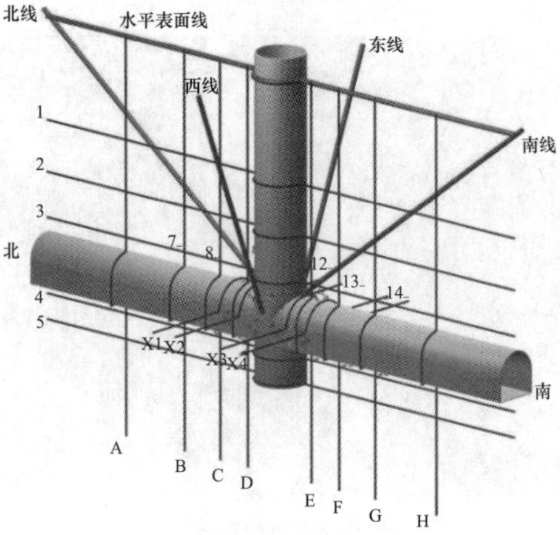

(a)光纤测线编号

(b)光纤数据采集

图 12-24 光纤测试系统

3. 电阻式传感器测试系统（图 12-25）

共布设 14 个压力盒，测量马头门开挖过程中的围岩应力变化；共布设 28 片应变片，测试衬砌结构内力。

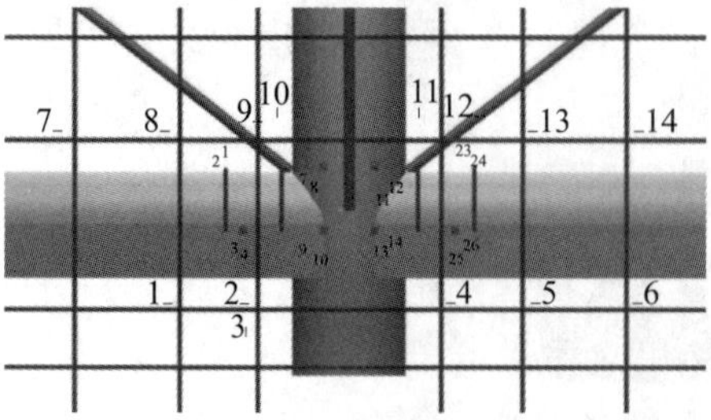

(a)压力盒和应变片布设图 (西侧)

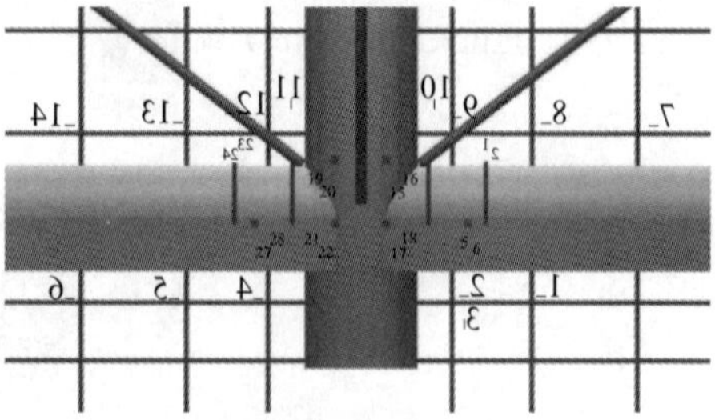

(b) 压力盒和应变片布设图 (东侧)

(c) 电阻式传感器数据采集系统

图 12-25　电阻式传感器测试系统

4. 电法测试系统（图 12-26）

本次实验用五条测线对实验模型进行监测，分别标识为东、南、西、北、水平表面线。

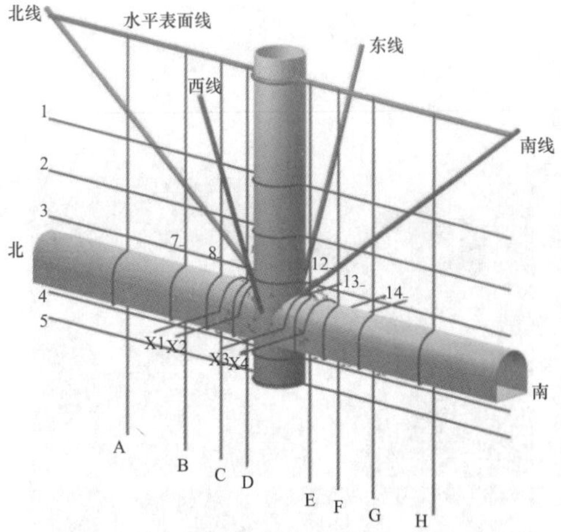

(a) 电法测线编号

(b) 电法测试数据采集

图 12-26　电法测试系统

5. 井筒和马头门的开挖（图 12-27）

(a) 井筒和马头门开挖过程

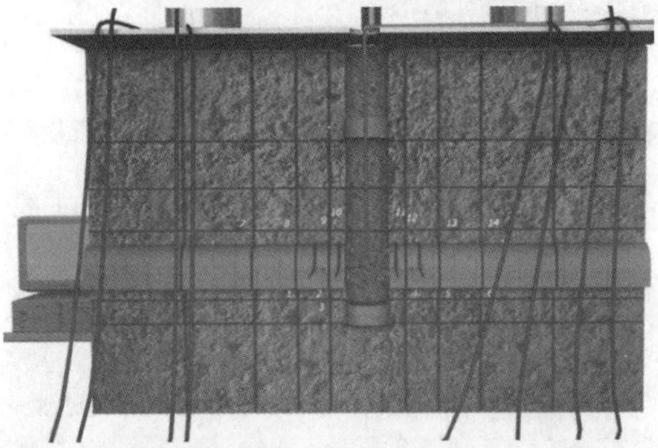

(b) 井筒开挖过程

(c) 开挖完成后的马头门

图 12-27 井筒和马头门的开挖

6. 围岩应力和变形

不同外荷载作用下，南北横向光纤测线 1～5 的应变变化，由图 12-28 可见。在外荷载作用下相似材料被压缩，南北横向测线光纤两端固定，使光纤受拉；由于模型相似材料的不均匀性，光纤的受拉区分布不均匀，总体呈由上往下部递减的趋势；井筒下部土体受压明显，光纤拉应变显著。

7. 电法测试马头门围岩松动圈测试结果（图 12-29）

通过马头门模型试验可以得出以下结论：

（1）由光纤测试结果可知，井筒和马头门交界处围岩受井筒和马头门开挖影响显著，围岩（砂质泥岩）受影响范围约 300mm，相当于实际工程中的影响范围为 15m；马头门两边围岩受影响范围约 200mm，相当于实际工程中的影响范围为 10m。

（2）井筒和马头门开挖，引起围岩应力减少，距离马头门顶板 2～3m 处，围岩应力降为原岩应力 20%～30%。

（3）电法测试系统所测得松动圈厚度基本为 200～300mm，和光纤测试结果一致。

（4）井筒和马头门开挖，受影响围岩（砂质泥岩）厚度与巷宽比为1～1.5。

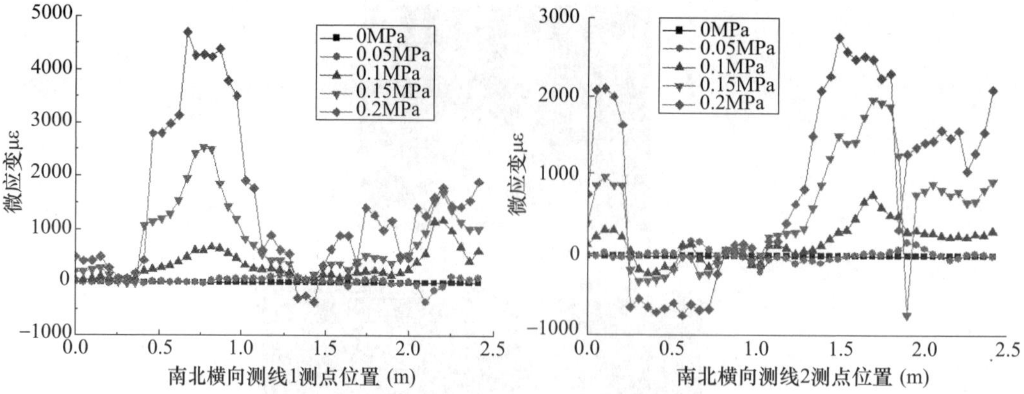

图 12-28　不同荷载下南北横向测线应变分布曲线

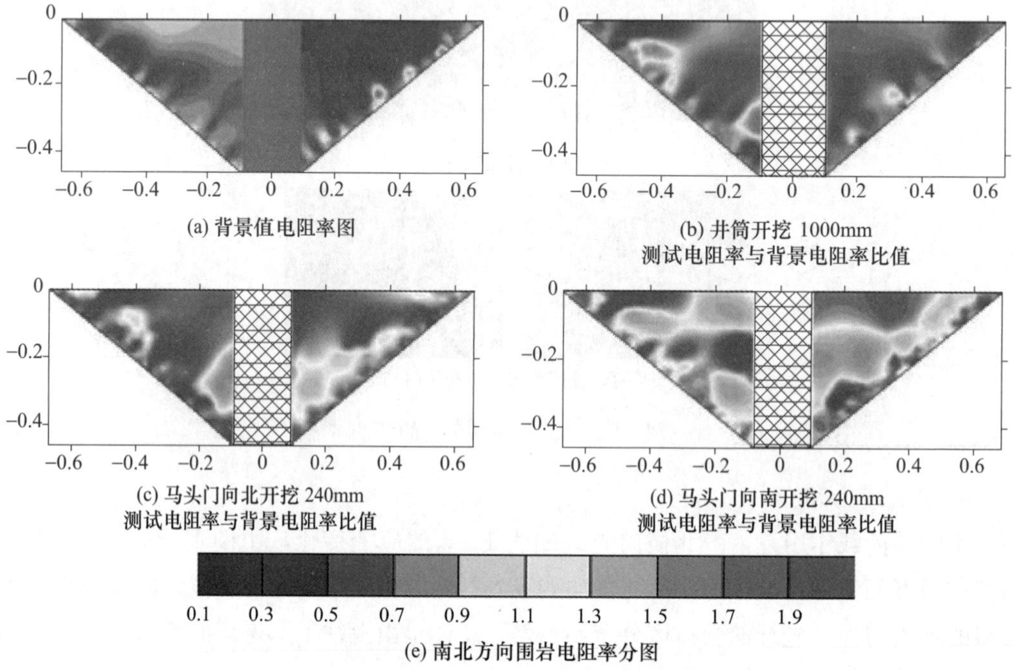

图 12-29　电阻率测试结果分布图（单位：m）

12.3　锚杆支护测试技术

12.3.1　背景介绍

地下工程地质条件复杂多变以及锚杆支护工程具有一定隐蔽性，给现场监测带来许多困难。开展实际的巷道支护模型试验是依据相似理论选择合理相似比，将实际工程中原型通过相似比还原于实验室中。通过荷载或位移的施加，监测模型巷道围岩变形、破坏范围等情况来反演实际施工巷道围岩变化规律。为巷道支护参数优化提供依据。

12.3.2 模型试验步骤

（1）根据相似理论推导模型试验相似准则，得到巷道模型设计相似指标；

（2）进行模型设计，选取巷道围岩相似材料配比、选择支护材料，安排试验；

（3）模型材料铺设，测试元件预埋，并夯实成型；

（4）模型材料初凝后，打开护板养护；

（5）进行加载试验，得到整个加载过程中巷道围岩变形和支护锚杆受力大小；

（6）整理分析试验结果，撰写研究报告。

12.3.3 模型试验相似准则求导

基于相似三定理确定模型试验相似比。保证原型和模型两个相似系统满足单值相似条件。单值条件具体是指：几何条件、物理条件、静力学和动力学相似。

几何相似比：

$$C_l=\frac{l_{1p}}{l_{1m}}=\frac{l_{2p}}{l_{2m}}=\frac{l_{3p}}{l_{3m}} \tag{12-9}$$

密度相似比：

$$C_\gamma=\frac{\gamma_p}{\gamma_m} \tag{12-10}$$

应力相似比：

$$C_\sigma=\frac{\sigma_p}{\sigma_m}=C_l\cdot C_\gamma \tag{12-11}$$

巷道模型与原型的材料，在加载全过程中应力应变曲线相似；巷道围岩各部分材料的强度相似；巷道围岩破坏的强度准则相似。

12.3.4 模型设计

1. 模型材料选择

巷道支护模拟试验以某集煤矿西三采区集中轨道大巷为模拟对象，进行不同支护参数巷道围岩的应力变形试验。根据现场取芯测试围岩岩性参数见表12-5。

表12-5 模拟地层岩石物理力学参数

岩性	密度（g/cm³）	抗压强度（MPa）	抗拉强度（MPa）	黏聚力（MPa）	内摩擦角（°）	弹性模量（MPa）	泊松比
泥岩	2350	33.26	2.7	1.2	37.82	18.9	0.21
砂质泥岩	2530	42.35	3.20	2.45	36.39	20.68	0.20
砂泥岩互层	2460	36.20	2.70	1.40	39.00	12.57	0.23
中细砂岩	2650	52.25	4.13	4.10	37.20	28.37	0.20

根据表 12-5 模拟地层原型参数，依据前面推导的相似准则，进行巷道围岩与支护材料选择如图 12-30 所示。

(a) 试件　(b) 抗压测试　(c) 销杆销固性能测试　(d) 铝丝

图 12-30　实验室试件加载现场图

选定模型试验各个岩层配比号分别为 873（中细砂岩）、955（砂质泥岩互层）和 946（砂质泥岩）；模拟锚杆选择直径 1mm 铝丝，长度为 120mm；托盘采用厚度为 0.5mm，边长为 8.5mm 正方形薄铁皮模拟；钢筋网采用塑料网模拟；锚固剂采用液态环氧树脂。

2. 模型试验系统（图 12-31）

相似模型试验系统由模型架体、液压加载油缸、油压控制台和试验监测系统四部分组成。试验架体外形尺寸长×宽×高＝3500mm×300mm×3000mm。架体由宽 300mm，厚 15mm 的高强槽钢通过螺栓连接构成。在架体上承载反力系统由模型钢架、侧向约束槽钢、观测窗约束槽钢共同组成。液压加载油缸布置于模型顶、底及两帮方向四面加载，油缸最大输出油压 28MPa。

(a) 模型试验台正向　(b) 模型试验台背向　(c) 液压控制设备

图 12-31　模型试验台及油压控制设备

12.3.5　模型制作及测试元件布置

模型试验制作流程如图 12-32 所示。

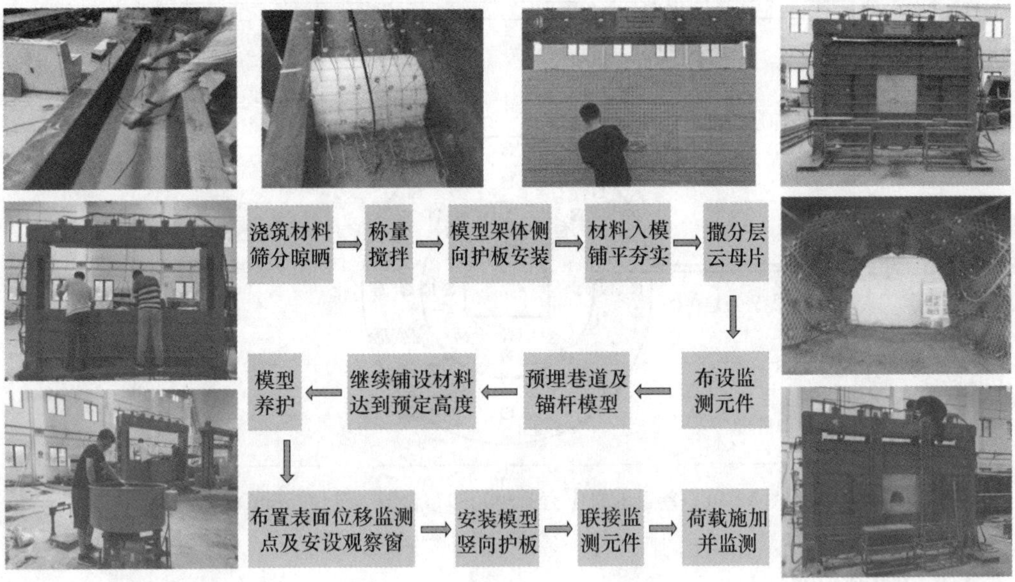

图 12-32 模型试验制作流程图

试验测试及元件布置如图 12-33 所示。

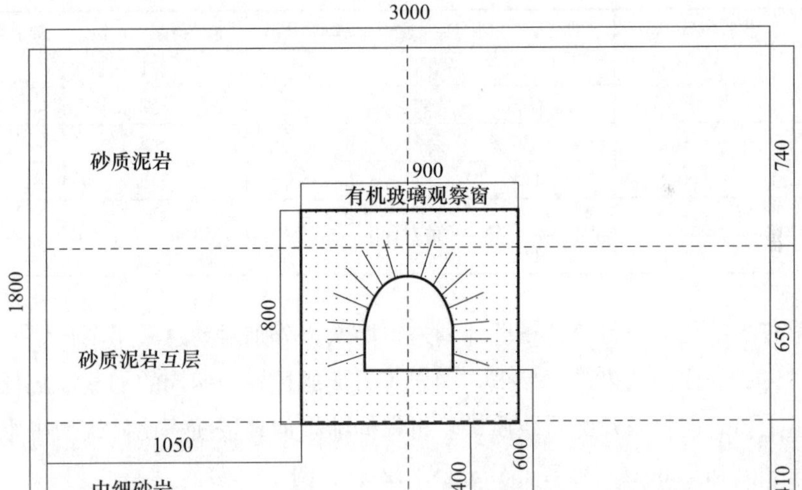

图 12-33 模型试验巷道围岩位移测点布置图（单位：mm）

相似模型中部留有观察窗口，窗口长×宽＝900mm×800mm，窗口内布置巷道围岩位移监测点，测点间距 50mm，采用高清摄像机捕捉不同应力条件围岩变形情况。

应变块布置在巷道周围呈“米”字形。每条测线上布置 4 个应变块，每个应变块上布置垂直与水平两个方向的应变片。光纤布置在巷道周围，两个与巷道中心点的同心圆，直径分别为 300mm、1000mm。布置两圈光纤相互连接为一条线，光纤两端头由模型背部导线孔导出。

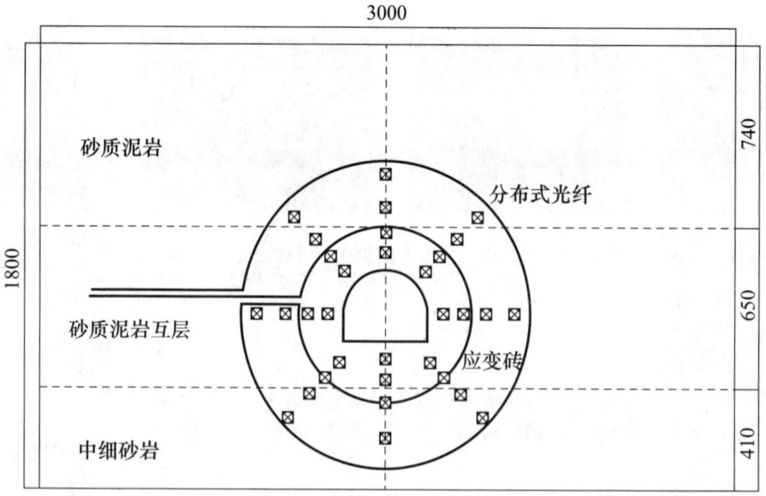

图 12-34　巷道围岩应力监测元件布置图（单位：mm）

12.3.6　加载试验

加载试验见表 12-6。

表 12-6　模型加载方案

逐级加载	模拟埋深（m）	原型应力（MPa）	垂直荷载（MPa）	水平荷载（MPa）	加载时间（min）
1 级	200	5	2.2	2.1	120
2 级	300	7.5	3.3	3.2	120
3 级	400	10	4.3	4.2	120
4 级	500	12.5	5.4	5.3	120
5 级	600	15	6.4	6.3	120
6 级	700	17.5	7.5	7.4	120

巷道锚杆支护相似材料模拟试验计划进行两次，分别对巷道采用全长锚固和端头锚固两种支护方式的作用效果进行模拟。围岩应力场通过模型四周的加载油缸提供，考虑模型中巷道上覆岩层自重及配重块质量，再根据油缸加载板面积比，模型中垂直、水平方向目标荷载施加 7.5MPa 和 7.4MPa（图 12-35、图 12-36）。

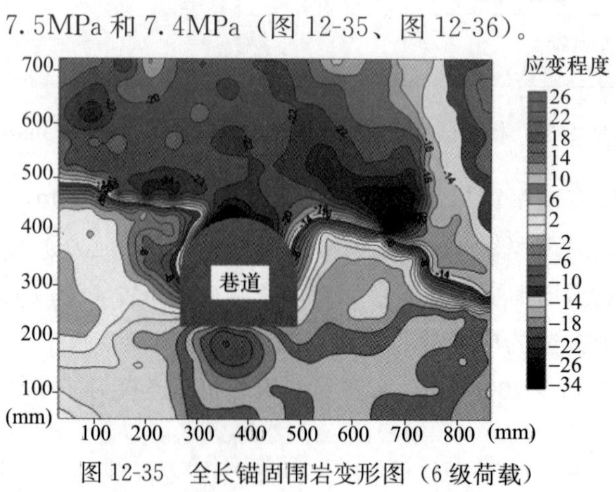

图 12-35　全长锚固围岩变形图（6 级荷载）

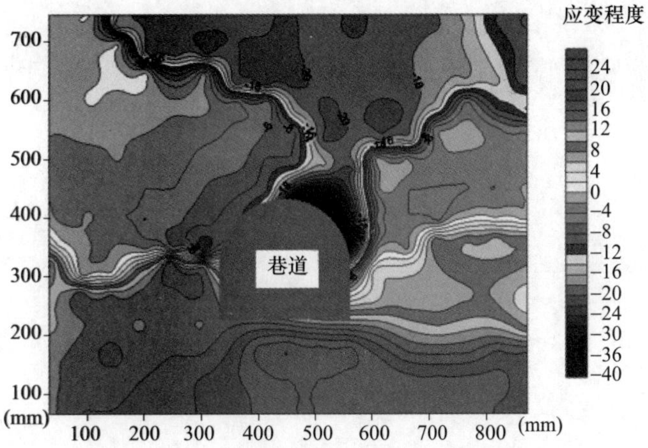

图 12-36 端头锚固围岩变形图（6 级荷载）

12.3.7 试验结果及其分析

全锚支护时随着围岩荷载增加，巷道顶板下沉最大值为－34mm，巷道底臌量为 18mm。而端锚支护时随着围岩荷载增加，巷道顶板下沉最大值为－39mm，巷道底臌量为 24mm。可见全锚支护效果优于端锚支护（图 12-37）。

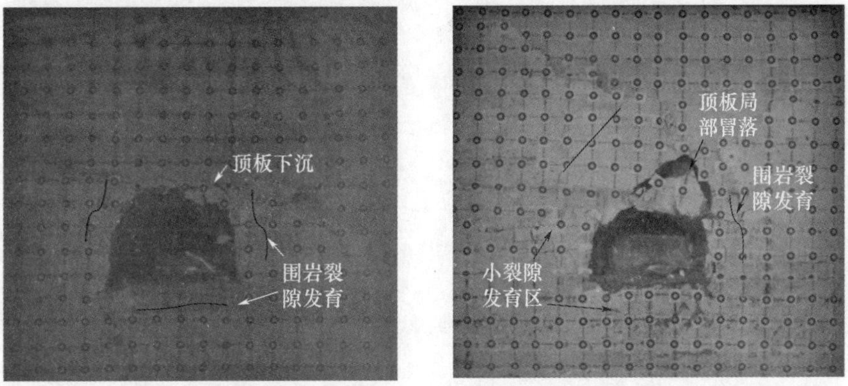

(a) 全长锚固巷道破坏图　　(b) 端头锚固巷道破坏图

图 12-37 深部巷道围岩模型试验破坏形态